“创意与思维创新”
视觉传达设计专业新形态精品系列

微 | 课 | 版

H5
页面设计与制作

徐欣怡 干彬◎主编
原晨瑶 杨泽俊◎副主编

人民邮电出版社
北京

图书在版编目（CIP）数据

H5页面设计与制作 ：微课版 / 徐欣怡，干彬主编
. -- 北京 ：人民邮电出版社，2024.5
“创意与思维创新”视觉传达设计专业新形态精品系
列
ISBN 978-7-115-63217-3

Ⅰ. ①H… Ⅱ. ①徐… ②干… Ⅲ. ①超文本标记语言
－程序设计 Ⅳ. ①TP312.8

中国国家版本馆CIP数据核字(2023)第232751号

内容提要

本书围绕H5页面设计与制作展开全面讲解，共8章，分别介绍H5入门必备知识、H5页面风格与版式设计、H5页面内容设计、H5页面创意设计、H5页面营销推广、H5主流制作工具——易企秀，最后两章以4个制作案例结尾，帮助读者对前面所学知识进行巩固和消化。

本书结构清晰，语言浅显易懂，不仅可作为各类院校相关专业学生的教材或辅导用书，还可作为从事与H5页面设计相关工作人员的参考书。

◆ 主　　编　徐欣怡　干　彬
　副 主 编　原晨瑶　杨泽俊
　责任编辑　柳　阳　李　召
　责任印制　陈　犇

◆ 人民邮电出版社出版发行　　北京市丰台区成寿寺路11号
　邮编　100164　　电子邮件　315@ptpress.com.cn
　网址　https://www.ptpress.com.cn
　雅迪云印（天津）科技有限公司印刷

◆ 开本：787×1092　1/16
　印张：13.5　　　　2024年5月第1版
　字数：397千字　　2024年5月天津第1次印刷

定价：69.80元

读者服务热线：(010)81055256　印装质量热线：(010)81055316
反盗版热线：(010)81055315
广告经营许可证：京东市监广登字20170147号

前言

近几年，网易设计团队制作的H5作品，频繁地在微信朋友圈引发热议，让更多的企业和商家了解到H5这种营销方式，并开始加以应用。那H5究竟是什么呢？简单地说，H5是基于HTML5技术的网页设计形式，具有高度的互动性和可视化效果。它可实现多种媒体元素的无缝融合，包括文字、图片、音视频、动画等，并具有较强的传播性，已被广泛应用于互联网营销、数字媒体、品牌宣传等领域。

为了能够给用户提供H5页面设计的技术支持与帮助，编者和他的团队共同创作了本书，其宗旨是让用户了解H5，并快速掌握H5页面的制作方法，以便轻松制作出符合需求的H5作品。

本书内容

本书知识结构安排合理，理论与实操相结合。本书第1章～第6章对H5页面设计的基本操作进行介绍，其中包括H5入门必备知识、H5页面风格与版式设计、H5页面内容设计、H5页面创意设计、H5页面营销推广、H5主流制作工具——易企秀。第7章、第8章通过4个典型小案例对H5页面设计技能进行综合讲解。

书中穿插了大量的**实操案例**，旨在让读者全面了解各知识点在实际工作中的应用。本书安排了**“课堂实战”**和**“知识拓展”**两大板块，其目的是帮助读者巩固本章所学内容，提高操作技能。书中还穿插了**“应用秘技”**和**“新手误区”**栏目，以拓展读者的思维，使读者做到知其然，并知其所以然。

配套资源

- **案例素材及源文件：** 本书所用到的案例素材及源文件均可在人邮教育社区（www.ryjiaoyu.com）下载，以最大程度方便读者进行实践。
- **教学视频：** 本书涉及的疑难操作均配有高清视频讲解，并以二维码的形式提供给读者，扫描书中的二维码，即可随时随地观看视频。
- **相关教学资源：** 本书还配备了PPT课件、教案，以便教师授课使用。
- **编者在线答疑：** 编者团队成员具有丰富的实战经验，读者在学习过程中如有任何疑问，可通过教学服务群（QQ：586116555）与其进行交流。

本书在编写过程中力求严谨细致，但由于编者时间与精力有限，书中难免存在疏漏之处，望广大读者批评指正。

编　者
2024年3月

目录

H5是HTML5经过简化之后的词汇，是一种主要在移动设备上进行传播的多媒体类型。目前，H5在微信等移动社交平台上越来越流行。越来越多的公司和企业通过制作H5页面来提升自身品牌影响力并推广业务。本章将对H5的入门知识进行详细介绍。

1.1 了解H5

近几年，H5非常火爆，朋友圈中的各种H5作品层出不穷。例如，大头照、人脸融合、抢红包、幸运大转盘、活动邀请、有奖竞答、投票活动、产品介绍以及一些小游戏等。那么H5究竟是什么呢？你们了解吗？

1.1.1 H5的定义

H5这个词汇来自HTML5，HTML5（全称Hyper Text Markup Language 5）即超文本标记语言，是当前世界网络上应用最为广泛的语言，也是构成网页文档的主要语言，可用来描述网页的语言。“超文本”是指页面内可包含图片、链接、音乐、程序等非文字元素。而“标记”是指这些超文本必须由包含属性的开头与结尾标志来标记。

HTML5是第五代的执行标准。执行标准是手册、是准则，是在开发时必须遵循的语法。用户使用任何方式进行网页浏览时看到的内容原本都是HTML格式的，这些内容在浏览器中通过一些技术处理被转换成可识别的信息。

打开任意一个网站，右击页面查看源代码，便能够看到该网页相关的HTML代码，如图1-1和图1-2所示。

图1-1

图1-2

网站是怎样呈现在用户面前的呢？网站的程序员用HTML写出相关的运行代码，经过浏览器的识别转化，便生成了网站页面。例如，网页标签显示的标题是“国家中小学智慧教育平台”，在代码页中便可以找到对应的HTML，如图1-3所示。

图1-3

随着国内移动互联网技术的兴起，H5不再单纯地被理解为Web语言，也指用H5制作的一切数字产品，因此它包含的面是非常广的。由于微信使用率的普及，H5在移动端的应用近几年得到了飞速的发展。这使得H5的营销价值达到了空前的高度。除了广告行业之外，H5在游戏行业、互联网行业也都有应用。

如果根据H5的主要应用场景来定义，H5可以用来泛指那些主要在移动端展示的、效果炫酷并且能够传播的页面。图1-4所示为某物流平台年度快递报告H5作品截图。

图1-4

1.1.2 H5的作用

H5作为当下移动端的主流宣传方式之一，作用非常多。比如，它能使企业在不用开辟其他网站的情况下快速获得用户流量。不管是从宣传方面还是从增加曝光度方面来说，好的H5的作用都不可忽视。下面将细数H5页面的具体作用。

1. 实现增粉引流

H5作为广告的一种形式，或多或少会带有企业的品牌信息，比如产品信息、企业公众号、企业文化等。这些信息连同相关内容被制作成H5作品后，凭借极强的故事性和互动性，经常能够引起用户的兴趣，促使他们在朋友圈进行转发和分享。这等同于对企业信息的宣传，在帮助企业传播文化、提高流量的同时，还能使企业增获不少粉丝。

2. 增加企业曝光率，树立企业形象

相对于静态的文字和图片，H5页面形式更加新颖，活动繁多，同时互动性更强。H5页面中通常包含很多企业元素，用户只要点击品牌或者产品元素，便能跳转到相应的链接页面，这样就增加了企业的曝光率。很多企业都会在节日或假期举行一些活动，为用户带来各种福利，借此来展示企业独特的文化氛围，帮助企业树立良好的形象。图1-5所示为某媒体平台开展99公益日H5作品部分截图。

图1-5

3. 提高用户的活跃度和黏性

企业可以将H5宣传页面的链接放到企业的公众号菜单中，这样用户通过公众号相应的菜单栏目，就可以快速地浏览到企业H5宣传页面，从而在增加企业公众号特色的同时，还可以提高用户的活跃度和黏性。

1.1.3 H5的特点

H5页面中的元素包括文字、图片、音乐、视频、链接等多种形式，其具备丰富的控件、灵活的动画特效、强大的交互应用以及数据分析功能。H5页面非常适合通过手机进行展示和分享，且灵活性高、制作周期短，因此能够实现高效率、低成本的传播，如图1-6所示。

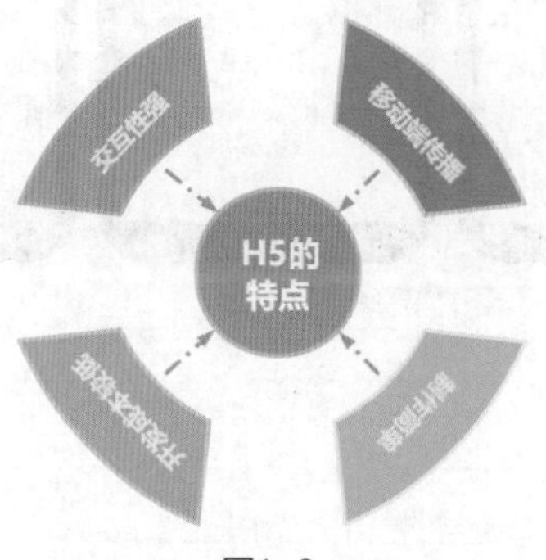

图1-6

1.1.4 H5适用的行业

H5种类很多，并具备内容丰富、趣味性强、玩法多样、不用下载等多重优点，可以适应各种行业的不同需求。如今，越来越多的企业和商家开始通过H5页面开展线上营销活动。通过对比H5模板网站的热门素材和行业分类规律，总结出的一些对H5有高频需求的行业包括招聘、新媒体、电商、保险金融、教育培训、婚礼婚庆、地产中介、广告传媒、生活娱乐等，如图1-7所示。这些行业具备一个共同点，即有大量的信息需要借助可视化的社交媒体传递给用户。

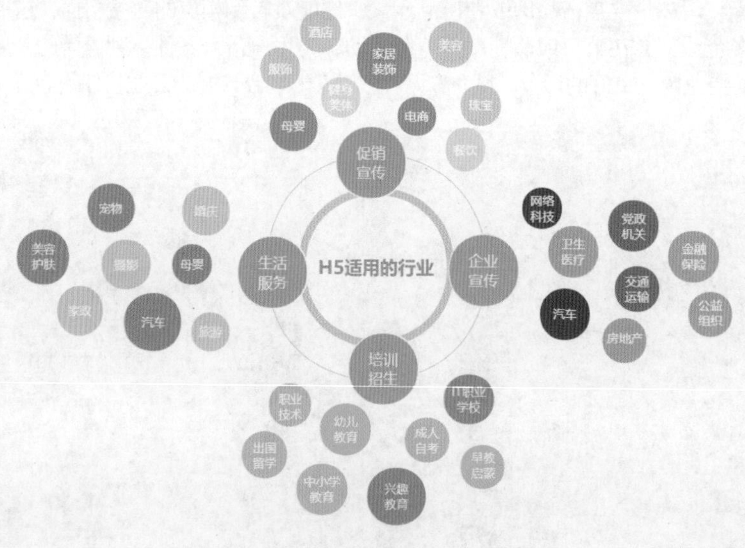

图1-7

1.1.5 H5应用类型

常见的H5包括产品展示型、品牌传播型、活动营销型、总结报告型等。下面将对这些常见的H5应用类型进行详细介绍。

1. 产品展示型

产品展示型H5页面聚焦于产品功能介绍，运用H5的互动技术优势尽情展示产品特性，吸引用户购买。其形式一般为故事讲述和性能展示等。图1-8所示为某品牌手机产品展示H5部分截图。

图1-8

2. 品牌传播型

品牌传播型H5页面相当于一个品牌的微官网，更倾向于塑造品牌形象，向用户传达品牌的精神态度。在内容上倡导一种态度、一个宗旨，在设计上则需要运用符合品牌气质的视觉语言，让用户对品牌留下深刻印象。其形式一般为品牌发布、总结报告、公益传递、人事招聘等。图1-9所示为某汽车品牌宣传H5部分截图。

图1-9

3. 活动营销型

活动营销型H5页面是最常见的类型之一。与静态广告图片的传播方式不同，H5活动页需要有更强的互动、更高的质量、更具话题性的设计来促成用户分享传播。其形式多样，包括游戏、邀请函、贺卡、测试题等。图1-10所示为某购物平台推出的818活动营销H5部分截图。

图1-10

4. 总结报告型

目前各大企业的年终总结十分热衷于用H5技术实现，优秀的互动体验使原本普通乏味的总结报告变得更生动有趣，并且内容和用户紧密相关。图1-11所示为某健身平台年度运动报告H5部分截图。

图1-11

1.2 H5的策划与设计流程

一份优秀的H5作品通常具备丰富的交互效果和良好的用户体验等特点，同时能够帮助企业吸引更多的用户和提高转化率。下面将对H5的策划及页面的设计流程进行详细介绍。

1.2.1 明确设计目标

在制作H5页面之前，首先需要明确设计目标，如是用于提高品牌知名度、推广产品，还是吸引用户注册等。其次需要了解目标受众的特点，如年龄、性别、职业等。明确设计目标和受众特点有助于进行更具针对性的页面设计。

1.2.2 内容策划

确定设计目标以后，便可以策划H5的具体内容了。

1. 策划方向

设计者在策划内容时需要先明确方向，通常可以从内容、交互以及视觉3个方向着手。

（1）内容方向

内容方向表示以内容为主的H5页面。这种类型的H5页面可以从大众所熟悉以及想了解的内容入手，并从用户情感出发。例如，节日信息类、宣传类、影视类等H5作品大多从内容方向策划。

（2）交互方向

交互方向表示将用户操作放在首位的H5页面。此类H5页面更注重与用户建立丰富的互动体验。例如，游戏类、广告类等H5作品一般偏向从交互方向策划。

（3）视觉方向

视觉方向表示以画面效果为主的H5页面。视觉效果不仅需要注重页面的美观，更需要注重页面的动效，让页面具有强烈的视觉冲击力。例如，促销类、品牌宣传类等H5作品一般从视觉方向策划。

2. 策划关键

有了策划方向，还应该遵守策划的5个关键点：社交性、故事性、参与感、话题性、互动性。

（1）社交性

H5最重要的特性之一是传播。企业和商家要想让自己的品牌得到更广泛的传播，就需要在H5中融入社交性，即借助用户的社交关系进行传播。在H5营销设计中，融入可以让用户分享的动机，利用好社交性，才能提升H5营销的传播效果。

（2）故事性

H5本身是信息承载和传达的工具。而通过讲故事的方式可以让信息快速向用户传达，将品牌故事融入H5，借助H5的技术优势将企业品牌价值文化理念传达给用户，加深用户对品牌的印象。

（3）参与感

想要用户更好地理解品牌，最好的方式就是让用户参与进来。可以参与体验的H5会让用户更感兴趣。商家可以结合产品的特性以及用户的爱好进行参与机制的设置。

（4）话题性

企业商家想要自己的H5营销有话题性，就要抓住热点进行内容策划，借助热点的时效性进行品牌宣传。

（5）互动性

在H5中融入互动机制，让用户进一步体验、认识到H5中宣传的品牌和产品，这样可以提升用户对产品消费的想法。

1.2.3 页面设计

在设计H5页面时，设计者首先需要确定风格，据以搜集素材并设计页面结构，然后选择合适的模板或框架，设计页面内容和样式。

1. 确定风格

在这个追求新鲜感和个性化的时代，只有与众不同才能被区别开来。H5页面的设计也一样，文字内容和整体感觉都必须有独特的风格。

2. 搜集素材

制作H5的素材包括图片、视频和音频以及各种信息。图片、视频和音频主要通过网上搜集、实物拍摄或录制来获取。信息的搜集包括搜集企业信息、活动内容、游戏文字等。

3. 设计页面结构

在设计H5页面之前，设计者需要先构思页面的结构，可以通过纸笔草图或使用设计工具创建页面的框架（H5原型图）。页面结构应该清晰明了，包括头部、导航栏、主体内容、底部等部分。同时，要考虑页面的可视性和响应式设计，确保其在不同设备上都能够得以正常展示。

应用秘技

设计H5原型图的好处在于，它能够在表现层将设计合成一个逻辑整体，让客户预览未来交互的软件蓝图、功能和效果，获得较真实的感受；也能够在不断讨论的基础上完善未来的设计思想；还能够在深入调整前收集反馈。如果盲目入手制作，一旦需要重新调整结构，或者修改编码，就会付出很大的代价，可能会导致项目目标无法完成。而有了原型图后，设计者只需花费一点沟通时间对其重要的交互或布局进行修改，并且只需一个人就能对原型进行构建和维护，不会打断其他进度。

4. 选择合适的模板或框架

为了提高制作效率，可以选择一些已有的H5页面模板或框架。这些模板或框架通常包含了常用的交互效果和设计元素，可以帮助设计者快速搭建一个基础的页面。设计者可以通过搜索引擎或H5页面制作平台找到适合自己需求的模板或框架。

5. 设计页面的内容和样式

设计者需要根据最初确定的风格，设计页面的内容和样式。内容应该简洁明了，重点突出，能够吸引用户的注意力。同时，要注意页面的排版和配色，保证页面的美观性和可读性。

设计H5页面要注意整体协调感，前后效果要保持统一。前后统一的效果可以依靠好的背景来衬托。

1.2.4 交互设计

使用模板制作的H5通常已包含良好的交互效果。如果设计者是使用图像工具全新设计的H5页面，则需要添加动画、音效等内容，以优化页面性能。通过添加动画和音效，可以增强页面的吸引力，提升用户体验。

图1-12和图1-13所示为在易企秀H5编辑器中为指定元素添加动画以及预览动画的效果。图1-14所示为在H5编辑器中为作品添加背景音乐的操作步骤。

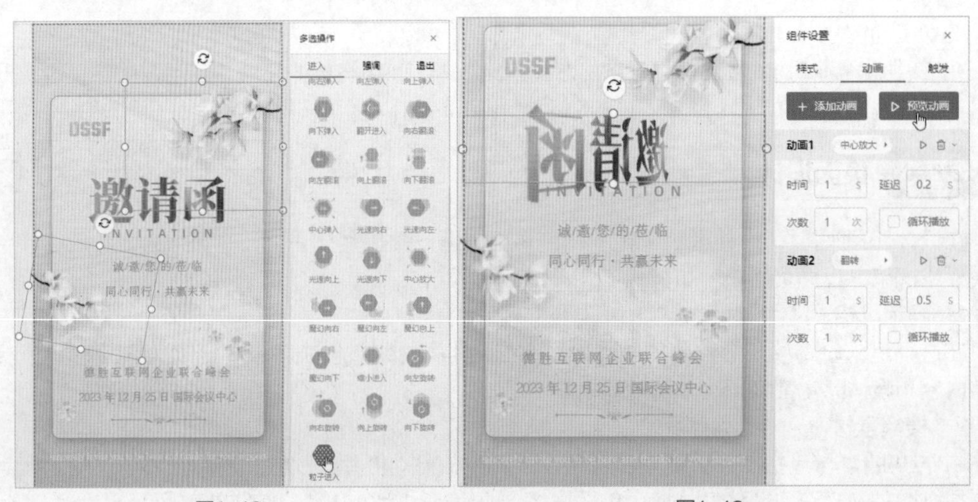

图1-12　　图1-13

图1-14

1.2.5 生成与发布

H5页面制作完成后，可以先对效果进行预览，然后将页面发布到线上进行推广。企业可以通过二维码或链接将页面嵌入电子商务网站、微信公众号、App等平台，利用各种渠道引导用户访问和使用。图1-15所示为在MAKA平台发布某绘画投票活动H5的效果。

图1-15

1.3 H5制作工具介绍

H5设计领域没有固定的制作工具，一般需结合使用多个工具。例如，平面设计类的Photoshop、视频特效类的After Effects、音频编辑类的Audition，以及各类H5制作平台等。下面将对这些常用工具进行简单介绍。

1.3.1 图像处理工具

Photoshop是一款功能强大的图像处理软件，被广泛地应用于各种设计领域，其中也包含H5设计领域。利用Photoshop软件可以对H5页面布局进行设计，包括页面背景、图片素材、装饰素材等，如图1-16所示。

在用Photoshop软件设计H5页面时，需注意页面尺寸的设置。因为设计的H5页面最终需要导入H5制作平台中，所以在用Photoshop软件进行设计前，应当先了解所用H5工具规定的页面大小。以人人秀平台为例，导入PSD画布大小为640px×1240px，文件大小不超过30M，如图1-17所示。

图1-16

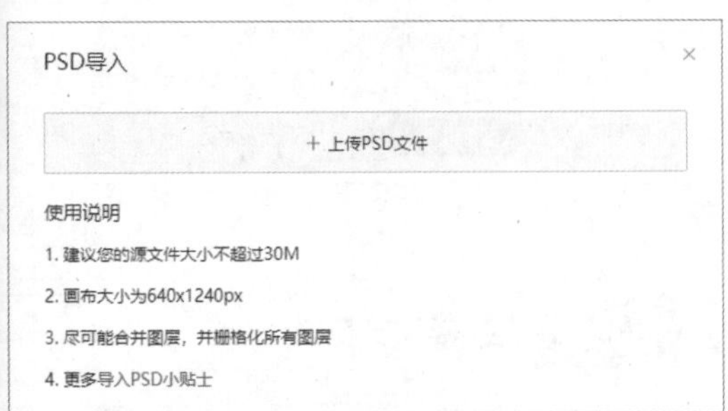

图1-17

此外，用户还可使用稿定设计推出的在线PS工具进行快速设计，其操作界面与Photoshop相似，如图1-18所示。

图1-18

1.3.2 矢量图设计工具

制作矢量图形时，用Illustrator软件要比Photoshop软件方便得多。因为Illustrator是一款专业的矢量设计软件，主要用于插画设计、图标设计、文字设计等方面，这些图形在H5中也是经常要用到的，如图1-19所示。

另外，用户还可使用一些便捷的矢量小工具来进行快速绘制。例如Pixso、Sketch等，这些小工具往往自带很多矢量图形的模板，用户可在模板的基础上进行二次编辑，使其符合制作需求。图1-20所示为Pixso资源社区界面。

图1-19

图1-20

1.3.3 影视后期制作工具

After Effects（简称AE）是一款专业的视频特效制作软件。用户利用AE可创建各种酷炫的视觉效果，让H5的内容更加吸睛，如图1-21所示。

使用AE软件是需要有影视后期基础的，如果是零基础或者是刚入门的新手，建议使用一些轻量化、好操作的小工具。例如，剪映就是时下较为热门的视频剪辑工具之一，如图1-22所示。该工具会提供很多视频特效、视频滤镜模板，以帮助用户快速实现所需效果。

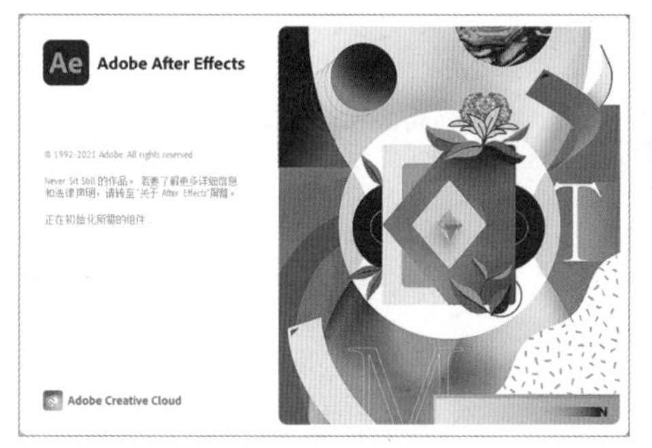

图1-21

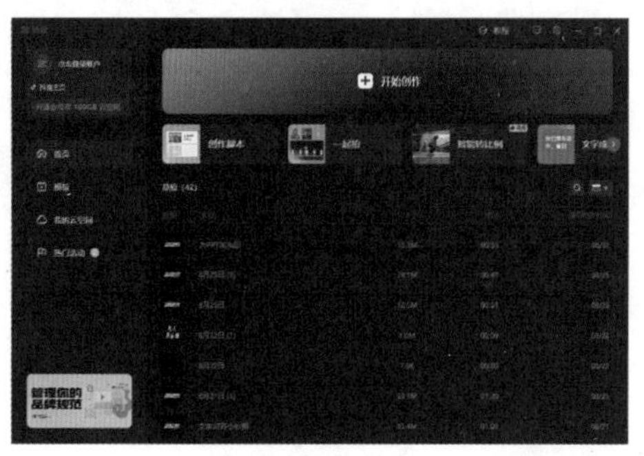

图1-22

1.3.4 音频处理工具

Adobe Audition是一款功能强大的音频处理软件。它具有音频录制、音频编辑、声音去噪、音频转换等功能，可以让声音文件更好地融入H5页面，如图1-23所示。除此之外，GoldWave、Audacity、Sound Forge等软件也可以很好地处理音频文件。图1-24所示为GoldWave软件操作界面。

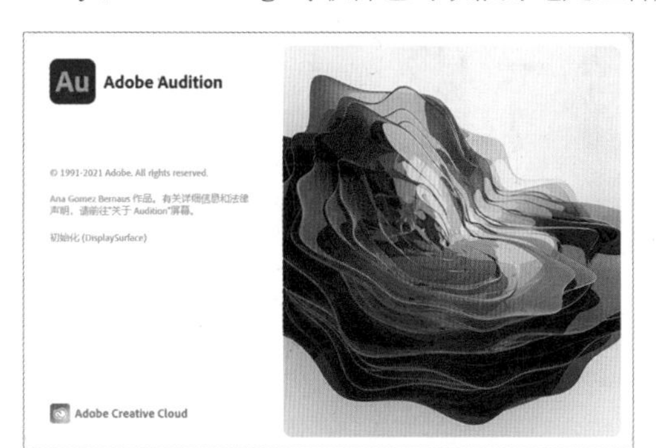

图1-23

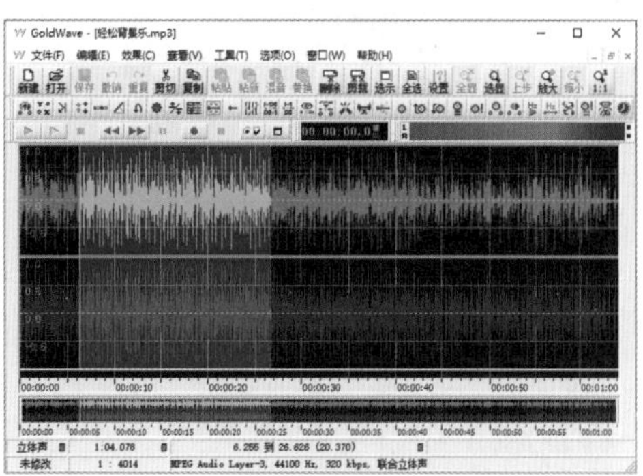

图1-24

1.3.5 H5制作平台

利用以上工具制作的文件最终要导入H5平台，生成一份完整的H5页面。目前常用的H5制作平台有易企秀、人人秀、MAKA等，操作起来比较简单，适合新手使用。这类平台都会提供大量的模板和素材库，以节省用户制作的时间。

1. 易企秀

与其他平台相比较，易企秀商务气息比较浓，适合企业用户使用，如图1-25所示。该平台可提供H5、长页面、表单、小游戏等多种产品类型，支持PC、App、小程序、WAP多端使用。企业可以根据自身需要自由选择使用端进行制作。

易企秀的模板偏促销类，配色大多以红金、黑金、蓝金以及各种能与金色搭配的颜色为主，给人以红火、热烈的氛围感。

图1-25

2. 人人秀

人人秀平台风格与易企秀类似，但在使用功能上有所不同，它的拉新促活工具是让微信端涨粉的神器。在微信上发布的营销活动，在人人秀上基本也能找到对应的H5模板或互动工具。它能提供实时的数据监测和数据收集功能，在第一时间抓住流量的最新动向，如图1-26所示。

图1-26

人人秀的模板，可以说是同类平台中最多的。如果是商用的话，由于会涉及版权问题，所以须谨慎使用模板。当然也有免费模板，但是不支持一些功能，比如添加视频和特效功能。

3. MAKA

MAKA平台与易企秀平台相似，主要服务于企业用户，如图1-27所示。但不同的是，MAKA

平台更重视设计，在模板风格和样式上要比易企秀的丰富一些。从功能使用上来说，其操作很方便，功能按钮排列也很有序，使用户一眼就能找到所需功能，可以说它对新手是非常友好的。但在交互功能上，它比其他H5平台要少一些。

图1-27

应用秘技

对于H5小游戏来说，凡科互动平台中的游戏模板还是比较丰富的，游戏玩法也比较巧妙。比如抽奖、答题、互动（接物、消除、手速、反应、跳跃）等，用户可根据活动内容来选取合适的游戏模板。

1.3.6 H5专业设计平台

对于新手来说，可以用以上H5平台套用相应的模板进行快速制作。而对于有设计基础的设计师而言，可以使用专业的H5设计平台来制作内容，如意派Epub360、iH5等。这些平台功能比较全面，操作灵活度很高，可以更好地满足设计需求。

1. iH5

iH5（VXPLO互动大师）也是一套专业的H5设计平台，在H5工具中可称得上是鼻祖。它是一款无须下载的设计工具，采用了物理引擎、数据库、直播流、SVG、Web App、多屏互动等技术，为用户带来一站式的Web App平台解决方案。

iH5具有较强的交互功能，可实现各种炫酷的效果，包括很多复杂的动效。它的操作界面与Photoshop软件相似，有Photoshop基础的用户操作起来比较顺手，如图1-28所示。

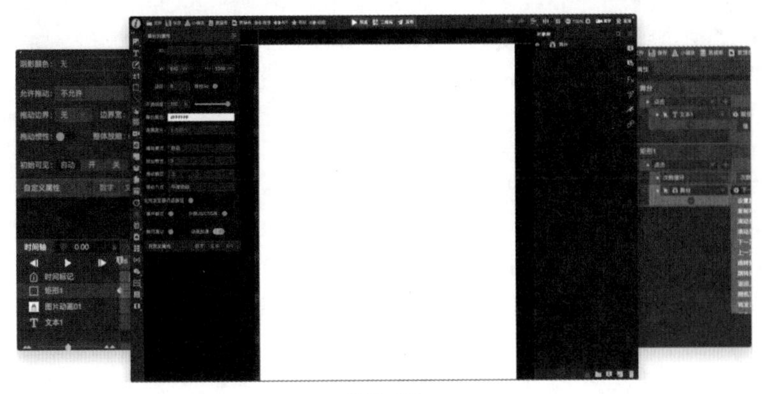

图1-28

iH5设计平台提供了多个免费的组件，其中包括所有的基本组件（全景容器、地图工具、动画组件、物理引擎、排版容器、页面组件等）、SVG组件、小模块组件以及数据库和数据表组件。用户巧妙运用这些组件，可将H5内容展现得更加精彩。

应用秘技

学习iH5不需要任何代码基础，只需要熟悉iH5的操作流程就可完成各种场景、游戏、App的搭建。此外，iH5平台允许多人在线协同编辑，这对团队合作非常有帮助。

2. 意派Epub360

意派Epub360也是一款专业的H5设计平台。与iH5相似，它也是通过浏览器在线使用的设计工具。图1-29所示为意派编辑界面。

图1-29

与其他H5平台相比，意派Epub360平台具有以下特色。

（1）含有丰富的动画技术

除了支持常用的数十种动效外，Epub360还支持路径动画、img动画、序列帧动画、状态补间动画、复合动画及动画组，同时支持触发式动画播放及手势播放动画控制。

（2）强大的触发器功能

该平台预置了数十种触发器，可实现触发动画、碰撞检测、页面跳转、逻辑赋值、数据收集等交互操作，同时支持触发执行自定义js函数，满足更多个性化交互设计的需求。

（3）自定义数据库

该平台可自定义数据表字段，并提供可视化配置界面，实现数据库的增加、删除、修改和查询，完成游戏排行、评分、助力、抽奖等数据存储和查询。

（4）提供多个组件集

平台内置了近60个组件，除基础组件外，还提供了截屏、拖曳等交互组件，变量、条件判断等逻辑组件，表单及数据库组件。

（5）提供多样化页面类型

平台支持自定义页面尺寸，可方便设计移动端、Pad端以及桌面大屏应用；同时，支持H5长页面设计、H5流式页面制作的混合编排，以满足大屏互动、媒体类、营销落地页等多样化的设计需求。

1.4 优秀的H5制作秘诀

现如今，开发H5已成为企业或商家必备的营销手段。在众多的H5营销作品中，如何让自己的H5脱颖而出，成为人们关注的焦点？那么笔者就从以下3个方面来对H5制作秘诀进行介绍。

1.4.1 H5页面设计规范

在开始制作H5之前，需要掌握H5的制作规范及相关的设计原则，以保证H5内容能够得以正常显示，同时内容得以准确传播。

1. 手机界面尺寸设置

H5主要是通过移动设备来查看的，H5页面必须在设备的物理特性和软件特性的基础上进行合理设计。以手机设备为例，目前手机设备分ios（iPhone Operating System）和Android（安卓）两种。设备类型不同，其屏幕分辨率也不同。

（1）ios设备主流屏幕尺寸

众所周知，ios是由苹果公司开发的移动操作系统，被广泛应用于iPhone、iPod Touch、iPad以及AppleTV等产品上。以iPhone手机为例，其界面尺寸通常为1125px×2463px、1242px×2688px、750px×1334px、1080px×1920px等。iPhone主流机型界面尺寸，如表1-1所示。

表1-1

手机机型	分辨率（像素）	屏幕尺寸（英寸）
iPhone SE	640×1136	4.0
iPhone 6/6s/7/8/SE2	750×1334	4.7
iPhone 6p/7p/8p	1242×2208	5.5
iPhone x/xs/11Pro	1125×2436	5.8
iPhone xr/11	828×1792	6.1
iPhone 12mini/13mini	1080×2340	5.4
iPhone 12/12Pro/13/13Pro/14	1170×2532	6.1
iPhone 14plus	1284×2778	6.7
iPhone 14pro	1179×2556	6.1
iPhone 14ProMax	1290×2796	6.7

（2）Android设备主流屏幕尺寸

Android系统是由Google基于Linux开发的一款移动操作系统。Android操作系统的手机种类比较多，其分辨率和屏幕尺寸也有较大的差异。下面将以华为机型为例来介绍Android主流屏幕尺寸，如表1-2所示。

表1-2

手机机型	分辨率（像素）	屏幕尺寸（英寸）
HUAWEI P50	2700×1224	6.5
HUAWEI nova10	2400×1080	6.67
HUAWEI P50 Pro	2700×1228	6.6
HUAWEI Mate40	2376×1080	6.5
HUAWEI Mate40 Pro	2772×1344	6.76
HUAWEI nova9/nova8	2340×1080	6.57

2. H5页面设计原则

在进行H5页面设计前，设计者需掌握一些页面的设计原则，以便更好地传播所要表达的内容。

（1）页面统一

优秀的H5作品页面整体效果会很统一，包括页面版式、文字字体、设计风格、用色、动效等，让人看起来有舒适感。

（2）结构清晰

H5页面中如果用大段文字来展示内容，就会降低人们浏览的兴致。所以，设计者须对表述的文字进行适当删减，尽量用简洁精练的语言来表达。此外，内容的逻辑要清晰，尽量按照由简到繁、由浅到深的顺序来展现，做到“一页只说一件事”。

（3）内容可视化

尽量使用有趣的图片、视频、动画等直观元素将难以理解的内容直观地表达出来，使人们在短时间内能够快速消化，提高信息的传递效率。

1.4.2 优秀的H5作品的特征

优秀的H5作品应该以内容为主、设计为辅，两者相辅相成。下面将简单分析优秀的H5应当具备的特征。

1. 选题的受众面广

一般来说，选题定位越贴近人们身边的日常事，受到广泛传播的概率就越大。这类主题没有明确的年龄、性别限制，几乎可以覆盖所有会上网的人群。图1-30所示为网易H5设计团队推出的《你的饲养手册》测试类H5作品，该作品在当天全网浏览量超过1000万，并登上了微博热搜。

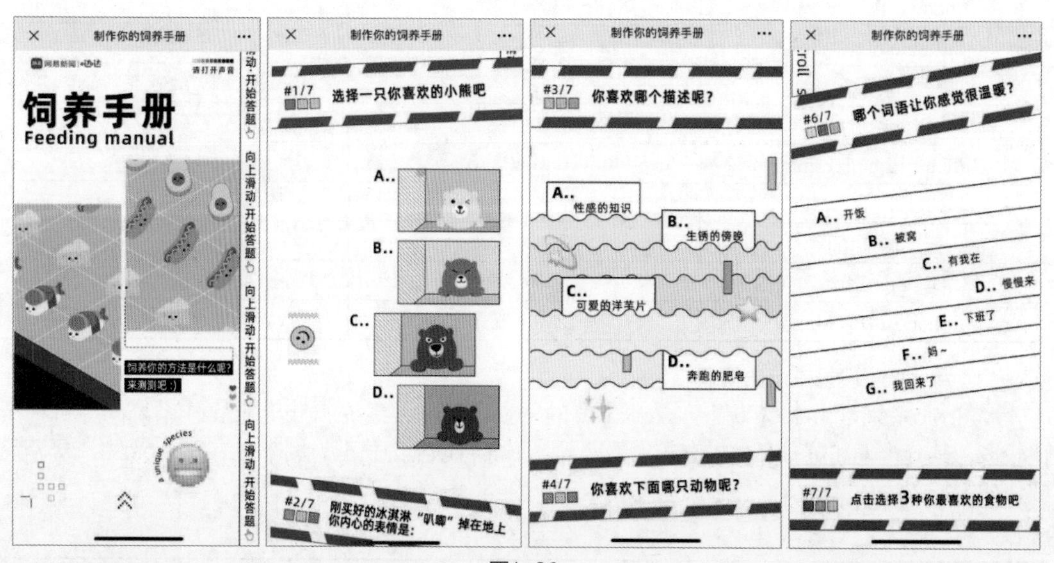

图1-30

2. 文案策划用心

从内容来看，用心的文案不会有大量的文字内容涌现，每一页文案都是经过精心筛选、简化的。H5的界面配色简洁，不会过于复杂。一般来说，每一个转发量高的H5都会有一个关键点可以刺激用户分享，引起共鸣。图1-31所示为某媒体平台推出的《这个暑假，测测你养出什么娃!》H5作品，用户在设定的情景问题中做出自己的选择，测试自己带出的娃娃类型和个人能力分析，以此为某电台节目引流。

图1-31

3. 互动性很强

H5中要适当增加互动环节，让用户具有参与感，取得用户信任。目前，较受欢迎的H5还属测试类和游戏类。这类H5互动环节很简单，便于理解，用户无须多想，随手就能够参与。图1-32所示为某饮料品牌与其他App品牌联合推出的一款《摇可乐挑战》H5游戏。该作品利用摇晃手机挑战可乐喷溅的射程，游戏操作简单，互动性强，再搭配“呲呲”音效，让人很解压。

图1-32

4. 营销弱化

很多优秀的H5作品的背后，都有一个特别明显的特征，就是营销感弱化。作品中不仅没有卖货入口，也没有过多的产品营销内容。但其目的明确，主要就是提升品牌宣传曝光率。图1-33所示为网易H5设计团队借助六一儿童节打造的一部《滑向童年》H5作品。该作品仅上线3小时，在各媒体平台转发量就已达到百万上下。

图1-33

1.4.3 设计师应具备的能力

作为一名优秀的H5设计人员，至少需要具备以下4种能力。

1. 创新思维能力

具有创新思维能力是H5设计师必须具备的基本素养。一味地循规蹈矩有害而无益。优秀的设计师会时常关注社会热点、关注H5发展动向，将此融入H5中，从而设计出刷屏级的作品。

2. 扎实设计表现力

具有创新思维能力还不够，设计师还必须具备手上的表现技能，要会熟练运用各种设计工具，以及各类H5创作平台的操作。由此，将好的创意点完美地表现出来。

3. 适应用户需求能力

设计师需要通过图片、动效、音视频等元素准确地向用户展示H5页面内容，挖掘用户的关注点，制作出适应用户需求的作品。

4. 团队合作能力

一个H5开发项目通常是由多个成员协作完成的，其中包含平面设计师、技术开发工程师、产品经理等。所以作为设计师，良好的沟通能力、泰然处之的耐性以及团队合作精神是必不可少的。

知识拓展

Q1：H5原型图指的是什么？

A：H5原型图指的是H5设计前的草稿，一般设计者通过软件或手绘方式进行绘制。设计者可用原型图与企业管理者、产品经理、内容策划人员进行沟通，确保在进行H5设计时能够全面地了解设计内容、设计难点和设计周期等情况。

Q2：H5可展示的浏览器有哪些？

A：适合H5的浏览器有很多，常用的有QQ浏览器、Chrome浏览器、Safari浏览器。其中，

QQ浏览器能够为H5提供功能丰富的应用开发接口、简洁的接入流程、完善的用户身份认证体系；Chrome浏览器是由谷歌开发的一款开源浏览器，具有稳定性高、安全性高、流畅度高、兼容性强等特点；Safari浏览器是macOS中的浏览器，无论是在Mac、PC还是iPod Touch上都能运行，但该浏览器在制作H5时，会出现兼容性的问题。

Q3：H5页面的安全区在哪里?

A：页面安全区是指整个页面的可视窗口范围。处于页面安全区的内容不受手机两侧圆角和下侧小黑条的影响。图1-34所示为竖版屏幕和横版屏幕的安全区示意。

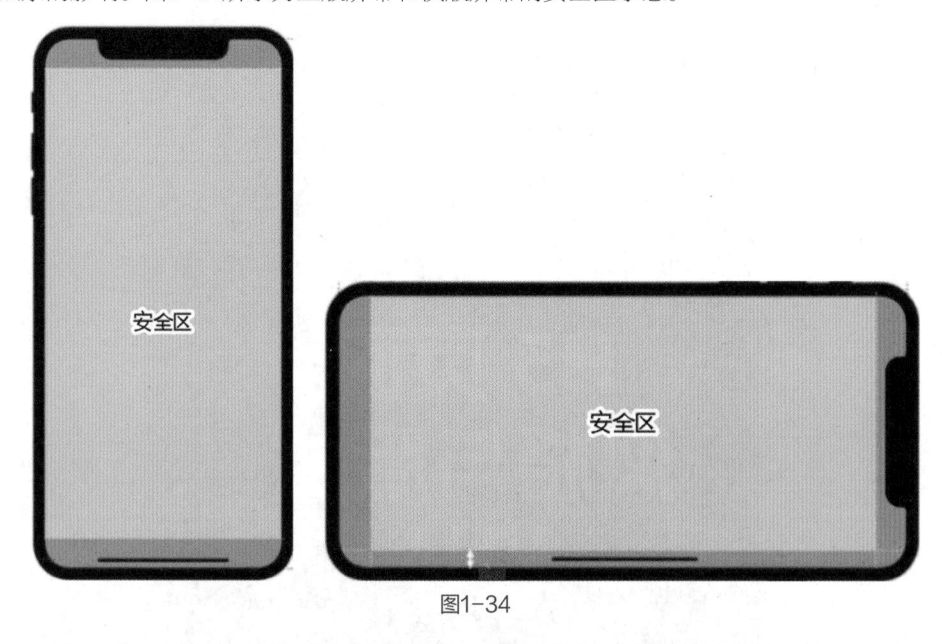

图1-34

Q4：H5原型图的绘图工具有哪些?

A：Illustrator软件可用于绘制H5原型图，该软件就是专门绘制矢量图形的软件，使用起来很方便。当然，还可以使用一些便捷的图形工具进行绘制，如Pixso、Figma、Invision等。在具体设计中，用户可根据自己的使用习惯来选择。

页面风格是否统一、版式布局是否合理、用色是否和谐是设计者在进行设计时务必要考虑的3个要素，也是体现H5作品是否出彩的关键。本章将着重围绕这3个设计要素进行讲解，其中包括常见H5页面风格、H5页面色彩设计、H5页面版式设计等。

2.1 常见H5页面风格

进入H5设计阶段，首先要根据内容来考虑页面的整体风格，是用极简风格，还是扁平风格，抑或科技风格？下面将对H5常见的设计风格进行简单介绍。

2.1.1 扁平风格

扁平风格一直以来深受设计师的喜爱，其优势在于可以通过颜色、形状和字体清晰明了地呈现视觉层次。该风格整体干净、简洁，可以很好地突出页面重点，以便用户快速理解相关信息内容。图2-1所示为某媒体平台感情测试类H5作品。该作品用各类形状和色块来进行自由组合，整个页面简洁明了。

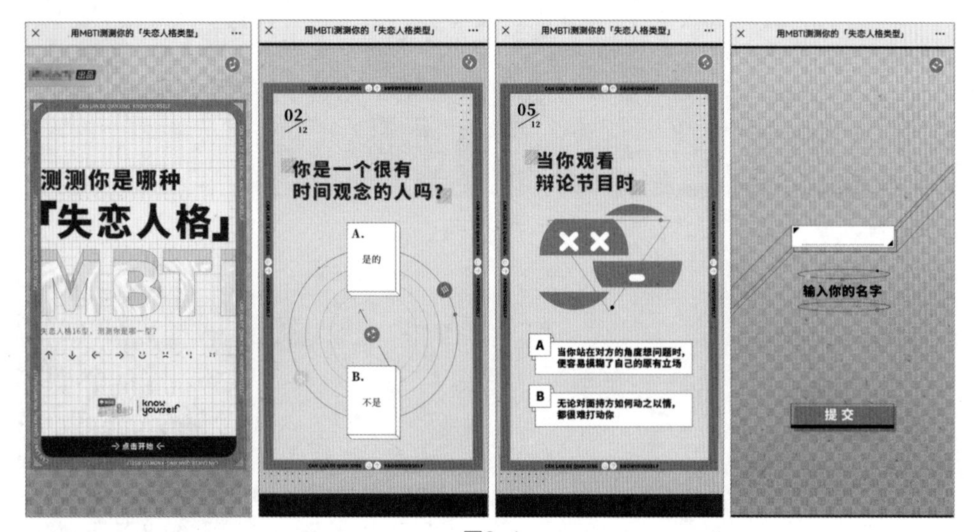

图2-1

2.1.2 插画风格

插画是H5设计中常用的一种风格，也是最容易出效果的一种手法。它简约又直观，弱化了细节和透视，识别度和上手度也相对更快，契合了年轻人对可爱和萌趣的审美要求。图2-2所示为某媒体平台推出的迎新年、写春联活动H5作品。该作品利用21张不同地区的春节场景作背景，浓郁的插画风烘托出了故乡的氛围，用户也会情不自禁地置身场景中。

插画风格也分为很多种，常见的有渐变插画、肌理插画、立体插画、国潮插画等。

（1）渐变插画

这类插画的特点是大量运用低饱和度的渐变手法，且在用色上一般采取近似色；其细节丰富而细腻、画面风格偏写实、视觉稳重大气，使得整个画面很有视觉冲击力和层次感，如图2-3所示。

（2）肌理插画

这类插画的特点是在扁平画的基础上融入肌理效果，呈现出质感，且有光影变化的画面；没有明显的描边痕迹，通过色块的明暗来区别每个元素；通过添加质感、杂色等来增加插画的层次和立体感，如图2-4所示。

（3）立体插画

这类插画有着强烈的空间感，其主要形式分为2.5D和3D插画两种。它是在二维空间里表现三维事物，如图2-5所示。

（4）国潮插画

这类插画的特点是以中国文化和传统为基调，集时尚、格调和腔调于一身，是传统与现代文化思潮的碰撞，更是东方美学的淋漓展现，如图2-6所示。

图2-2

图2-3　图2-4　图2-5　图2-6

应用秘技

插画风格中还有一种也比较常用，那就是MBE插画。该风格的特点是简洁、圆润和可爱，一般都带有特粗的深色描线、Q版化卡通形象、圆润的线条、矢量绘制的线条+面组合的设计感，给人以清新、可爱的调性。

2.1.3 手绘风格

手绘打破了某种刻意而为的束缚，以一种更为自在而随心的状态进行绘图，不经意地呈现出浑然天成的意趣。手绘一般利用各类简单的线条来描绘场景，具有一定的亲和力，能够激起人们的情感共鸣。如果能结合GIF动态图，则更显生动有趣。图2-7所示为某保险公司活动宣传H5作品。该作品很有趣，以幽默的简笔画风，结合用户自己手绘的人物一起闯关，赢得了胜利。作品很有创意，用户的参与感也很强。

图2-7

2.1.4 简约风格

简约风格也是H5设计常用的一种风格。通过适当的留白处理和简单的排版方式，让页面整体看上去简约而不简单。图2-8所示为某媒体平台推出的AI画像作品。该作品利用浅色素雅的墙面为背景，结合简约大方的展馆布局进行场景切换，再搭配以简洁的交互动效，使得整个作品给人干净、整洁、舒适的感受。

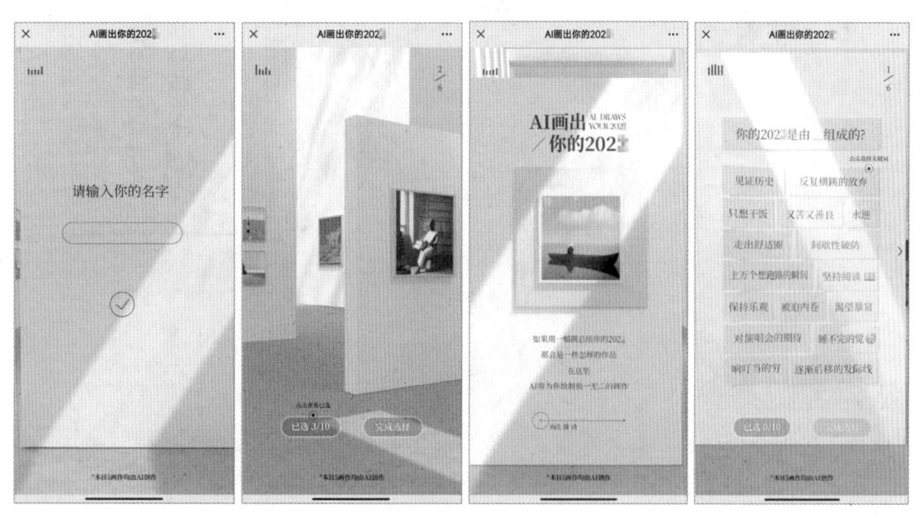

图2-8

2.1.5 科技风格

科技风格以干脆利落的线条以及黑蓝色调为主，设计出具有科幻意境的场景，具有酷炫、精细、智能、高科技等一系列电子化的特征。图2-9所示为某打车平台设计的一款探索游戏作品，不同的电子屏幕贯穿于整个作品，再结合各种机械按钮元素，使整个画面显得科技感十足。

图2-9

2.1.6 水墨风格

带有浓郁的古典韵味的水墨风格是近年来设计师比较青睐的一种风格。线与墨是水墨风的核心，它们可以被任意地构成组合，形成各种丰富的水墨视觉形象和审美趣味。图2-10所示为某平台推出的五一节日宣传作品。该作品用武林秘籍招数与现代行业高手相比对的方式，来致敬每一位努力打拼的劳动者；故事场景也由古风穿越到现代，创意感很强。

图2-10

应用秘技

拼贴风也是页面设计的一种表达形式。它是将多种元素相互叠加拼凑设计，形成一种极具艺术感的效果，可以拓展表现空间，给观者带来更新颖有趣的视觉效果。它具有独特的魅力、超现实主义，充满了奇幻复古的感觉。

2.2 H5页面色彩设计

页面基调是否和谐，主要取决于页面色彩搭配是否协调。与页面版式、风格相比，页面中的色彩是人们聚焦的第一要素，也是最有视觉冲击力的要素。所以在设计前，设计者了解一些色彩搭配的基础知识是很有必要的。

2.2.1 色彩的三要素

人们所看到的任何色光都是由色相、明度和纯度这3个要素综合而成的，它们就是构成色彩的基本要素。

1. 色相

色相指的是色彩本身的颜色。它是色彩的首要特征，是区别各种不同颜色最准确的标准。最基本的色相分为红、橙、黄、绿、蓝、紫。而在这6种色相的基础上，分别加入1～2种中间色，就会形成红、红橙、橙、黄橙、黄、黄绿、绿、蓝绿、蓝、蓝紫、紫、紫红共计12种色相。将这12种色相按照环状排列，就形成了12色相环，如图2-11所示。

色相环是由三原色、三间色和六复色构成的。其中，三原色即为红、黄、蓝。这三种原色是色相环的“母色”，它们是不能够通过其他颜色调和而成的基本色。色相环中三原色两两之间的夹角为120°，如图2-12所示。

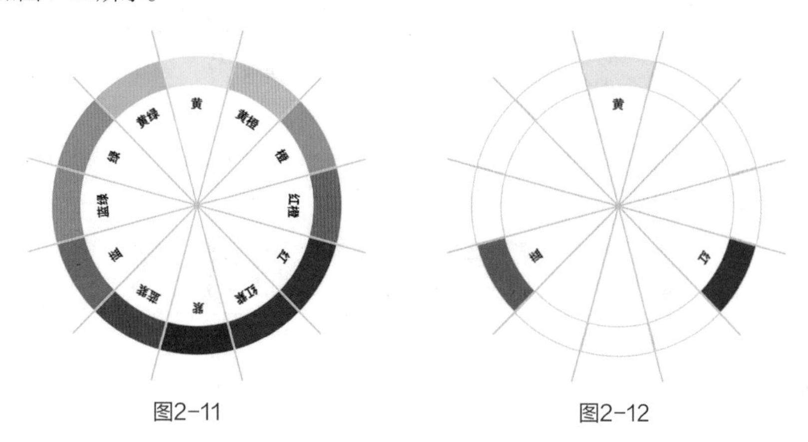

图2-11　　图2-12

三间色又称二次色，即为绿、紫、橙。该颜色由三原色中任意两种调和而成，如橙色由等量红色和黄色调和而成、绿色由等量黄色和蓝色调和而成、紫色由等量红色和蓝色调和而成，如图2-13所示。

六复色又称三次色，即为黄绿、黄橙、红橙、红紫、蓝紫和蓝绿。该颜色由色环中的相邻两种颜色调和而成，它可以是两种间色进行调和，也可以是一种原色和其对应的间色进行调和。例如，黄绿由等量黄色和绿色调和而成、黄橙由等量黄色和橙色调和而成、红橙由等量红色和橙色调和而成，如图2-14所示。

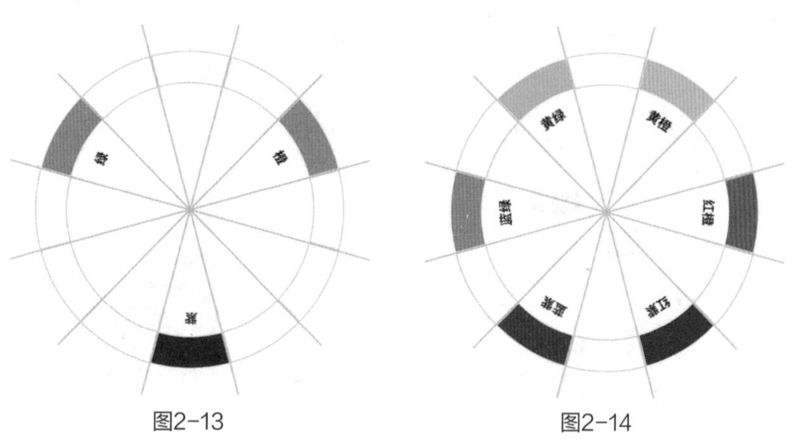

图2-13　　图2-14

新手误区

色相环中的颜色为标准色。而在实际调色时，由于各颜色的占比不同，其调和后的颜色也有所不同。

2. 明度

明度指的是色彩的明亮程度。有色物体通过光照后会产生明和暗的变化。色彩越暗，其明度就越低，直至黑色；相反，色彩越明亮，其明度就越高，直至白色，如图2-15所示。

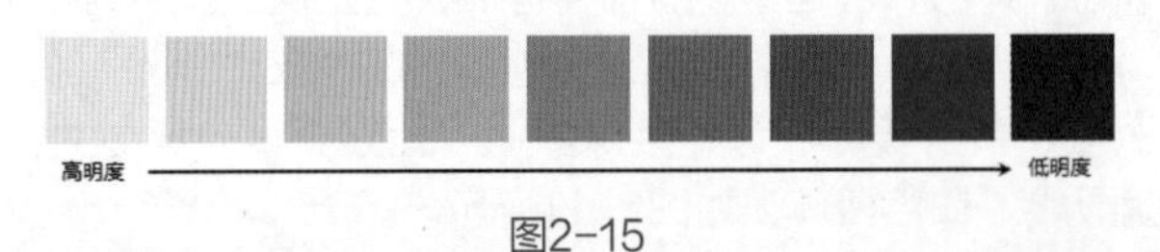

图2-15

所有色彩都可分为有彩色系和无彩色系两种。简单地说，有彩色系是指红、橙、黄、绿、蓝、紫等色相环中的颜色；而无彩色系是指白色和黑色，以及由白黑两色调和而成的灰色。所以，在有彩色系中，黄色明度最高，紫色明度最低；而在无彩色系中，白色明度最高，黑色明度最低，如图2-16所示。

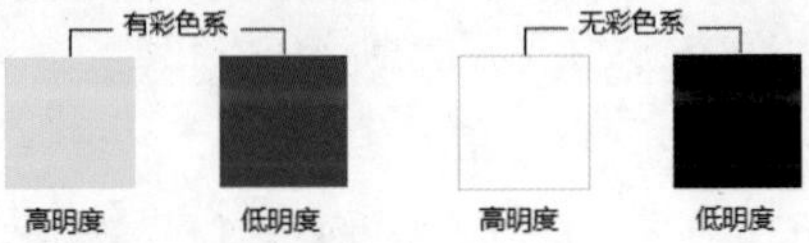

有彩色系　无彩色系

高明度　低明度　高明度　低明度

图2-16

3. 纯度

纯度（又称饱和度）指的是色彩的鲜艳程度。纯度越高，色彩越鲜艳；纯度越低，色彩越浑浊，直至灰色，如图2-17所示。

图2-17

纯度越高的色彩，越会吸引人的注意，其视觉冲击力就越强，能够很好地突出重点信息。纯度越低的色彩，越会显得朴素典雅、安静温和，比较适用于页面背景色。这里需要注意的是，高纯度的颜色不宜大面积使用，可进行适当点缀，否则整体效果会显得非常廉价。

2.2.2 色彩的感知

根据人的心理感受，可将色彩划分为冷色和暖色两种。以12色相环为例，冷色包括黄绿、绿、蓝绿、蓝、蓝紫、紫这6种；而暖色则包括紫红、红、红橙、橙、黄橙和黄这6种，如图2-18所示。红、黄、橙等颜色会让人联想到阳光、温暖，故称为“暖色”，如图2-19所示；而绿、蓝、紫等颜色会让人联想到黑夜、寒冷，故称为“冷色”，如图2-20所示。

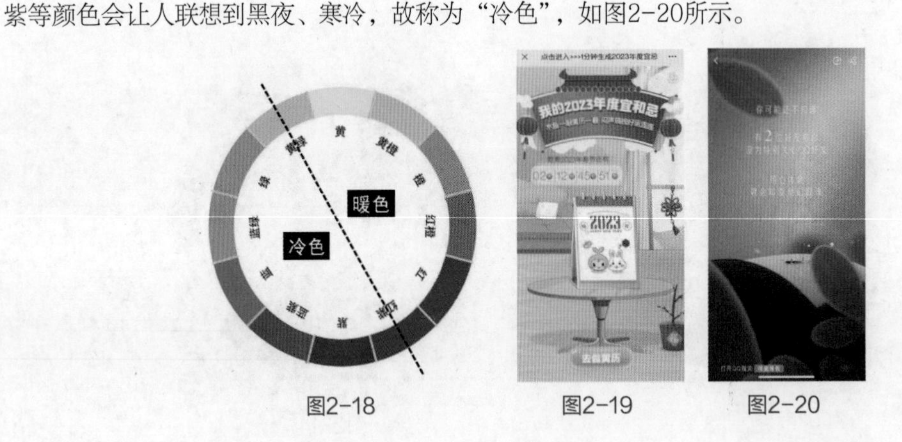

图2-18　图2-19　图2-20

应用秘技

黑色、白色、灰色、棕色为中性色，它们既不属于冷色，也不属于暖色。它们可以与其他任何色彩搭配在一起，起到调和、缓解作用。

（1）红色

红色往往与吉祥、好运、喜庆相关联，常用于节日庆祝、活动开展等场合。图2-21所示为某啤酒品牌迎新年活动作品。该作品的主色调为中国红，搭配上金色的标题文字，以及中国新年元素，这份热情、活力、喜庆感已溢出屏幕。

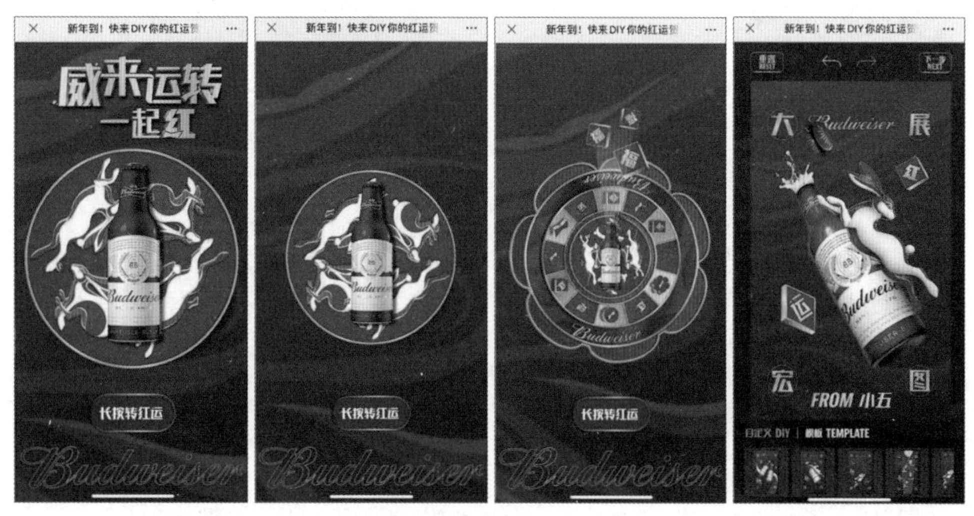

图2-21

（2）黄色

黄色有很强的光明感，能使人感到通透、明亮和纯洁。在黄色中适当点缀其他颜色，能够产生醒目的效果。图2-22所示为某输入法平台推出的斗诗活动作品。该作品用亮黄色和蓝色搭配，烘托出了主题内容，而且页面效果也十分抢眼。

图2-22

（3）橙色

橙色融合了红色和黄色的优点，使人感到温暖又舒适。此外，橙色还会让人联想到秋天、丰收的果实，从而让人感到富足、快乐和幸福。图2-23所示为某网站年度数码好物评选作品。该作品以橙色为主，以黄色或其他邻近色进行点缀，使得画面效果非常明快、舒适。

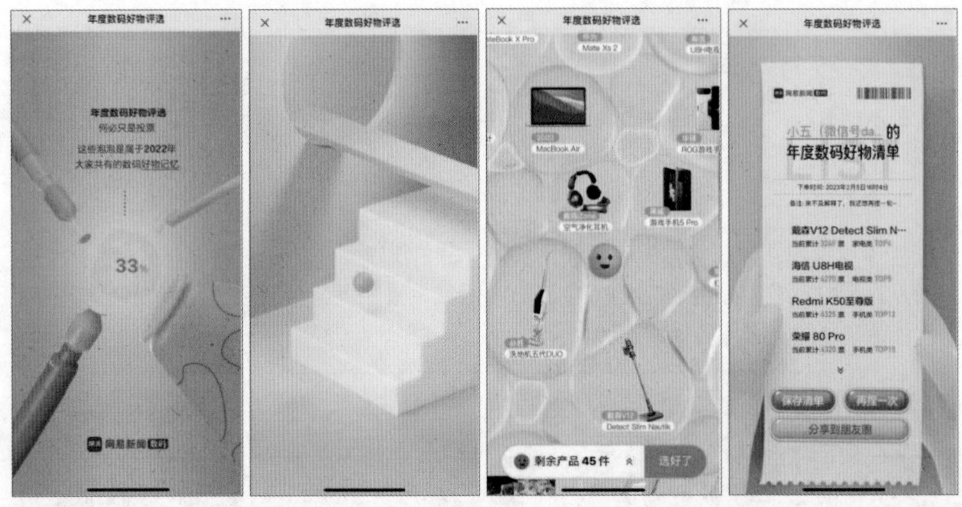

图2-23

（4）绿色

绿色是大自然的代表色，会使人联想到生命力、健康、自然清新。它具有蓝色的沉静和黄色的明朗，又与自然的生命相吻合。因此，绿色有平和心境的作用，易于被人接受。图2-24所示为某物流平台推出的环保测试活动作品。说起环保，人们自然会联想到绿色。该作品就以绿色为主色调，用黄绿、蓝绿、黄橙等颜色进行渐变，使得页面效果清新、自然、舒适。

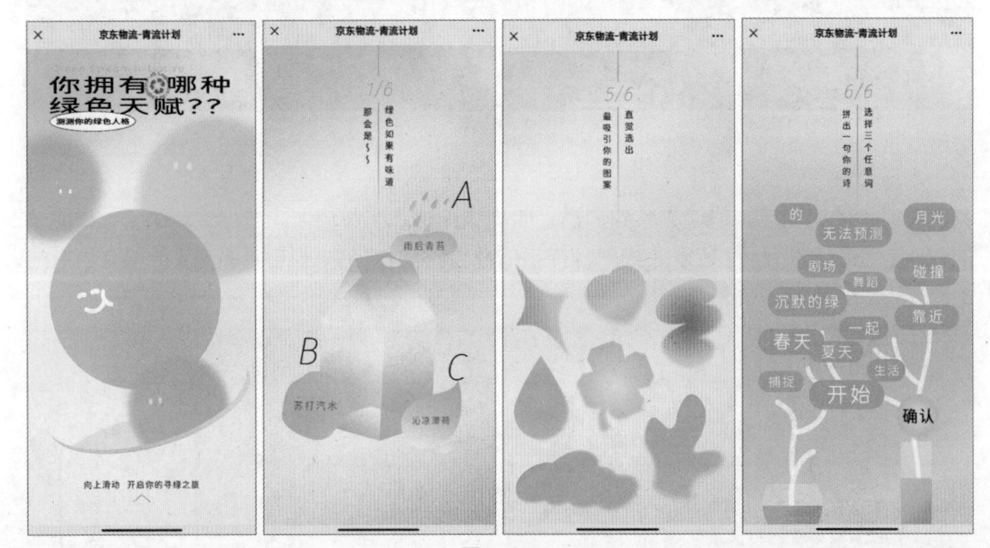

图2-24

（5）蓝色

蓝色具有沉静和理智的特性，易让人产生清澈、超脱、远离世俗的感觉。此外，蓝色也是商务科技的代表色，是大多数商务场景经常使用的颜色。图2-25所示为某冰箱品牌产品推介作品。该作品利用不同深浅的蓝色系贯穿于整个页面，并利用光效素材进行点缀，整体效果沉稳大方，有很强的科技感。

（6）紫色

紫色具有优美高雅、雍容华贵的气度，既有红色的个性，又有蓝色的特征。暗紫色会给人以低沉、神秘之感，而淡紫色则会给人以浪漫感。图2-26所示为某音乐网站推出的情感小测试作品。该作品以情感为主题，所以用紫色和粉紫色进行搭配，给人以浪漫和神秘感。

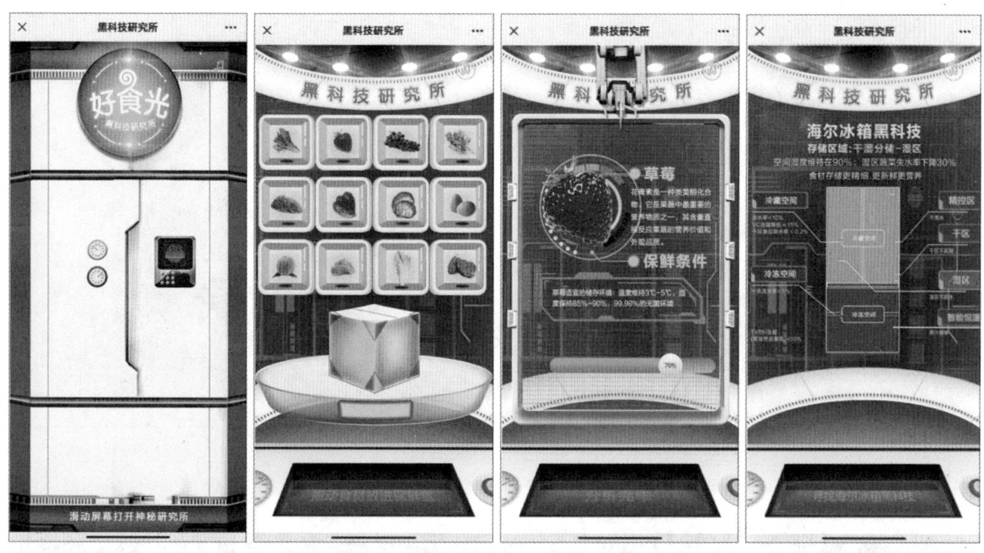

图2-25

图2-26

（7）白色

白色是一种非常简洁、明朗的颜色，常常被用于简约风格的设计中。穿上白色的衣服，能够让人看上去更加干练、利落。白色是一款百搭色，它与暖色相搭，会显得十分简洁、时尚；而它与冷色相搭，则会显得清爽、安逸。图2-27所示为某打车平台推出的出行安全宣传作品。该作品以灰白色调为主，对主要关键字则用红色进行凸显，起到了警示作用；页面整体效果给人以清晰、明朗感。

（8）黑色

黑色是刚毅、力量和勇敢的象征，具有男性的坚实、刚强、威力等性格意象。在设计中，黑色具有庄重、沉稳的气质。它与其他色彩相搭配，可产生鲜明、高级、赏心悦目的效果。图2-28所示为某电视频道推出的一款世界地球日创意作品。该作品以黑色为主背景，搭配色彩艳丽的三维模型来展示地球生态以及濒危物种，让画面具有很强的视觉冲击力，给人以严肃和神秘之感。

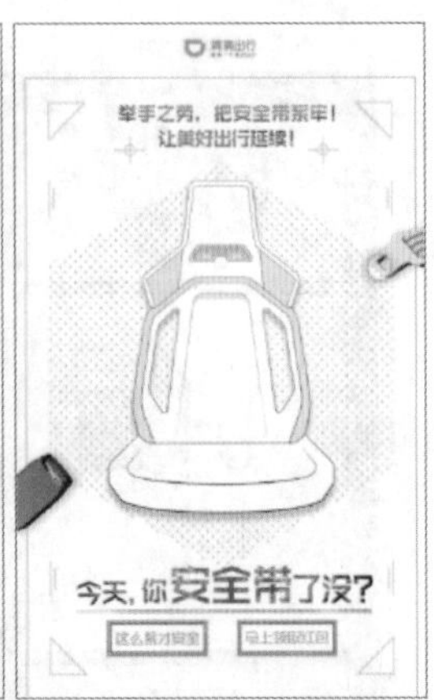

图2-27

图2-28

2.2.3 页面常用配色

对色彩常识有了基本的了解后，下面将介绍H5页面设计中常见的配色方案。

1. 常见的配色方案

H5常见的色彩搭配方案有单色、类似色、对比色以及互补色搭配这4种。

（1）单色配搭

单色配搭指的是使用同一种色相的颜色进行配搭，通过调整色相的明度或饱和度来营造画面的氛围，使页面层次更加丰富。单色配搭是较为“安全”的配色方法，如图2-29所示。

新手误区

单色配搭虽然是“安全”配色，但在调整时，色相明度之间的对比要强，否则会使画面效果显得单薄，形象也不够明朗。

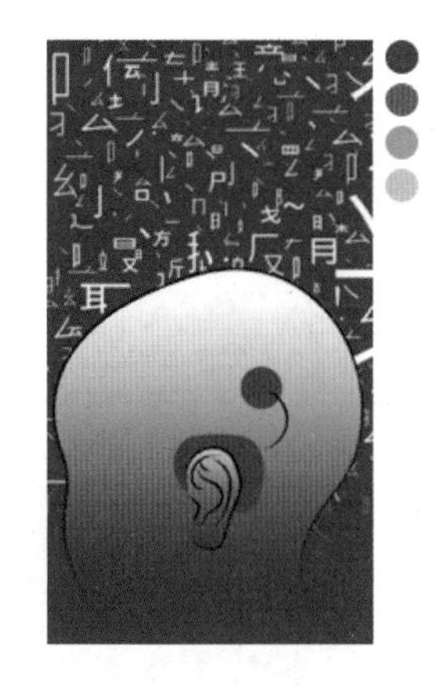

图2-29

（2）类似色配搭

类似色（又称邻近色）是指在色相环上相邻的两种或两种以上，其夹角约90° 以内的色彩，如图2-30所示。例如，黄色-橙黄色-橙色、紫色-紫红色-红色、黄绿色+黄色等。类似色配搭会使整个页面的氛围变得和谐、舒适，如图2-31所示。

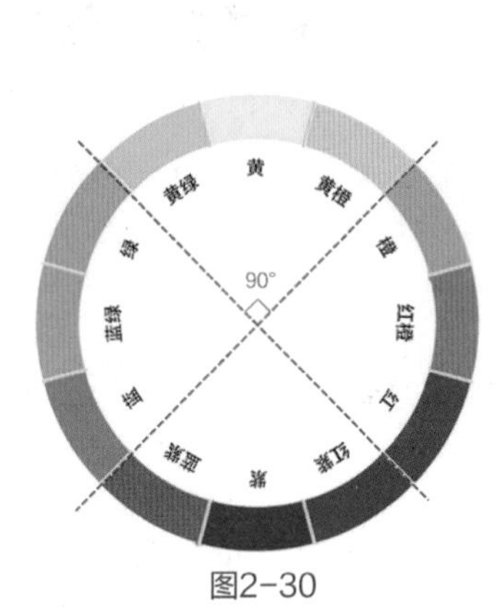

图2-30

图2-31

（3）对比色配搭

对比色是指在色相环上夹角为120° ～180° 的两种色彩，如黄色-蓝色、蓝色-红色、红色-黄色等，如图2-32所示。对比色配搭会使色彩变得鲜明，页面更有活力，如图2-33所示。

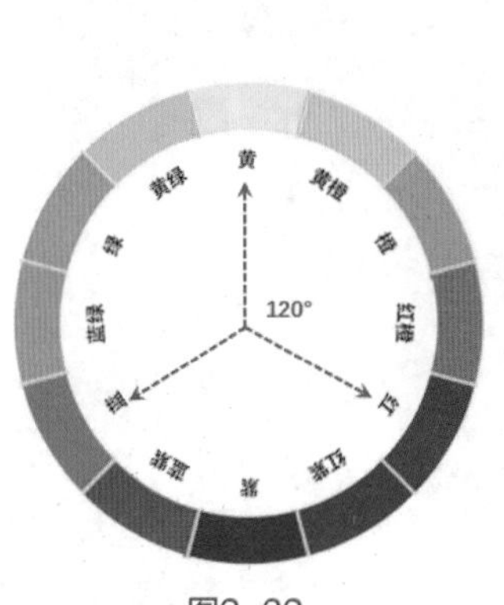

图2-32

图2-33

（4）互补色配搭

互补色是指在色相环中位于色环直径两端的两种色彩，如红色-绿色、黄色-紫色、橙色-蓝色等，如图2-34所示。互补色的颜色差异较大，可让画面色彩变得丰富，并且很容易吸引观者的注意力，如图2-35所示。

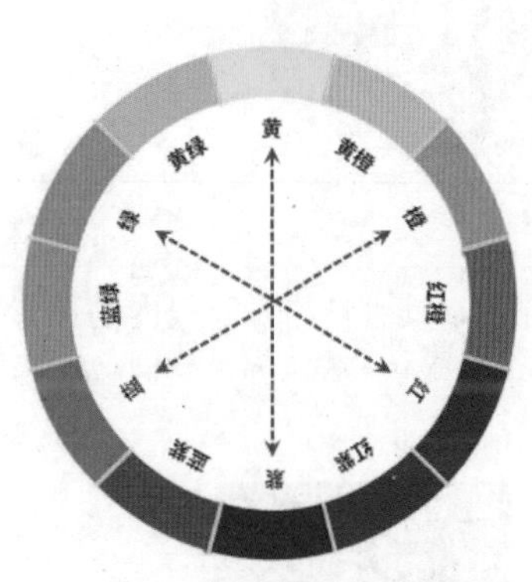

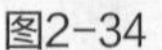
图2-34

图2-35

在进行互补色配搭时，一定要控制好这两种颜色的占比。例如，橙色和蓝色配搭，那么最佳的占比为蓝色75%、黄色25%；如果这两种颜色各占50%，则画面冲突会比较大，严重影响视觉效果。

2. 页面的色彩平衡

页面中的色彩基本上由主色、辅助色和点缀色组成。有了主色作为基调，加上辅助色和点缀色，才能让画面变得丰富多彩。

（1）主色

主色就是页面中最主要的颜色，它在页面中占比最大。当某种颜色占到页面整体的70%时就可作为主色来用，主色决定了页面的基调。一般来说主色不宜过多，最好控制在1～3种颜色。

（2）辅助色

辅助色是用于烘托主色的颜色，它占到页面整体的25%。通常辅助色略浅于主色，否则会给人头重脚轻、喧宾夺主的感受。合理应用辅助色可丰富内容，使页面更具吸引力。

（3）点缀色

点缀色其实就是页面中的“点睛之笔”，是最吸引眼球的地方。它占到页面整体的5%。合理使用点缀色可以使画面变得丰富，主次更加分明。

图2-36所示为某媒体平台制作的一款测试类作品。该作品的主色为蓝紫色，辅助色为白色，点缀色为黄色，页面整体色调和谐且美观。

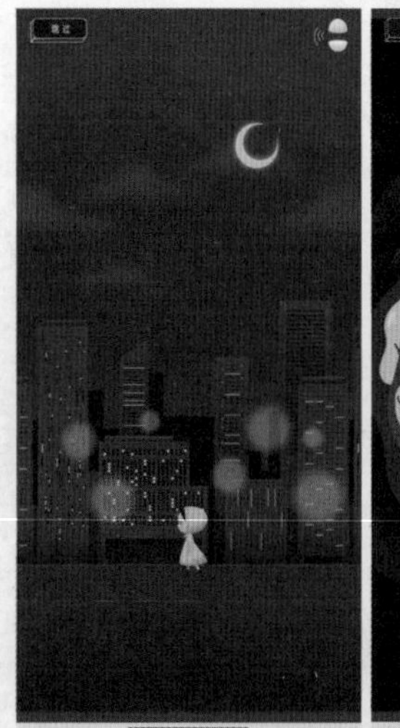
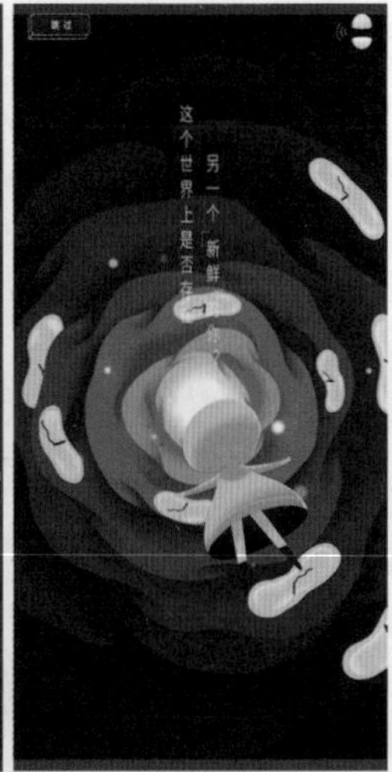

图2-36

2.2.4 页面配色小技巧

在对配色知识有所了解后，下面将介绍3种快速配色小技巧，以供新手用户参考使用。

1. 根据企业Logo进行配色

企业Logo代表了一个企业的形象，其颜色搭配、图案设计都是经过专业设计师反复琢磨研究出来的。如果一时想不出好的配色方案，不妨借鉴一下本企业Logo的颜色，或许能获得一些设计思路。图2-37所示为中国平安保险公司推出的一款产品推介作品。该作品就是以Logo的橙色为主基调，利用黄色、红色作为辅助色进行搭配的，整体效果令人感觉舒适、暖心。

图2-37

2. 根据主题内容进行配色

不同的内容主题，给人的色彩感知也不同。

- 美食类主题可用红色、橙色或黄色这3种暖色系进行搭配，因为这3种颜色最能激发人们的食欲。
- 教育类主题往往会令人联想到一些严谨且理性的学术事务，因此可以蓝色为基调，加入少量绿色或橙色进行辅助配色，以表现学生的朝气与活力。
- 娱乐类主题可使用大量高纯度、高明度的色彩进行搭配，其目的是营造欢乐的氛围，让页面变得生动鲜活。
- 美容类主题通常以女性群体为主，所以可使用紫色系与红色系进行配色，以展现女性特有的温柔和魅力。
- 医疗类主题会让人联想到健康和药物，因此可用绿色系或蓝色系组合配色，以此给病患带来希望。
- 家具类主题可用中性色进行配色，例如以棕色、白色为基调，利用彩色进行辅助配色，给人以干净、清爽、整洁的感受。

3. 根据配色网进行配色

很多配色网站中都会展示出各种类型的配色方案，用户可以按照这些方案进行配色，其效果也不错。下面以Adobe Color网站为例，介绍这款在线配色工具的使用。

[实操2-1] 使用Adobe Color工具配色

[实例资源]\无

步骤01 输入https://color.adobe.com网址，进入工具界面，如图2-38所示。

步骤02 在界面左侧列表中可根据需要选择配色的类型，如选择“单色”，然后拖曳色环中的取色点，指定一个主色。系统会自动匹配相应的配色方案，如图2-39所示。

步骤03 此时在配色方案下方会显示出每种颜色RGB的色值，获取该色值后即可进行配色，如图2-40所示。

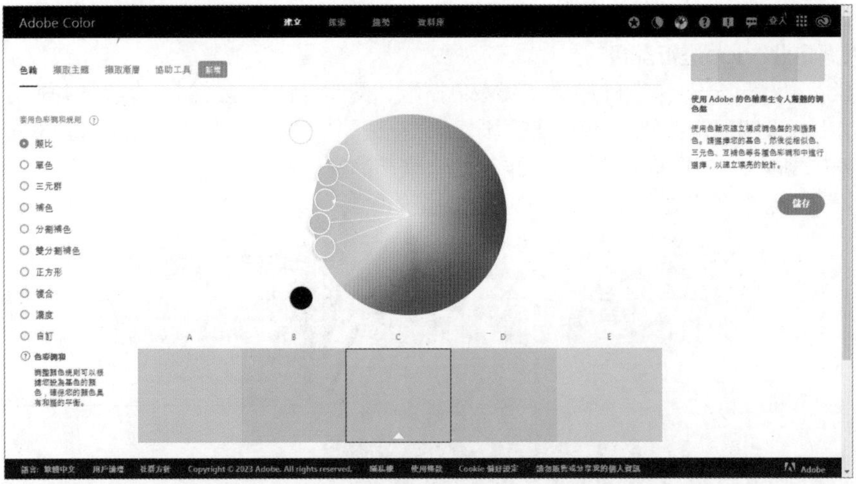

图2-38

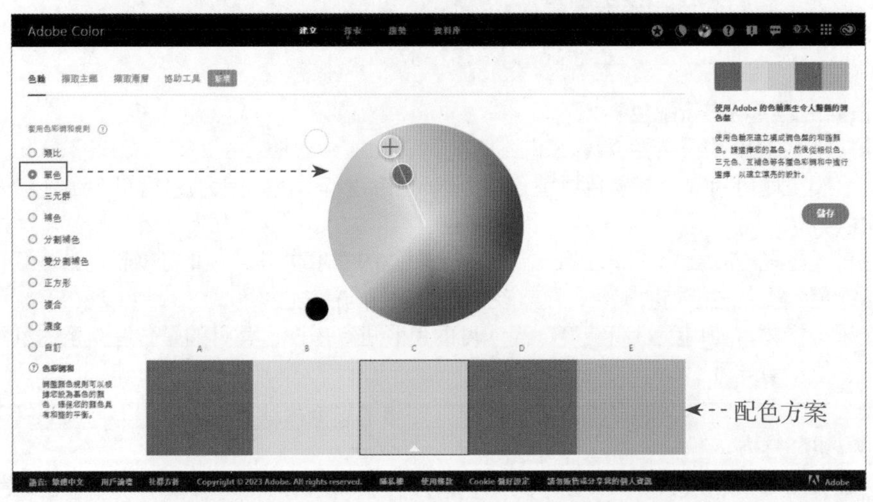

图2-39

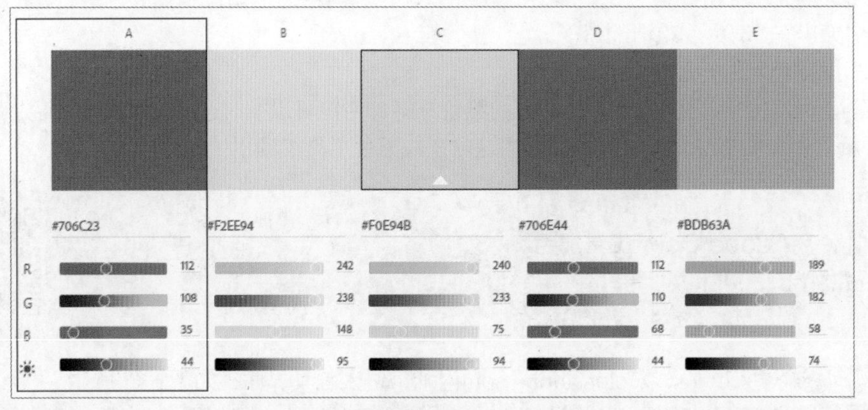

图2-40

步骤04 在主界面上单击标题栏中的“探索”，可切换到网站预设的配色方案界面，如图2-41所示。

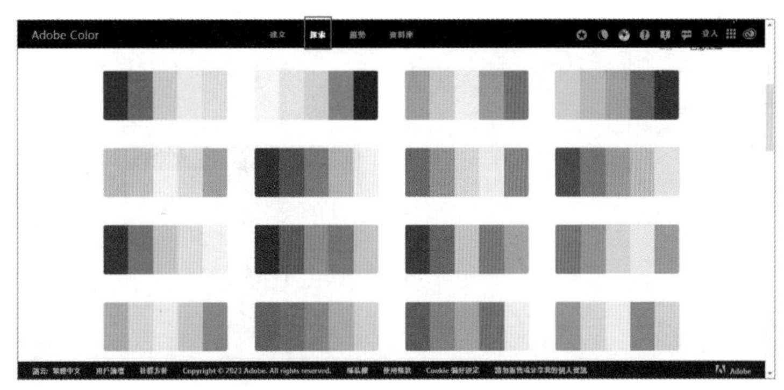

图2-41

步骤05 根据需要单击所需配色，即可获取该方案具体的色值，如图2-42所示。

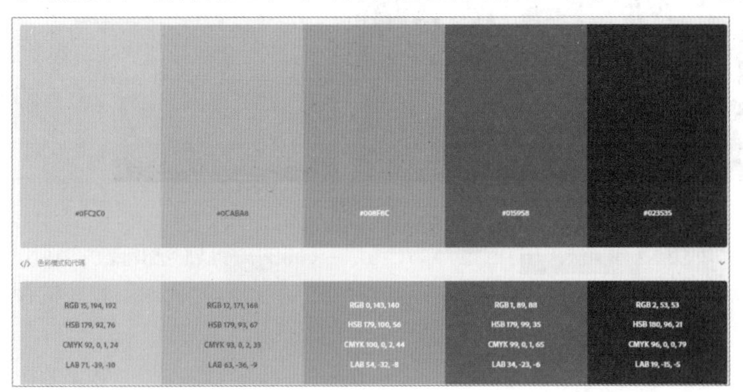

图2-42

新手误区

目前，该网站语言版本只限于繁体中文。

2.3 H5页面版式设计

页面配色考虑好后，接下来就要解决内容的排版问题了。合理的页面排版可以增强内容的可读性，帮助用户快速捕捉到所需信息。

2.3.1 合理安排视觉动线

简单地说，视觉动线（又称视觉引导线）是指人们观察物体时，视线移动的轨迹。例如，人们在阅读文章时，一般是从左到右逐字、逐行地阅读。这个阅读顺序就形成了视觉动线，如图2-43所示。

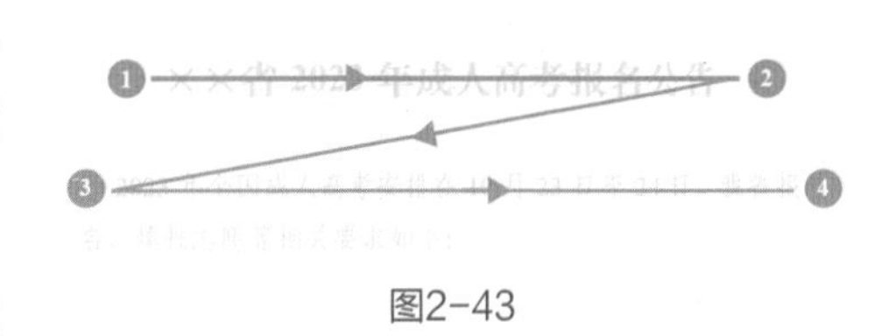

图2-43

如果内容的排版过于跳跃，没有规律，会造成视觉动线混乱，容易导致人们产生阅读障碍，大大影响了阅读体验。所以，在页面设计中合理地安排视觉动线很重要。

H5页面中常用的视觉动线有直线型、汇聚型、发散型、Z字型这4种。

1. 直线型

直线型就是在一条视觉动线上依次展示内容信息，这条直线可以是水平线，可以是垂直线，也可以是对角线，如图2-44所示。

图2-44

直线型视觉动线是以视觉入口的位置开始，引导人们的浏览轨迹沿直线进行的。在直线上要依次排列视觉焦点，但并不是焦点越多越好，一般2～3个焦点较为合理。较多的视觉焦点反而会影响阅读效率。

2. 汇聚型

汇聚型动线是将人们的视线入口汇聚到页面中心，一般有多个视觉点来引导视线，如图2-45所示。汇聚型动线的视觉焦点一般在2个或2个以上，在元素布置上有一定的引导性，其最终目的是将人们的视线汇聚到中心，从而突出中心内容。

3. 发散型

与汇聚型动线相反，发散型动线是由中心聚焦点向四周扩散动线轨迹，视觉入口点在中心，如图2-46所示。该动线一般运用在较多信息元素的画面中。

4. Z字型

Z字型是H5中常用的视觉动线类型。它遵循了人们从左到右的阅读顺序习惯，并且在长页面中可以反复延续，如图2-47所示。

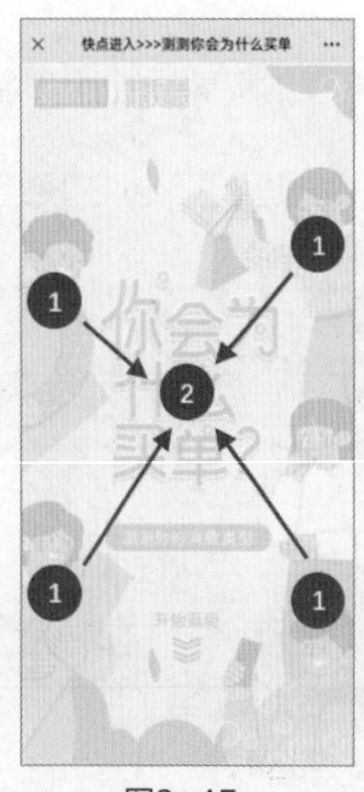

图2-45

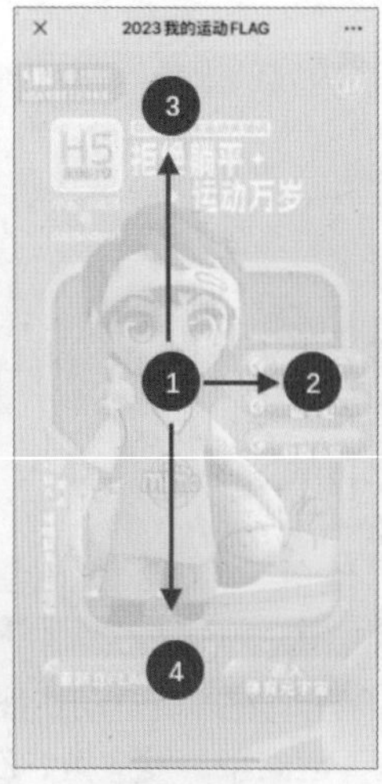

图2-46

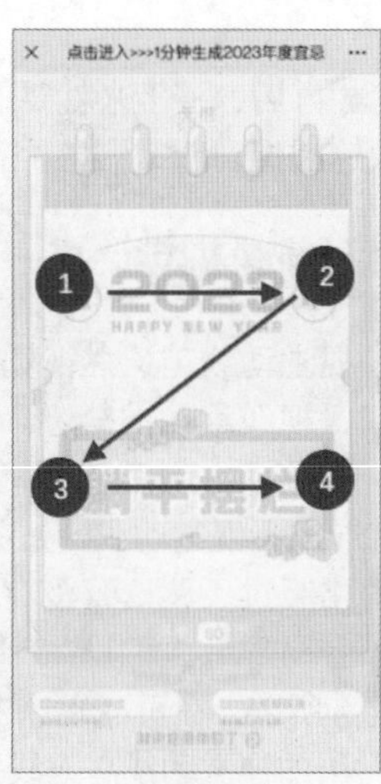

图2-47

应用秘技

如果页面的视觉动线不太明显，那么可以利用页面元素本身的指向性来做引导，如主体人物的肢体动作、手势、视线方向等。此外，还可以加入一些引导线做引导，如放射线。

2.3.2 页面视觉层级表现

为了更好地展示页面，用户还须根据页面的主次关系来划分层级。例如，主标题为画面的聚焦点为第一层级，与此相关的副标题则为第二层级，次要文字介绍或装饰素材则为第三层级，以此类推。通过不同层级的视觉展现，不但能提升页面效果，还能区分主次，使页面内容更直观。图2-48所示为某音乐平台周年活动作品。

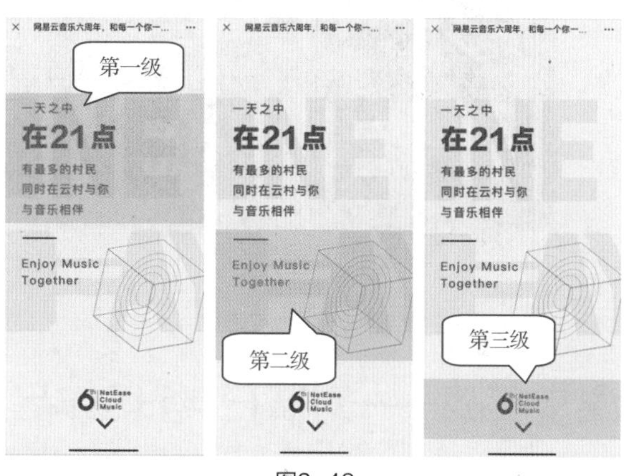

图2-48

以上是单页层级表现。大多数H5作品往往是多张页面连续展示，而不同的页面之间应既有联系又有区别。多张页面的视觉层级表现，可通过以下两种方式来实现。

（1）用相同的页面版式。对每张页面都采用相同的版式效果，会使得整套作品具有和谐统一性和完整性。图2-49所示为某保险公司推出的环保公益宣传作品。该作品均采用了相同的画面聚焦版式，只是聚焦内容及颜色有所变化，使得作品既有关联又有区别，整个页面非常和谐统一。

（2）用相同风格的元素或颜色。有时为了更好地展示主题，其页面版式会有所变化。这时为了使整套作品具有统一性，会利用相同的风格、相同的修饰元素或色彩进行调和，使得整套作品具有延续性。图2-50所示为某音乐平台推出的一款娱乐小测试作品。该作品虽然每张页面版式有所区别，但页面使用了相同的设计风格，包括字体风格、元素风格等，加之所有页面均使用了相同的配色，整套作品既统一和谐又富有变化。

图2-49

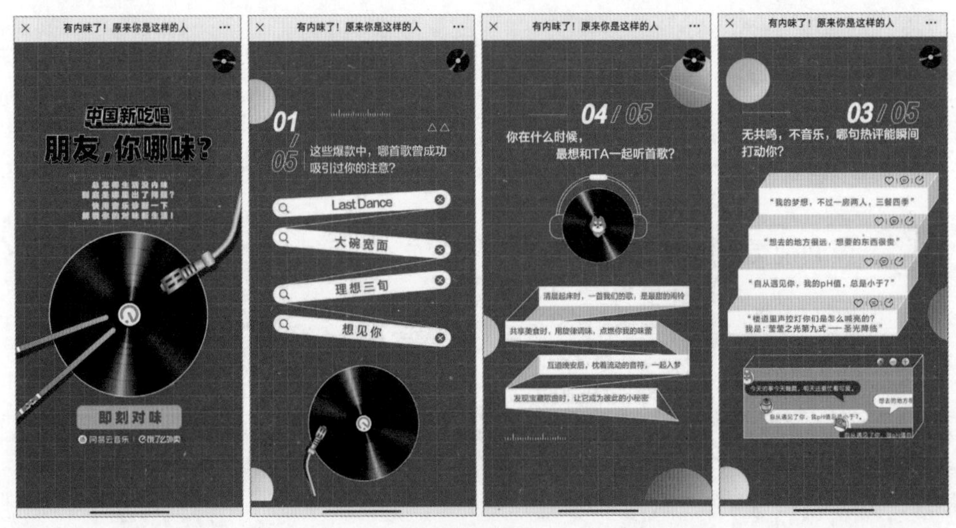

图2-50

课堂实战——对节日类H5作品进行赏析

本案例将结合本章所学知识内容，对某家居品牌设计的一款新年黄历制作游戏进行赏析。

1. 分析目标

本次赏析将从作品的风格、配色、版式，以及展现方式等方面来进行描述，作品如图2-51所示。

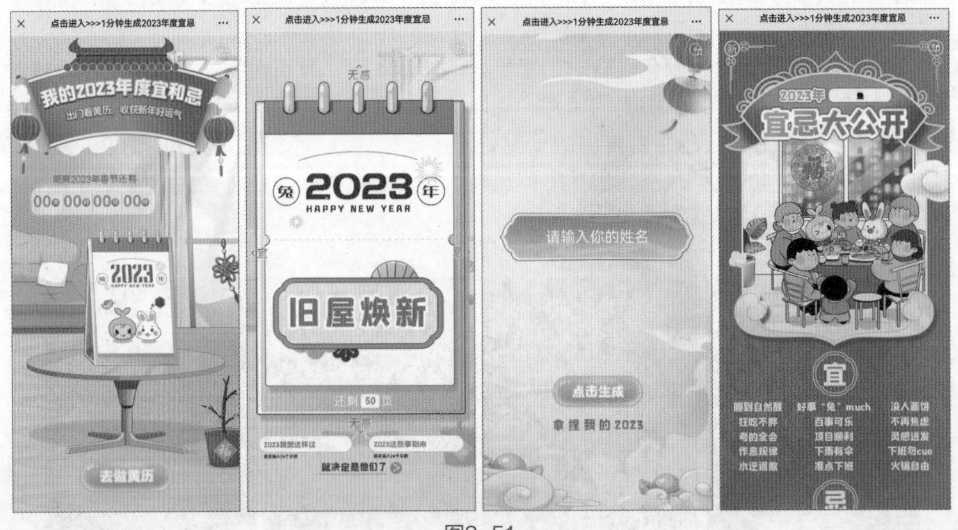

图2-51

2. 分析思路

步骤01 本作品以渐变插画风格为主调，局部用新年元素进行点缀，烘托出新年的氛围。

步骤02 在色彩上，作品以橙色为基调，用邻近色（红、黄）进行辅助搭配，让人感觉暖融融的。

步骤03 在视觉动线上，作品以Z字型动线来展现主题内容，符合人们的阅读习惯。虽然每页版式结构有所不同，但整套作品使用了同种类型的设计元素和配色，整体效果看上去和谐统一。

步骤04　作品属于H5交互类型。通过单击按钮、手指滑动等操作来实现交互，从而引导用户完成游戏的整个过程。

知识拓展

Q1：色相环有多少种？

A：色相环有很多种，其中包含6色相环、12色相环、24色相环、36色相环等，最常用的是12色相环和24色相环两种。对于新手来说，学会用12色相环是基础。24色相环是在12色相环的基础上对色彩进行更为细致的区分，颜色变化更为细腻。

Q2：如何准确地获取配色网上的颜色？

A：每种色彩都会有其对应的色值，只需输入这些色值就可准确地获取该颜色。一般配色网站上都会标有各种色值，如RGB值、CMYK值等。图2-52所示为中国色配色网。如果未标明，那么用户可开启QQ截图功能。在截取时，将光标移至所需颜色上方，系统也会显示出该颜色的色值，如图2-53所示。

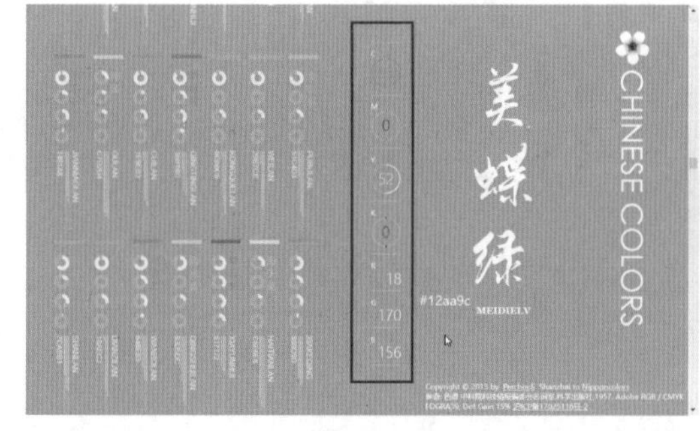

图2-52

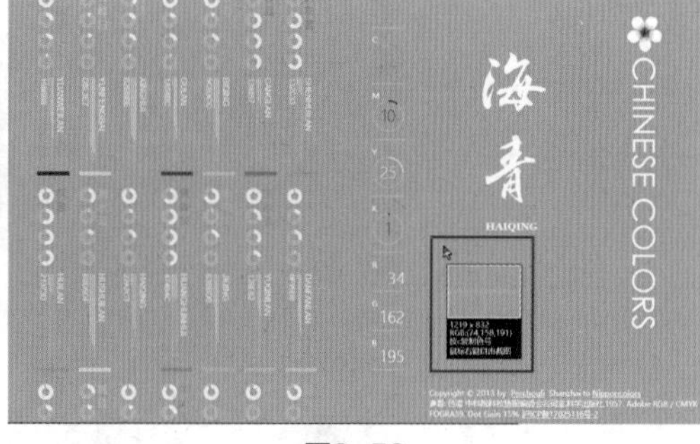

图2-53

Q3：CMYK和RGB这两种色值有什么区别？

A：CMYK指的是印刷色模式，主要用于印刷。它是由青（C）+品红（M）+黄（Y）+黑（K）4种颜色构成的，利用三原色混色原理，加上黑色油墨进行全彩印刷。其数值范围为1～100，当CMYK都是0时为白色，都是100时就形成黑色。

RGB为标准色彩模式，显示屏上的图像就是以RGB模式来显示的。它是基于自然界红（R）+绿（G）+蓝（B）3种基色光混合而成的。每个色光等级从0～255，可以组成1670万种颜色。它的模式只有加色，即多种颜色混合得到另一种颜色。

在RGB模式下处理图像比较方便，RGB文件比CMYK文件小很多，可以节省很多空间。而CMYK文件较大。一般在打印出图时，才将RGB模式转换为CMYK模式。如果是在设计过程中，使用RGB模式会比较方便。

Q4：对于黑、白、灰这3种中性色，如何搭配好？

A：黑、白、灰属于无彩色，如果所有页面都采用无彩色的话，页面色彩就会显得单调乏味。在关键内容中加入1～2种有彩色，将有彩色作为点缀色处理，相信页面的层次感会丰富起来，从而能够很好地突出页面重点。

第3章 H5页面内容设计

H5页面由文字、图片、音频、动画等元素组成，只有合理地布局这些元素才能让H5作品更加出彩。本章将着重对这些元素的基本处理方法进行简单的介绍，其中包含H5页面文字的处理、H5页面图像的处理、H5页面音频的处理、H5页面动效设置等。

3.1 H5页面文字的处理

文字是H5页面不可或缺的元素。通过文字，观者可以明确地了解作者的主观意图。当然，在进行页面设计时，文字的布局也很讲究。富有创意的文字版式可以让观者记忆犹新。

3.1.1 字体的选择技巧

字体大致分为3种：衬线体、无衬线体和特殊体。

1. 衬线体

衬线体指的是在文字笔画开始和结束位置有笔锋（顿笔、回峰之类）的修饰，笔画粗细不一。例如，“宋体”就是标准的衬线字体，如图3-1所示。免费可商用的宋体有思源宋体、方正仿宋简体、装甲明朝体、花园宋体、源云明体等。

图3-1

衬线体给人以秀气端庄、温文尔雅的感受，常用于古风、小清新的画风中。图3-2所示为“一带一路”国际合作高峰论坛H5作品截图。该作品有着浓郁的古典画风，再搭配上秀气的宋体，让整个画面古韵十足。

图3-2

2. 无衬线体

与衬线体相比，无衬线体没有额外的修饰，笔画起末粗细一致。字体大方简约，有设计感。例如，“黑体”就是标准的无衬线体，如图3-3所示。免费可商用的黑体有思源黑体、阿里巴巴普惠体、旁门正道系列部分字体、站酷系列部分字体、优设标题黑等。

图3-3

无衬线体给人以饱满、刚劲有力的感受，常用于现代、商务、尖端科技的画风中。图3-4所示为某汽车品牌游戏活动H5截图。该作品以黑灰色为主色，以高科技元素为设计主题，再搭配上粗犷的黑体，整个页面显得非常饱满、有力。

图3-4

3. 特殊体

特殊体包含手写体、书法体、卡通体、艺术体等。这类字体比较适合用于休闲娱乐的画风中。

（1）手写体

手写体是一种使用硬笔或软笔纯手工写出的字体。这类字体大小不一、形态各异，与宋体字相搭配，更具美观性。图3-5所示为某视频平台活动宣传H5作品截图。免费可商用的手字体有上首迎风手写体、潇湘烟雨行书、沐瑶软笔手写体、焦金流石等。

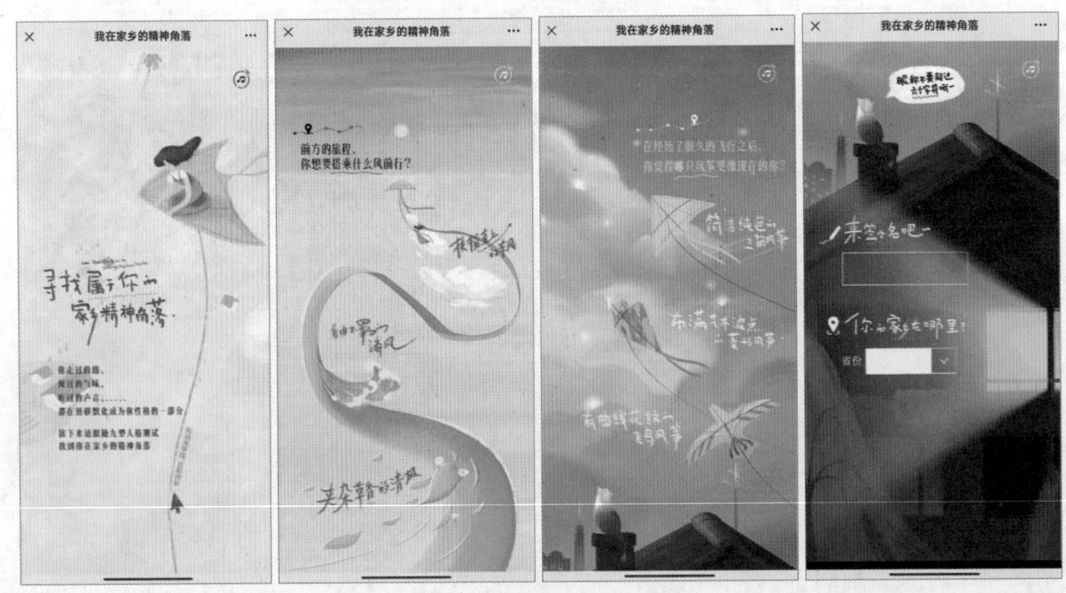

图3-5

（2）书法体

书法体与衬线体类似，只不过笔画上是毛笔字形。该字体具有较强的文化底蕴，字形自由多变、顿挫有力，极具浓厚的文化气息。图3-6所示为某新闻平台新年活动H5作品截图。免费可商用的书法体有三级泼墨体、鸿雷板书、志莽行书体、千图笔锋等。

图3-6

（3）卡通体

卡通体有着柔和、圆润又多变的视觉感，给人以轻松愉悦的感觉。这类轻松可爱的字体非常受欢迎，字形设计上软萌并具有趣味性，容易产生出其不意的效果。图3-7所示为某网站测试类H5作品截图。免费可商用的卡通体有站酷快乐体、胖胖猪肉体、波塔体等。

图3-7

（4）艺术体

艺术体是一种特殊的创意字体，通常会对文字的结构或笔画进行适当的变形，从而产生页面修饰效果。这类字体重在设计创意，常用于大标题文字。图3-8所示为某些网站活动H5作品截图。

图3-8

3.1.2 设置标题与正文字体

H5页面中的文字内容包括标题和正文两个部分。标题文字点明了整个内容的主题，是设计的重点，也是页面中的视觉焦点。而正文文字则围绕着主题进行解释说明。

1. 标题文字

标题通常位于首页中，是页面的聚焦点。所以在设计标题文字时，需做到以下两点。

（1）标题要简明扼要

标题文字不宜过多，否则会影响页面整体的排版，文字的识别度也会大打折扣。通常标题的字数以4～8个字为佳。语句表达须简单明了、干脆利落；不要啰唆、含糊不清。学会提炼内容关键字，尽量用短语或短句。当然，也可通过添加副标题来对主标题内容进行补充，副标题的字数控制在6个字以内为好。

此外，标题内容表述须准确无误，不要使用有歧义的文字，以免造成不必要的误会。

（2）标题要具有美观性

标题是页面设计的重点，除考虑到内容表达是否清楚外，还须对其造型进行适当的美化。设计者可以根据页面风格来设计标题的字体、颜色和效果，以便提升页面整体的美观度。

2. 正文文字

正文文字不同于标题文字。正文是对主题内容进行具体的描述，所以在设计上不需要有太多的修饰。下面将对正文字体的设置要求进行简单说明。

（1）选择正确的字号、字体和颜色

一般来说，正文字体须使用易识别的字体，如思源黑体、兰亭黑体之类的黑体系列。当然，也可以根据页面风格选择与之相匹配的文字字体。正文颜色最好使用比较醒目的颜色，如黑、白、灰这3种百搭颜色，以便与背景色搭配。另外其颜色要统一，否则会使页面显得很凌乱。正文字号应控制在14～20px范围内。字号太小，不利于阅读；字号太大，页面则不美观。注意，正文字号不能超过标题字号。

（2）控制好正文的字数

正文的字数一定要有所控制，整页文字会使观众阅读起来很累。如果正文内容很多，可采取提炼文字的方法，精简内容，减少文字量。此外，还可以将正文分成多页来展示，或者通过外部链接的形式来展示。

（3）控制好正文的字间距

正文的字间距太紧，文字不易识别；字间距太松，会破坏页面整体版式。所以，较为合适的字间距应是字号大小的1.5～2倍。

[实操3-1] 制作印章图案

[实例资源]\第3章\例3-1

下面将以Photoshop软件为例，来介绍印章图案的绘制方法。

步骤01 启动Photoshop软件，新建20厘米×20厘米的空白文档，如图3-9所示。

步骤02 新建空白图层，按【Ctrl+’】组合键启动网格线，如图3-10所示。

图3-9

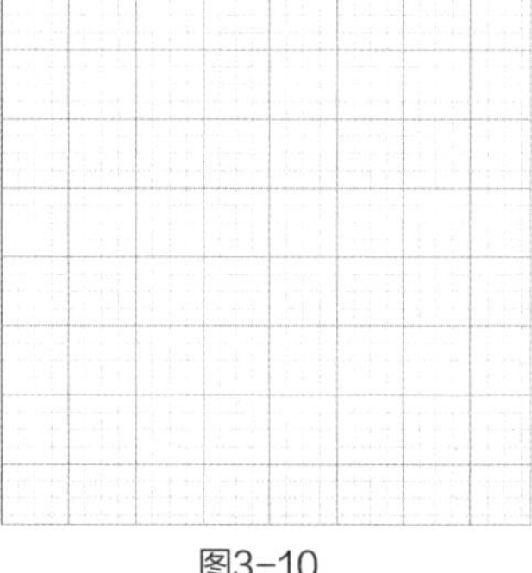

图3-10

步骤03 选择“椭圆工具”，按住【Alt+Shift】组合键从中心向外绘制圆形，如图3-11所示。

步骤04 选中绘制的圆形，在“属性”面板中将填充设为“无”，将描红设为“红色”，将描边宽度设为“25像素”，如图3-12所示。

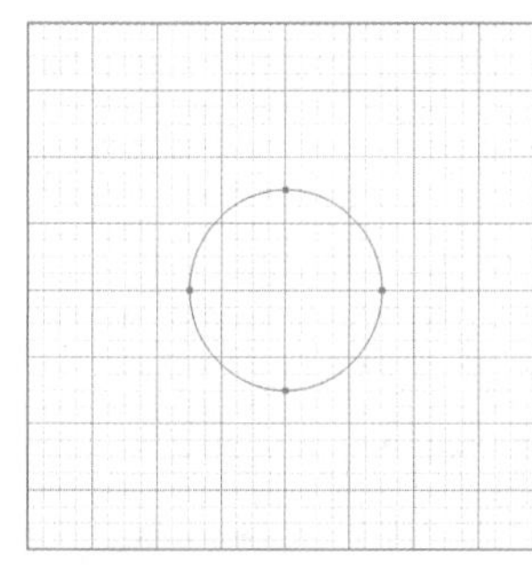

图3-11

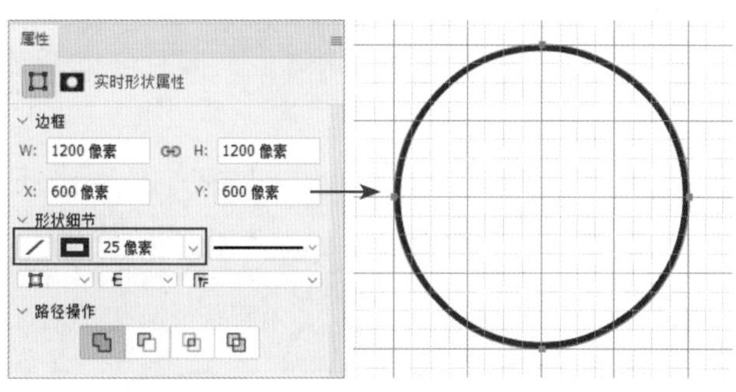

图3-12

步骤05 复制图层。按【Ctrl+T】组合键自由变换，按住【Alt+Shift】组合键等比缩小圆形。在“属性”面板中将描边宽度设为“10”，效果如图3-13所示。

步骤06 再次复制图层，并调整好圆形大小。在“属性”面板中将描边宽度设为“15”，效果如图3-14所示。

步骤07 选择“矩形工具”绘制矩形，在“属性”面板中设置填充颜色为“红色”，效果如图3-15所示。

步骤08 按【Ctrl+T】组合键设置自由变换，适当调整矩形的大小。双击矩形图层，在打开的“图层样式”对话框中设置好描边参数，如图3-16所示。

步骤09 选择“横排文字工具”，在矩形中输入文字，并在属性面板中设置文字的样式，如图3-17所示。

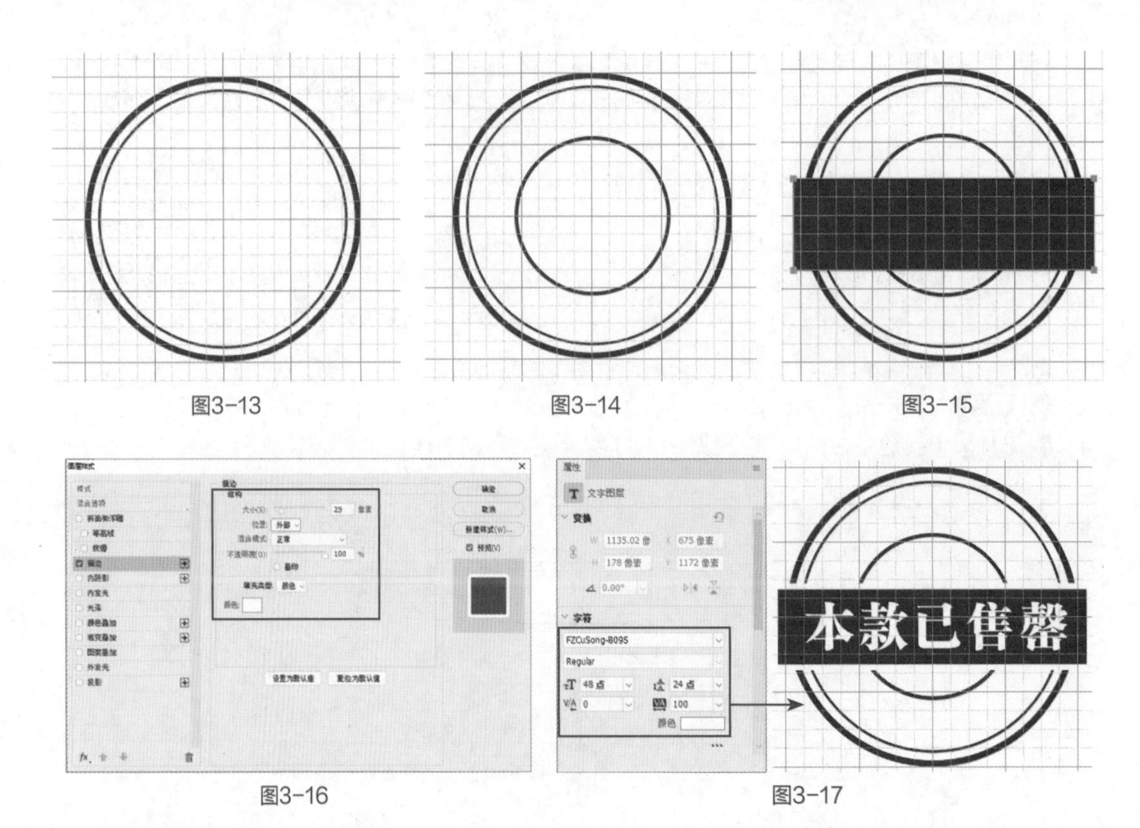

图3-13　图3-14　图3-15

图3-16　图3-17

步骤10　选择“椭圆工具”，在上方工具栏中将“选择工具模式”设为“路径”模式，如图3-18所示。

图3-18

步骤11　按住【Alt+Shift】组合键从中心向外绘制圆形，如图3-19所示。

步骤12　选择“横排文字工具”，单击路径下方的锚点，输入文字内容，并在“属性”面板中将文字颜色设为“红色”，调整好字号大小，效果如图3-20所示。

步骤13　选择“直接选择工具”，沿着路径拖曳文字至合适位置，效果如图3-21所示。

图3-19　图3-20　图3-21

步骤14　在“属性”面板中将字距调整为“350”，如图3-22所示。

步骤15 照此方法，绘制另一条路径文字，并调整好其位置，设置好文字的字距。按【Ctrl+'】组合键隐藏网格线。至此，印章图案绘制完毕，最终效果如图3-23所示。

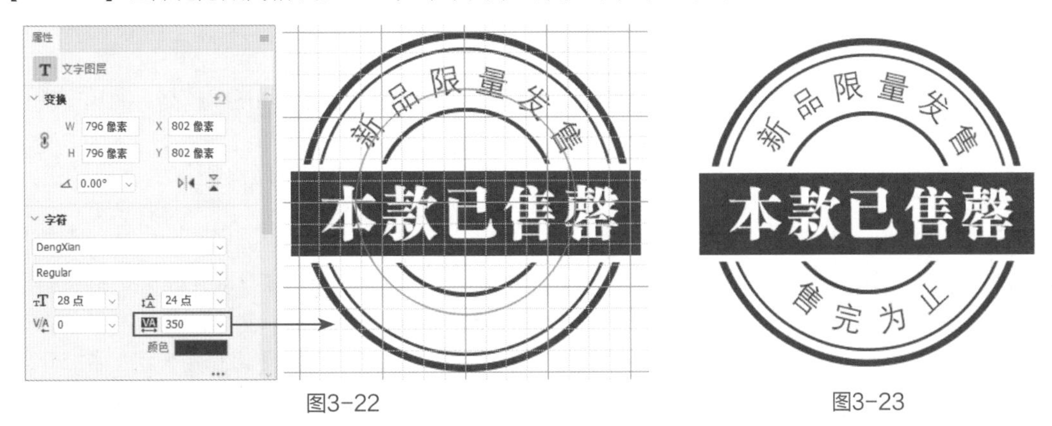

图3-22　　　　图3-23

3.2 H5页面图像的处理

H5页面中如果只有文字没有图像，就会让观者浏览起来非常吃力。在页面中适当添加一些图像元素，既能直观地展示出主题内容，又能修饰页面，增强可读性。

3.2.1 H5图像的类型

图像分为很多种类型，在H5页面中较为常见的有JPG、PNG以及GIF这3种格式。

1. JPG格式

JPG（又称JPEG）格式是一种有损画质的图像压缩算法格式文件，它可以把原本很大的图像，经过压缩算法压至需要很小的存储空间。常见的摄影图片就是以JPG格式保存的。图3-24所示为某打车平台服务宣传H5作品截图。该作品就是利用一张张摄影图片进行创作的，有很强的故事感。

图3-24

（1）优点

JPG图片支持极高的压缩率，文件体积也比较小，因此下载或传输速度非常快。此外，JPG图片素材比较好收集，用户也可利用相机或手机拍摄来获取专属图片素材。

（2）缺点

图片在压缩时，会影响到画质效果。压缩比越小，文件体积就越大，画质就越高，图片也就越清晰。相反，压缩比越大，文件体积就越小，画质就越低，图片也就越模糊。

用户在选用JPG图片素材时，要尽量选择画质好的图片。尤其是选择页面背景图时，更要注意这一点。

2. PNG格式

PNG格式是一种无损压缩的图像格式。相比于JPG格式，PNG格式具有更好的质量和透明度支持。虽然它也是通过压缩来减小图像的体积，但它不会降低图像质量。例如，各种图标、各类插画、各种手绘素材等都是以PNG格式来展示的。图3-25所示为某品牌酒集团端午节产品推介作品，它就是一幅很有趣的手绘作品。

图3-25

（1）优点

PNG是无损压缩，任意缩小或放大图像后，画面始终保持原有的清晰度和精度。此外，PNG支持透明度，可以创建半透明图像或具有不规则图形的图像。

（2）缺点

PNG格式的文件比JPG格式的文件要大，尤其是复杂的图像，可能会导致传输速度减慢。

3. GIF格式

GIF是图形交换格式，是一种比较常用的动态图像格式。网上常见的小动画大多是以GIF格式展示的。它比较适用于色彩较少的图片，如卡通造型、公司标志等。在H5中合理使用GIF图像是门技术活，用得好，有画龙点睛之效；用不好，那就是败笔。

一般来说，GIF图像可用于H5页面中的“Loading……”素材，还可用于页面触发按钮来控制页面的跳转，如图3-26所示。

新手误区

无论是选择哪一类图像，都需要遵守一点，即选取的图形图像内容一定要与主题相符。否则，图片再精美，也是一大败笔。

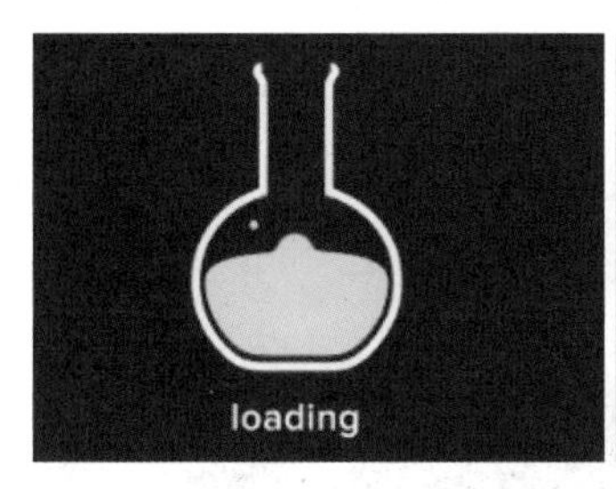

图3-26

3.2.2 图像素材的获取方式

图像选取的好坏，会直接影响到H5页面的整体视觉效果。所以在选择图像素材时，了解一些获取方式是很有必要的。

1. 图片、插画素材

图片素材最好选择高清大图，用户可以通过一些专业的设计网站来获取，如花瓣网、站酷网、摄图网、千图网等。图3-27所示为站酷网首页。

图3-27

这些设计网站是国内大型综合性设计平台，汇聚了摄影、插画、模板等多种设计素材，并且素材质量也比较好。但这些素材不能直接商用，要注意版权问题。

应用秘技

Pixabay网站是支持中文搜索的无版权可商用图片库。这里的图片素材大多都是摄影爱好者免费分享的，用户可以放心使用，如图3-28所示。

图3-28

2. 图标素材

如要在H5中插入图标元素，那么可在各类图标素材网下载。例如Lconfont（阿里巴巴旗下免费图标素材库），该网站提供了800多万个矢量图标素材，其中包括ICON图标库、ILLUS矢量插画库、3D插画库、LOTTIE动效库以及FONT字体库，如图3-29和图3-30所示。可以说，这些素材能够满足用户日常制作的需求。

图3-29

图3-30

除了可以通过网站下载，一些H5制作平台中也会提供各类图标素材，用户根据需要选择合适的图标即可添加。图3-31所示为易企秀平台中的图标素材库。

图3-31

3.2.3 对图像进行简单处理

获取到图像素材后，为了使其更符合制作需求，通常还需要对其进行一番必要的处理。例如，调整图像的大小、亮度和对比度、色调、滤镜、背景抠图等。

图像处理工具有很多，较为专业的有Photoshop、Illustrator；便捷智能的有美图秀秀、稿定设计、在线抠图、Pixso等。其中，Pixso是一款集UI设计、图像处理、图标设计、原型插画设计于一体的产品设计工具，便捷的智能化操作让新手用户也能快速完成设计稿。下面将说明利用Pixso工具制作画册H5页面内容的方法。

[实操3-2] 制作儿童相册内容页

[实例资源]\第3章\例3-2

Pixso工具可用于多个端口，如手机端、网页端、电脑端等。下面就以电脑端Pixso为例来介绍其具体的操作方法。用户可在Pixso官网下载该工具并进行安装，个人用户可免费使用。

步骤01 双击Pixso工具可进入文件新建界面，单击“新建设计文件”按钮可进入画板创建界面，如图3-32所示。

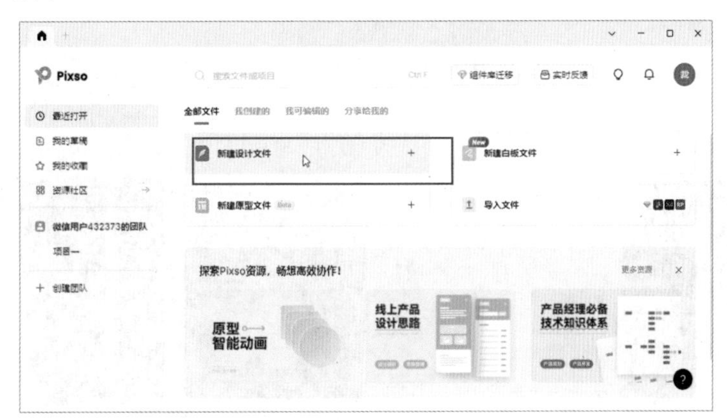

图3-32

步骤02 在创建画板界面中，可根据需要选择画板尺寸。这里选择“自定义”，将画板设为360px×640px（常规安卓手机分辨率），如图3-33所示。

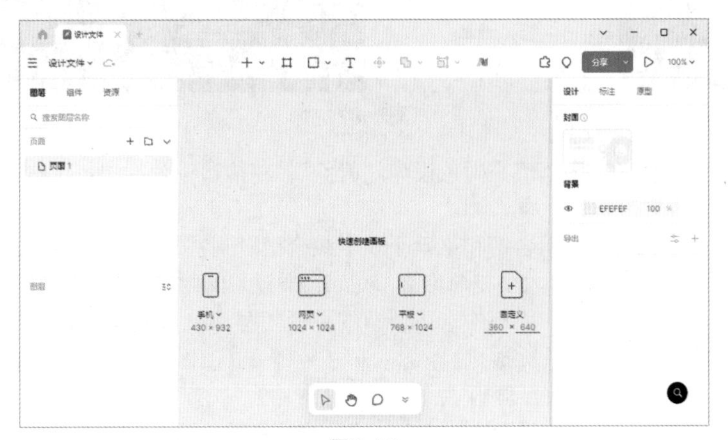

图3-33

步骤03 在文件创作界面中，选中创建的画板，在右侧“设计”面板中单击“填充”按钮，选择一种合适的颜色作为画板背景色，如图3-34所示。

步骤04 单击画板上方工具栏中的“+⌄”按钮，在列表中选择“形状”选项，并在其级联菜单中选择“星形”，如图3-35所示。

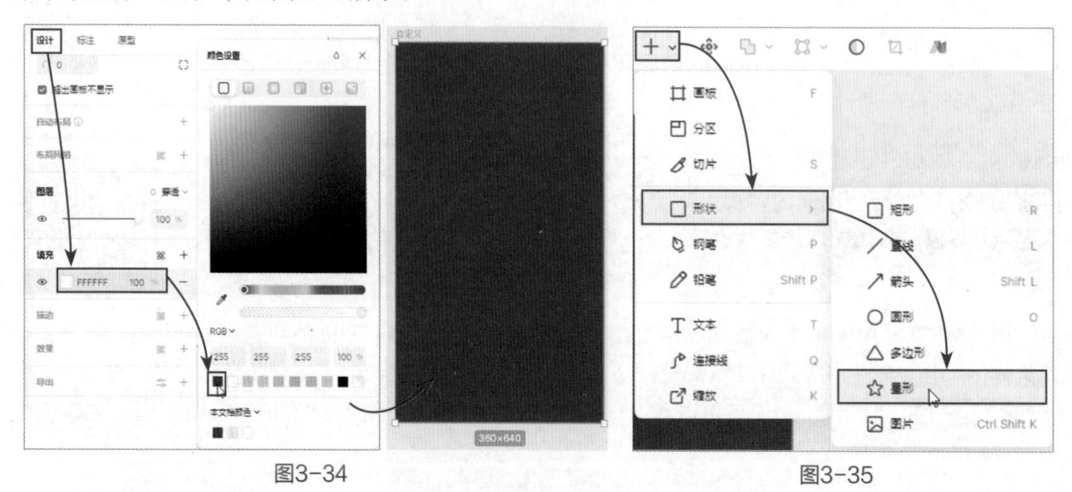

图3-34　　图3-35

步骤05 在画板中使用鼠标拖曳出星形，大小适中即可，如图3-36所示。

步骤06 在“设计”面板中调整好圆角值，对星形角进行圆角处理，如图3-37所示。

步骤07 选中星形，拖曳其任意一角，将它旋转至角度适中即可，如图3-38所示。

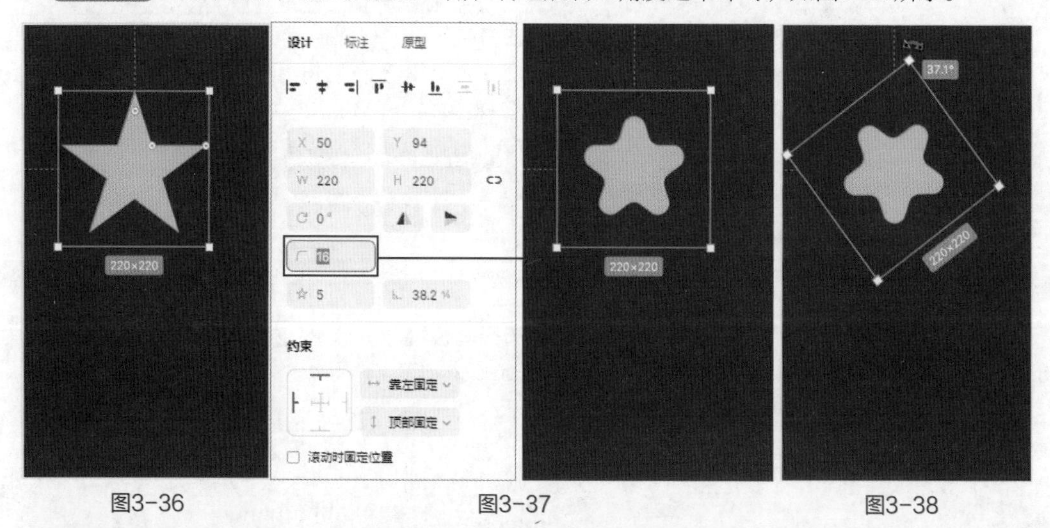

图3-36　　图3-37　　图3-38

步骤08 选中星形，将其填充颜色设为“黄色”，将描边设为“白色”，并将描边粗细设为“3”，如图3-39所示。

步骤09 按【Ctrl+C】组合键和【Ctrl+V】组合键复制并粘贴星形。将复制的星形分别放置在画板的其他位置，并调整好大小和圆角值，完成页面背景的创建，如图3-40所示。

步骤10 在左侧“图层”面板中选中所有的星形图层，单击鼠标右键，选择“创建编组”选项，对其进行组合，如图3-41所示。

步骤11 将照片素材拖曳至画板中，并调整好照片的大小，如图3-42所示。

步骤12 单击工具栏中的“插件”按钮“⌂”，选择“图片编辑”选项，打开图片编辑插件，如图3-43所示。

步骤13 调整好亮度和对比度，单击“应用”按钮，将其应用至照片上，如图3-44所示。

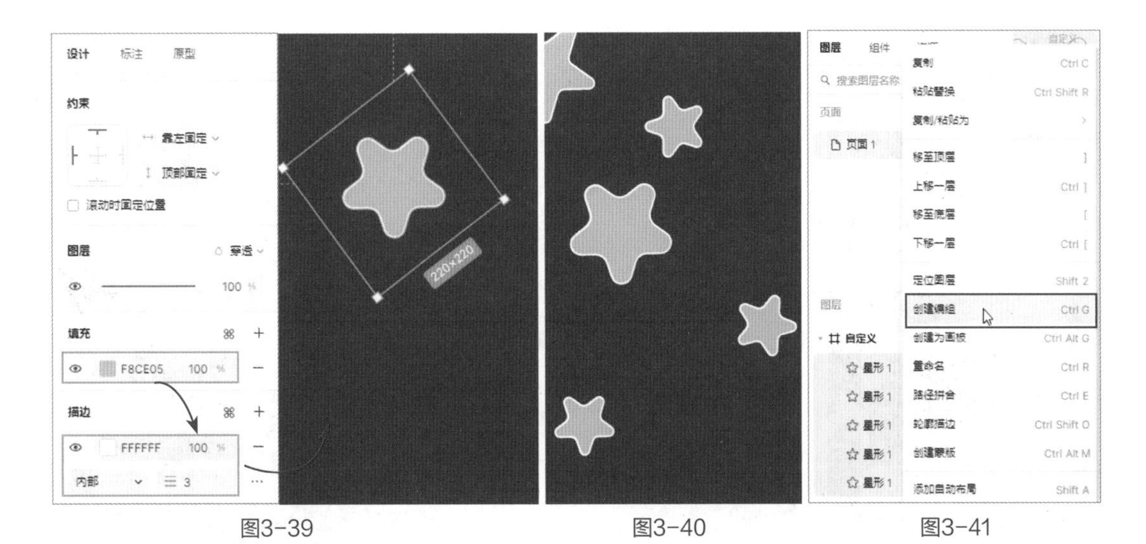

图3-39　　　　图3-40　　　　图3-41

图3-42

图3-43

图3-44

应用秘技

如果“插件”列表中没有相应的插件选项，用户在“社区插件”选项卡中选择并安装即可。

步骤14　利用矩形工具绘制矩形。将矩形的填充颜色设为“白色”，将矩形的圆角设为“5”。然后将“矩形”图层放置在“照片”图层下方，并调整好大小，如图3-45所示。

步骤15　选中矩形，在“设计”面板中设置矩形的阴影效果，如图3-46所示。将该矩形与照片加以组合。

步骤16　在工具栏中单击“+ ⌄”按钮，选择“文本”选项，在画板中创建文本内容，如图3-47所示。

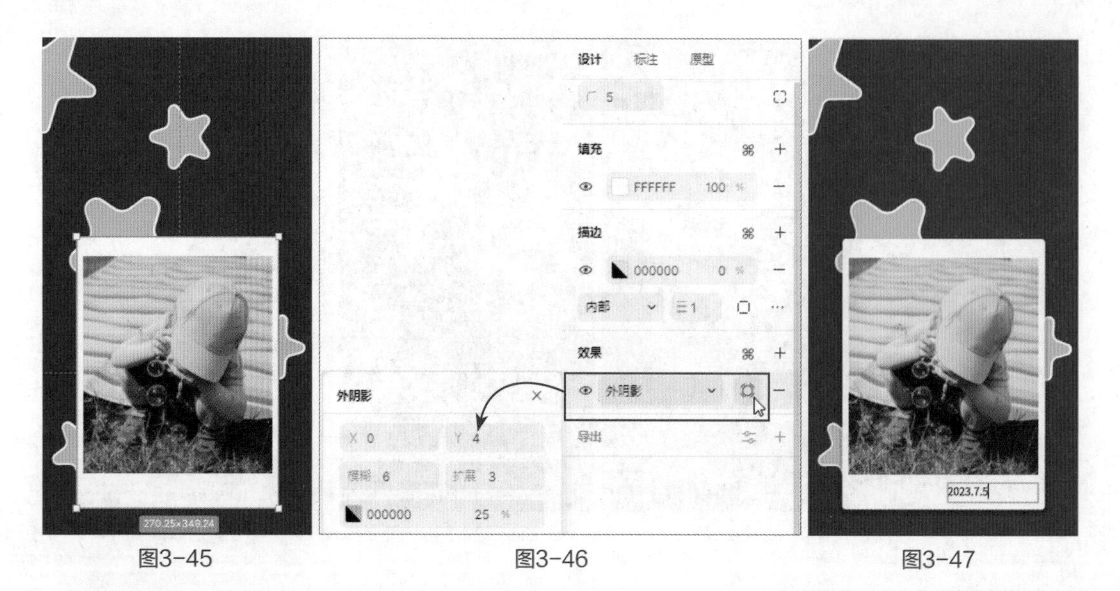

图3-45　　图3-46　　图3-47

步骤17　选中文字，在“设计”面板的“文本”选项中设置好文字的格式，并调整好文字的位置，如图3-48所示。

步骤18　将文字与照片加以组合。选中照片，并将其旋转至角度适中即可，效果如图3-49所示。

步骤19　照此方法，制作另外一张照片，并对其进行美化操作，效果如图3-50所示。至此，儿童相册内容页制作完毕。

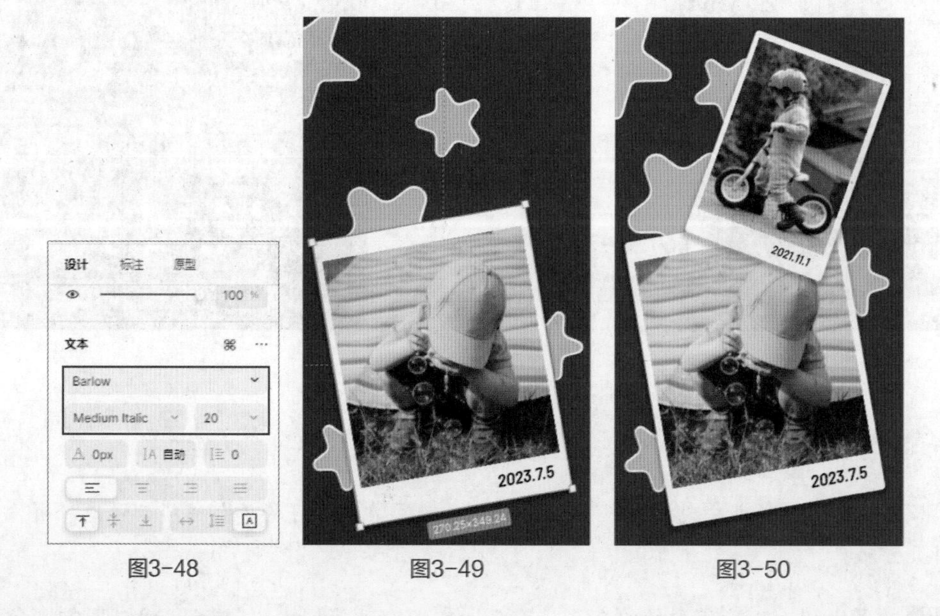

图3-48　　图3-49　　图3-50

应用秘技

页面内容制作好后，可在“设计”面板的“导出”组中设置好导出的文件类型，选择“导出页面1”选项。

3.3 H5页面音频的处理

在H5页面中添加音频可以很好地营造氛围感，合适的音效可以吸引阅读者的注意力，并引导其快速进入主题。下面将对音频文件的常规处理方式进行介绍。

3.3.1 音频的选择技巧

音频大致可分为3种：背景音乐、音效和旁白。

（1）背景音乐

背景音乐很好理解，一般都是截取歌曲中某一段内容作为音频素材来使用。该素材可重复循环播放，直到关闭H5页面。在选择背景音乐时，需根据展示的内容来匹配音乐素材。例如，儿童题材可以使用儿歌或一些俏皮的歌曲；女性题材可以使用一些温馨、浪漫的歌曲；古文化传承题材可以使用古典乐，如二胡、古筝、扬琴等；商务题材可以使用舒缓、轻快的歌曲。

（2）音效

音效包括很多，如喇叭声、击打声、汽车鸣笛声、笑声等。这些音效比较适用于游戏活动、娱乐休闲类题材。图3-51所示为某银行推出的刮刮乐活动作品截图。该作品充分利用各种音效来丰富内容，如单击按钮声、制卡声、刮卡声等，场景体验感十足。

图3-51

（3）旁白

旁白属于特殊音频类型。这类音频是通过录制自己的声音，然后使用声音编辑软件进行剪辑或变声，从而形成特定的音频文件。这类音频常用于产品介绍、故事描述、诗文欣赏、场景对话类题材。图3-52所示为某银行举办公益活动H5作品截图。该作品就是通过孩子描述故事的形式将阅读者带入主题中，引起共鸣。

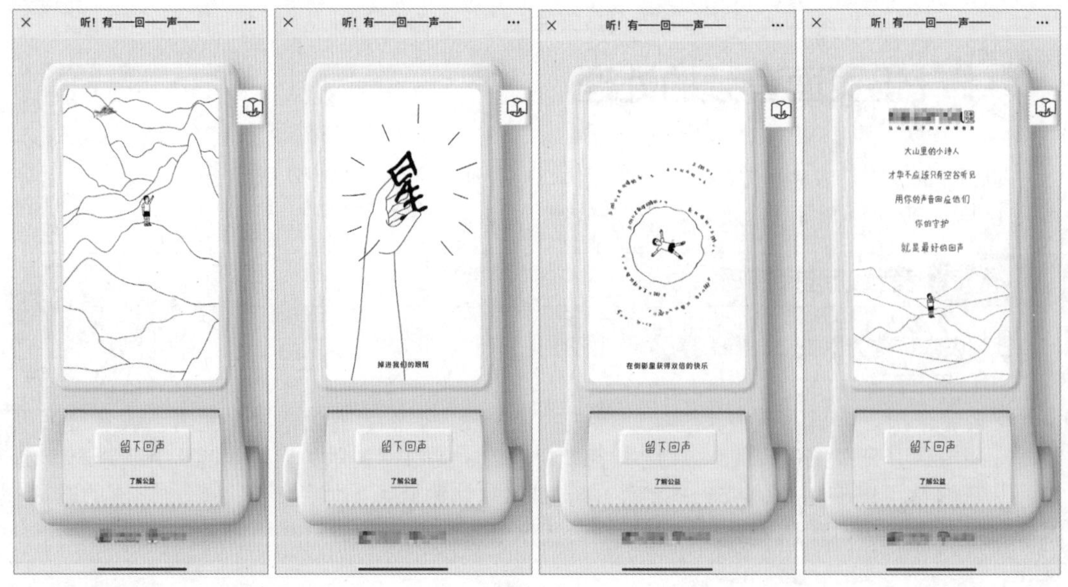

图3-52

3.3.2 音频的获取方式

音频的获取方法有2种：网络下载和自己录制。

1. 网络下载

网络下载又有2种渠道：一种是利用比较权威的音乐门户网站下载，另一种是通过免费的音效素材网站下载。

目前比较主流的音乐网站有网易云音乐、QQ音乐、酷我音乐等。图3-53所示为QQ音乐网站官方歌单界面。这类网站的音乐品质较高，且种类较齐全。用户可通过搜索栏进行快速查找并下载，非常方便。但需要注意的是，大部分音乐网站是收费的，并且下载的音乐素材并非都可商用，所以在下载时需考虑到其版权问题。

图3-53

除了可在专业的音乐网站中下载音频，还可通过一些免费的音频网站进行下载。例如，淘声网、耳聆网、Pixabay等。图3-54所示为淘声网音效列表界面。这类网站中的部分音效文件是可以免费商用的，而且比专业音乐网站的音效素材多。

图3-54

新手误区

这类免费素材网站一般会有版权使用注意事项。用户在下载前，要先了解这些注意事项，然后进行相关的下载操作。图3-55所示为淘声网使用许可协议内容。

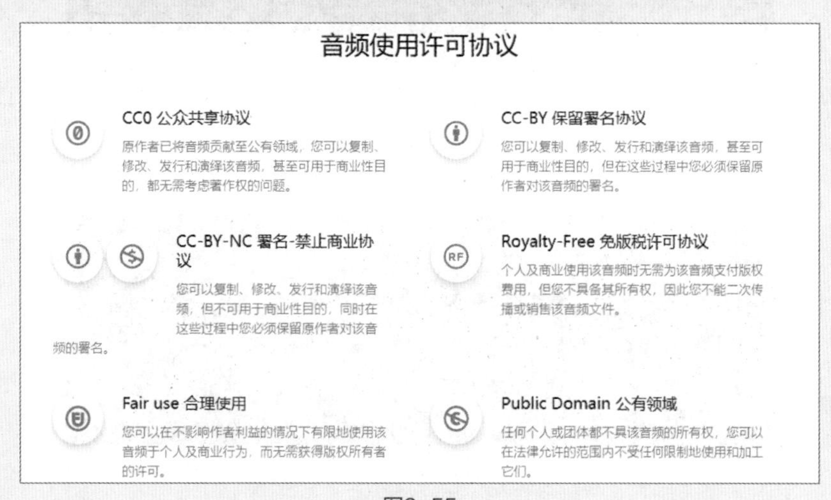

图3-55

2. 自己录制

如果使用以上方法没有找到合适的音频，那么用户就可以利用各种录音设备自主录制所需声音文件。常见录音设备有录音笔、手机录音设备、软件录音设备等。使用这些录音设备录制的声音，一般都需要进行基本的降噪处理。

3.3.3 音频处理的方法

无论是下载的音频，还是自己录制的音频，多多少少都需进行一些必要的编辑，才能完全符合使用需求。特别是要用于背景音乐的音频，编辑这一步尤为重要。

正常的音乐文件时长一般为3～4分钟，而H5背景音乐时长一般以30秒为宜。时长太长或太短都会破坏人们阅读的节奏。所以用户须根据内容节奏，对其音频进行适当的取舍。

目前常见的音频处理工具有Audition、GoldWave、CyberLink WaveEditor等。利用这些工具可对音频文件进行常规的编辑，如音频的录制、裁剪、转换、降噪、混音设置等。

[实操3-3] 为录制旁白添加背景音乐

[实例资源]\第3章\例3-3

下面将利用Audition软件为录制的旁白添加背景音乐，使其合成一段新的背景音乐文件。

步骤01 启动Audition软件，在菜单栏中选择“文件-打开”选项，将“录制旁白”音频文件加载到编辑器面板中，如图3-56所示。

图3-56

步骤02 在工具栏中单击“显示频谱频率显示器”按钮，打开频谱，调整编辑器面板的大小，如图3-57所示。

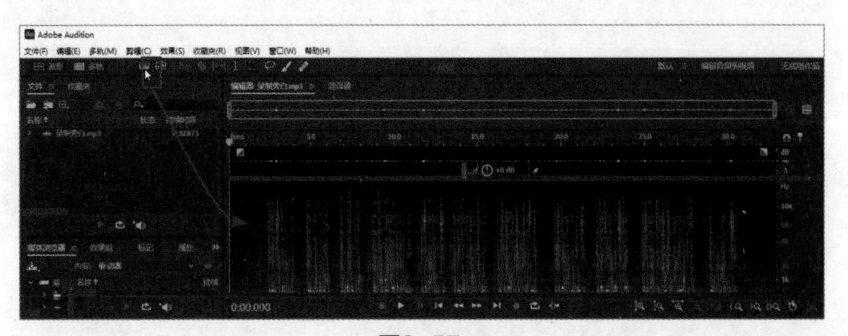

图3-57

步骤03 在“编辑器”面板中单击“放大（时间）”按钮，放大时间轴，如图3-58所示。

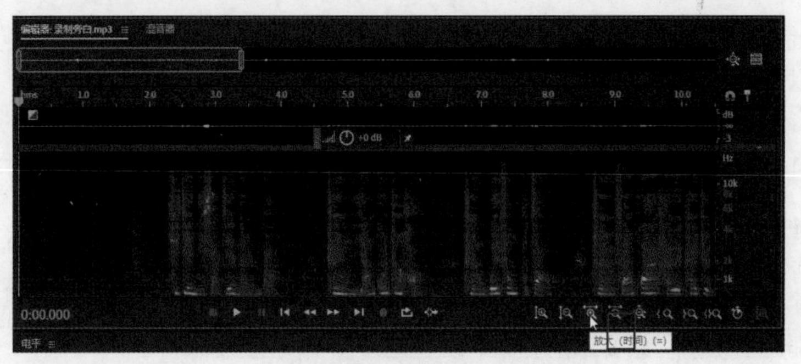

图3-58

步骤04　在频谱频率显示器中拖曳鼠标，选择位于开始处的一段环境底噪，如图3-59所示。

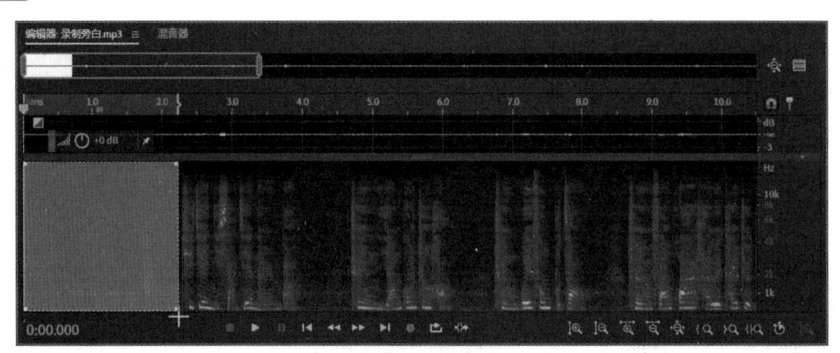

图3-59

步骤05　在菜单栏中选择“效果-降噪/恢复-降噪（处理）”选项，打开“效果-降噪”对话框，单击“捕捉噪声样本”按钮，获取噪声样本，如图3-60所示。

步骤06　单击“选择完整文件”按钮（见图3-61），系统会自动选择全部的音频文件。

步骤07　在“效果-降噪”对话框中设置好“降噪”和“降噪幅度”的参数，如图3-62所示。

步骤08　在该对话框中单击“预览播放”按钮，试听降噪后的音频。待效果满意后，单击“应用”按钮，应用降噪效果，如图3-63所示。

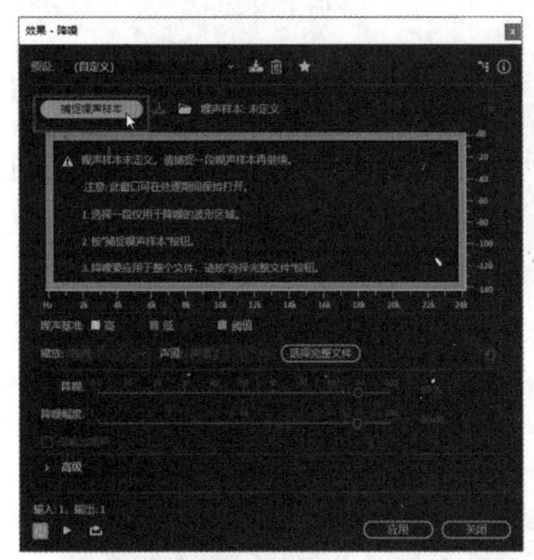

图3-60

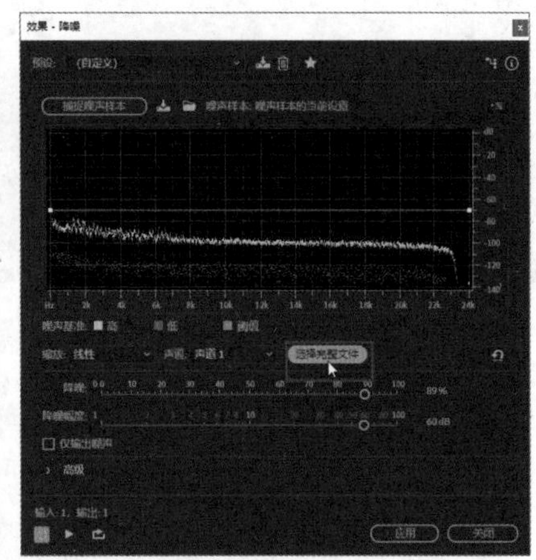

图3-61

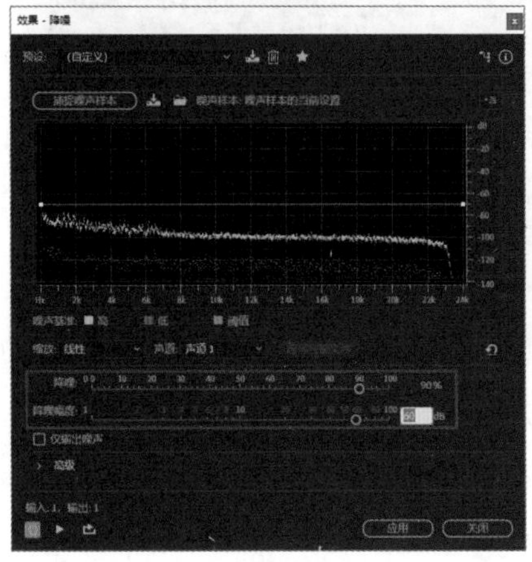

图3-62

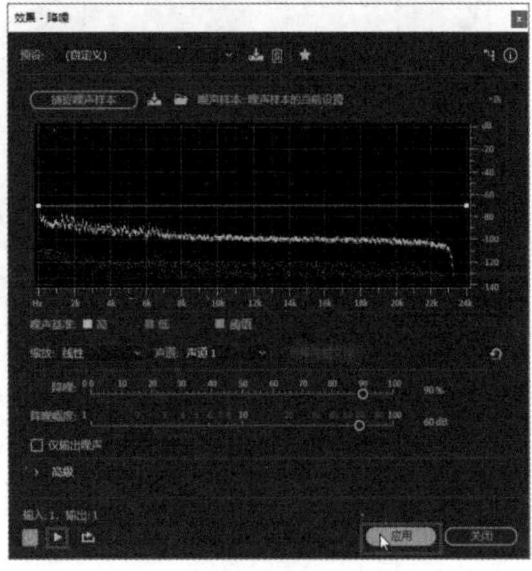

图3-63

步骤09 在频谱频率显示器中可看到环境底噪基本上都被消除了，如图3-64所示。

图3-64

步骤10 在菜单栏中选择“文件-导出”选项，在打开的“导出文件”对话框中设置好保存的文件名和位置，单击“确定”按钮即可将该音频导出，如图3-65所示。然后关闭该音频文件。

步骤11 合并音频文件。单击软件界面左上角“多轨”按钮“多轨”，打开“新建多轨会话”对话框，在此创建好会话名称及保存位置，单击“确定”按钮，创建多轨混音，如图3-66所示。

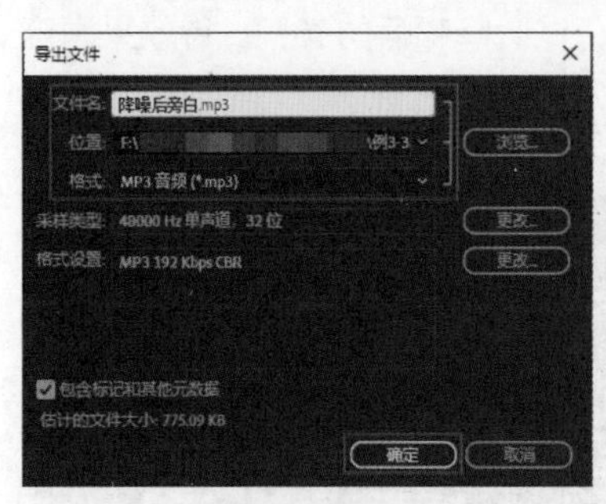

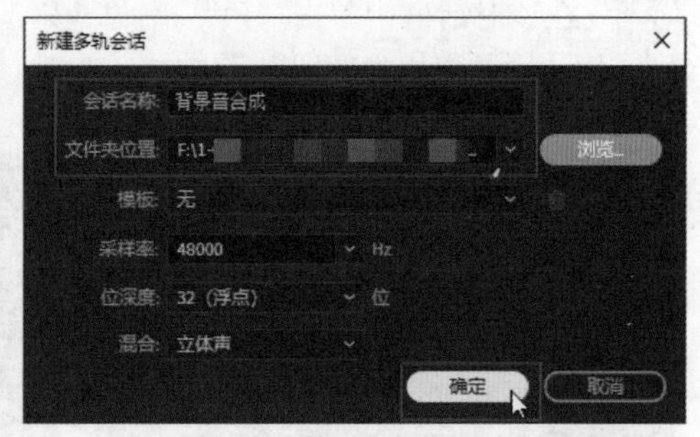

图3-65　　图3-66

步骤12 在界面左上角“文件”面板中单击“导入文件”按钮“”，将刚设置的降噪旁白和背景音乐文件导入该面板中。将这两个音频文件分别拖入“轨道1”和“轨道2”，如图3-67所示。

图3-67

步骤13 单击“轨道1”面板中的“音量”按钮，将其值设为“+15”，调高音量；同时将“轨道2”的音量值设为“-5”，调低音量，如图3-68所示。

步骤14 按空格键可试听合成的效果。选中轨道2的音频，将播放指针定位至轨道1音频的结尾处，单击工具栏中的“切断所选剪辑工具”按钮，对该音频进行分割，如图3-69所示。

步骤15 选中分隔后的音频，按Delete键将其删除，如图3-70所示。

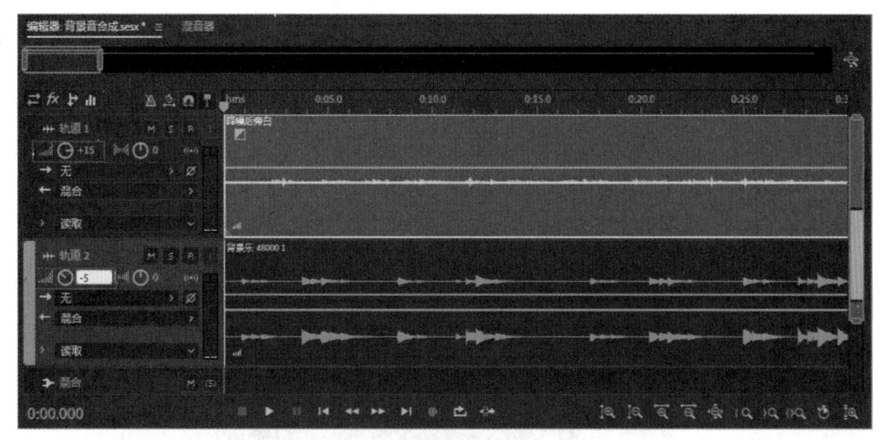

图3-68

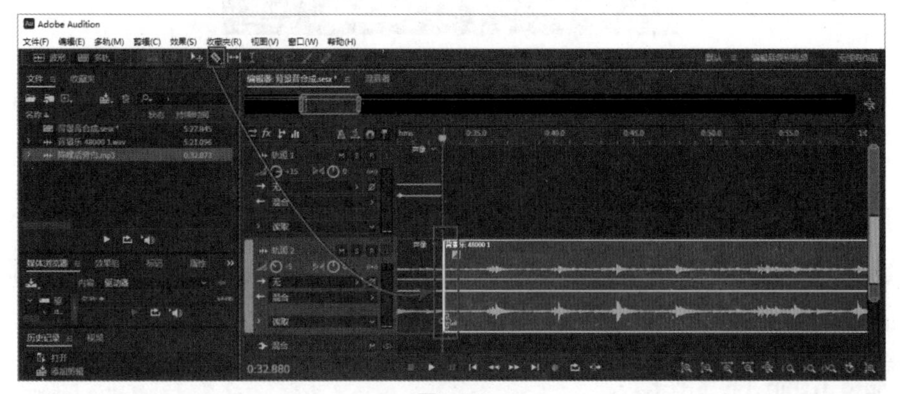

图3-69

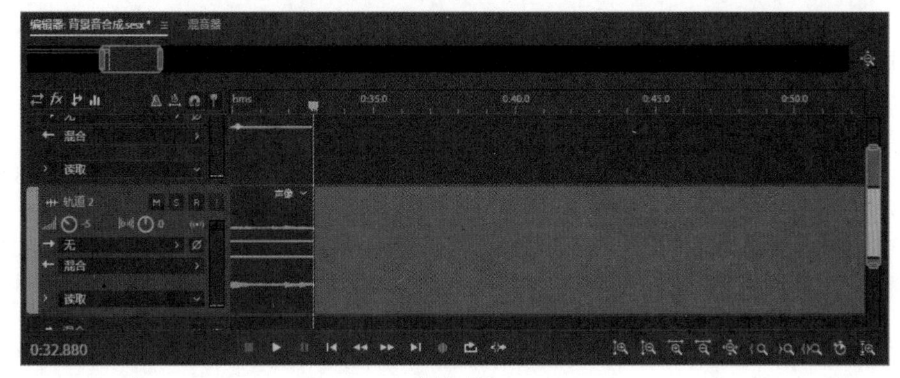

图3-70

步骤16　设置完成后，在菜单栏中选择“文件-导出-多轨混音-整个会话”选项，在打开的“导出多轨混音”对话框中，设置好“文件名”“位置”“格式”，单击“确定”按钮即可完成音频的合成操作，如图3-71所示。

应用秘技

在导入音频文件时，如果文件的采样率不符合制作需求，会弹出提示框，在提示框中单击“确定”按钮，系统会自动转换该文件的采样率，以匹配制作需求。

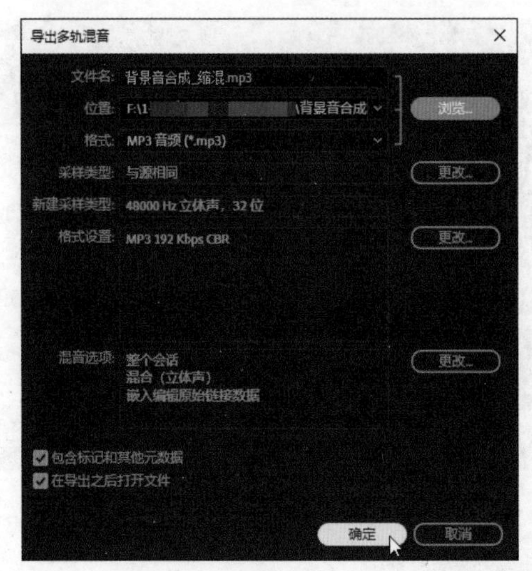

图3-71

3.4 H5页面动效设置

页面动效指的是页面中的动画效果。在H5页面中添加动效，可以提升内容的趣味性和互动性。下面将对H5页面动效的基础设置进行简单介绍。

3.4.1 页面动效的作用

页面动效对H5页面设计的作用可体现在3个方面：引导性、交互性和趣味性。这也是H5页面设计区别于传统页面广告设计的关键点。

- ✓ 引导性：通过页面动效可帮助用户对功能的方向、位置、触发操作等进行暗示和指导，方便用户在短时间内了解到想要获取的关键信息。
- ✓ 交互性：通过页面动效可模拟现实中的场景，如微信对话、锁屏通知、手机来电等。这有利于增强与用户之间的互动，让用户具有操纵感。
- ✓ 趣味性：页面动效设计目的在于让画面与画面、图片与文字之间切换更加流畅。大小、位置和透明度的变化，可以使用户和产品的交互过程更流畅，从而吸引用户做长时间的视觉停留，提高用户体验舒适度及愉悦感。

这里强调一点：合理的动效可使页面效果锦上添花，但是不能一味追求动效设计，而忽略了主体内容的展现。因为过多动效设计只会造成视觉疲劳，从而影响到用户的关注力。

3.4.2 页面动效的类型

H5页面动效大致可分为4种，分别是内页动效、翻页动效、交互动效和辅助动效。

1. 内页动效

H5内页动效指的是页面中的元素依次展现，使内容具有动感和趣味。常见的内页动效有淡入淡出、飞入飞出、缩小放大、翻转抖动等。图3-72所示为某媒体平台制作双十一避坑指南作品截图。该作品中的页面元素会随着手指向上滑动而展现出所有动画效果。

图3-72

2. 翻页动效

H5翻页动效指的是页与页之间的过渡动画，常用于内容的承上启下、场景的过渡或空间的转换。常见的翻页动效有上下翻页、左右翻页、缩放翻页、卡片翻页等。

3. 交互动效

H5交互动效指的是在页面中加入交互按钮或交互动作，让用户的操作与页面产生关联，以增强页面互动性。图3-73所示为某媒体平台制作的职业测试类作品截图，该作品添加了大量的交互按钮，引导用户对提出的一系列问题进行回答，从而得到测试的结果。

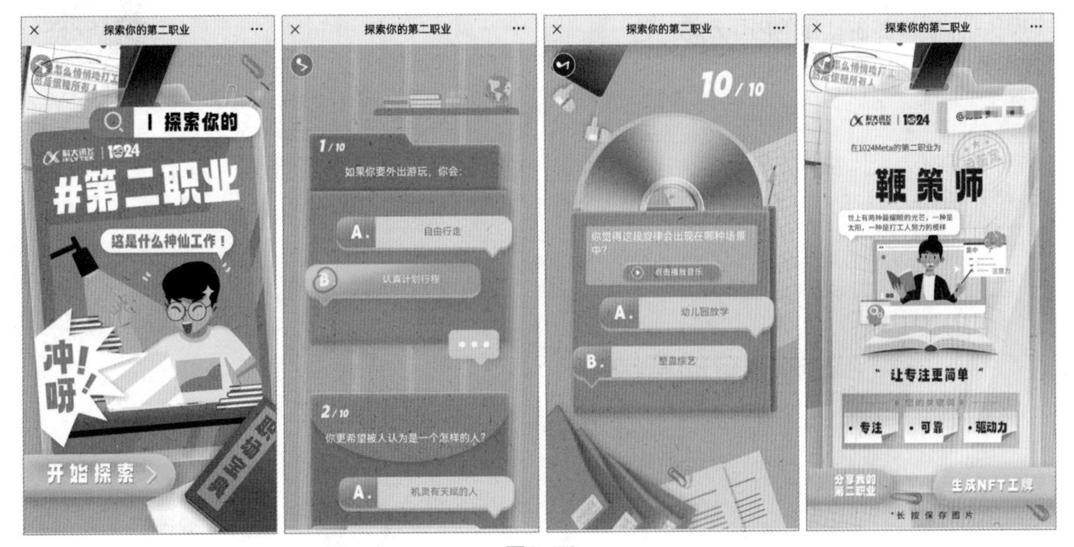

图3-73

4. 辅助动效

H5辅助动效指的是那些渲染力强的、持续时间短的动画效果。常见的辅助动效有光芒动效、闪烁动效、滚动动效、加载动效（Loading）等。这类动效主要用于增强页面细节的表现力，提升页面的趣味性，如图3-74所示。

图3-74

3.4.3 页面动效的实现方法

在读者对页面动效有了大概的了解后，接下来将介绍页面动效常规的设置方法。

H5动效的添加一般需使用H5制作工具，如易企秀、人人秀、MAKA、意派等。用户可以先利用Photoshop软件设计好页面内容，然后将其导入H5制作工具中。

[实操3-4] 制作旅游项目的内页动效

[实例资源]\第3章\例3-4

下面将以人人秀制作工具为例，来为毕业旅行项目H5页面添加内页动效。

步骤01 打开人人秀官方网页，进入工作台界面，如图3-75所示。

图3-75

步骤02 单击“新建”按钮，选择“H5”选项，如图3-76所示。

步骤03 进入人人秀编辑器界面，单击画布右侧的“Ps”按钮，如图3-77所示。

步骤04 在“PSD导入”界面中单击“上传PSD文件”按钮，如图3-78所示。将“毕业季.psd”文件导入画布中。

图3-76

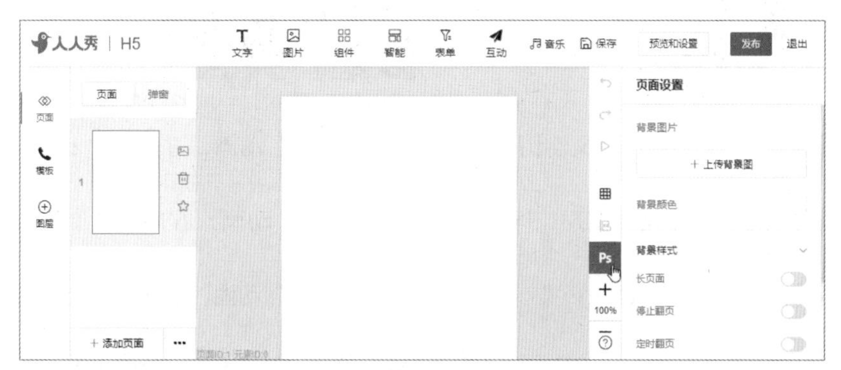

图3-77

图3-78

新手误区

在利用Photoshop软件设计H5页面时，要根据H5制作工具规定的画布大小进行制作。例如，人人秀规定的画布尺寸为640px×1240px，那么在设计时就须按照该大小进行设计，以免导致因尺寸不合适需要返工的现象发生。

步骤05 在画布中选中白云图层，在右侧面板中选择“动画”选项卡。单击“添加”按钮，添加默认的“渐入”动画，将其方向设为“↑”，如图3-79所示。

步骤06 选中主标题图层，在“动画”选项卡中为其添加缩放动画，将动画方向设为“由大到小”，将延迟设为“0.5”，其他为默认，如图3-80所示。

图3-79

图3-80

步骤07 选中"毕业季"文字图层，为其添加"渐入"动画，方向为"↓"，将延迟设为"0.8"，如图3-81所示。

步骤08 选中装饰丝带图层，同样为其添加"渐入"动画，方向为"↓"，将延迟设为"0.8"，效果如图3-82所示。

步骤09 为"青春不散场……"文字图层也添加"渐入"动画，其动画参数与上一步相同，效果如图3-83所示。

图3-81

图3-82

图3-83

步骤10 为"别宴将至……"文字图层添加"缩放"动画，将动画方向设为"由大到小"，将延迟设为"1"，如图3-84所示。为"带走梦想……"这段文字图层也添加"缩放"动画，其动画参数与上一步相同。

步骤11 为"我们毕业啦"文字图层添加"弹入"动画，将其延迟设为"1.2"，如图3-85所示。

步骤12 为飞机图层添加"飞入"动画，将其延迟设为"1.4"，如图3-86所示。

步骤13 为人物图层添加"渐入"动画，将其延迟设为"1.6"，如图3-87所示。

步骤14 将所有动画添加好后，单击界面右上角的"预览和设置"按钮，可打开预览界面，从中可预览到当前页面的所有动画效果，如图3-88所示。

图3-84

图3-85

图3-86

图3-87

图3-88

应用秘技

在人人秀编辑器界面中，经常会遇到无法选择所需图层的情况，这时在界面左侧面板中打开“图层”选项卡，用户只在此列表中选择即可。

课堂实战——制作儿童成长手册封面页

本案例将结合Pixso工具来制作儿童成长手册封面页。

1. 制作目标

前面已经简单介绍过Pixso工具的基本用法，下面将结合该工具的形状功能、资源功能，来制作成长手册封面页内容。案例效果如图3-89所示。

图3-89

2. 制作思路

先按照安卓手机尺寸，新建画布；其次添加背景图，并进行模糊处理；再次利用形状和布尔组合功能绘制成长手册，使用资源功能添加小图标进行页面修饰；最后输入文字内容。

步骤01 启动Pixso工具，新建360px×640px的画布。将“背景”素材拖入画布中，将图片调整至与画布等大，如图3-90所示。

步骤02 选择“插件>图片编辑”选项，打开“图片编辑”对话框，在其中调整图片的模糊度，如图3-91所示。

步骤03 在工具栏中选择“形状”工具，使用鼠标拖曳的方法绘制矩形，如图3-92所示。

步骤04 将矩形的填充颜色设为白色。再次将“背景”素材拖入画布中，并调整好大小，如图3-93所示。

步骤05 选中该背景素材，单击工具栏中的“更多-裁剪”选项，对该图片进行裁剪，如图3-94所示。

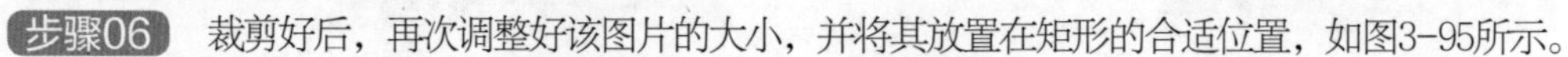

步骤06 裁剪好后，再次调整好该图片的大小，并将其放置在矩形的合适位置，如图3-95所示。

图3-90

图3-91

图3-92

图3-93

图3-94

图3-95

步骤07　在“图层”面板中将该图片与矩形编组，创建“组合1”。选中矩形，为其添加阴影效果，如图3-96所示。

步骤08　在工具栏中选择“文本”工具，在矩形上方绘制文本框，并输入标题内容，如图3-97所示。

步骤09　选中标题内容，设置好文本的字体、字号、颜色，如图3-98所示。

步骤10　按照同样的方法，输入副标题文字，并设置好文字的格式，如图3-99所示。

图3-96

图3-97

图3-98

图3-99

步骤11　将所有文字与“组合1”编组，创建“组合2”。在界面左侧面板中选择“资源”选项卡，选择所需图标集，并在其列表中选中所需图标，如图3-100所示。

步骤12　将所选图标直接拖入画布中，调整其颜色、大小和位置，如图3-101所示。

步骤13　将图标与“组合2”图层编组，创建“组合3”。选中组合3图形，在“设计”面板的“组合”选项组中，将旋转角度设为“15”，如图3-102所示。

步骤14　在“资源”选项卡中根据需要插入奶瓶图标，在“设计”面板中调整其颜色、大小以及旋转角度，如图3-103所示。

步骤15　选中奶瓶图标，单击鼠标右键，选择“下移一层”选项，将其移至组合3图形下方。

步骤16　插入其他装饰图标，并分别调整好位置。至此，儿童成长手册封面页制作完毕。在“设计”面板中选择“导出”选项，将文件格式设为JPG，单击“导出 页面1”按钮，即可将其导出，如图3-104所示。

图3-100

图3-101

图3-102

图3-103

图3-104

知识拓展

Q1：Photoshop和Pixso两个工具相比，哪个更好用一些?

A：这两个工具的使用领域不同。Photoshop是一款专业级的图像处理软件，它使用领域非常广。可以说所有与图片设计相关的工作，它都能轻松完成，且效果很好。而Pixso是一款UI设计便捷小工具，适用于矢量图形、界面设计领域。对于有专业基础的用户来说，可选择使用Photoshop软件。对于没有基础的新手用户来说，可选择Pixso工具。Pixso工具使用起来非常简单、智能，对新手十分友好。此外，Pixso工具还设有大量免费的图标库，以便用户设计使用。

Q2：Pixso只有默认的那几个图标库，如何添加新的图标资源呢?

A：一般来说，默认的图标库足以满足用户平时的作图需求。如果未找到合适的图标，可在工具主界面中选择“资源社区”选项，在Pixso资源社区中查找所需资源库，单击“调用”按钮，即可将其添加至文件的“资源”选项中，如图3-105所示。

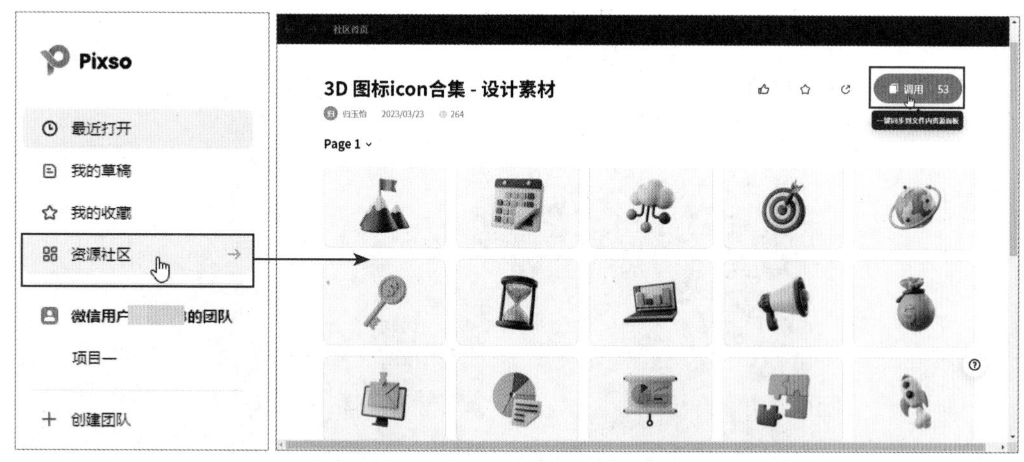

图3-105

Q3：如何将音频添加到H5页面中?

A：所有H5工具中都有“音乐”这项功能，用户将背景音乐上传到自己的音乐库中即可添加。以人人秀工具为例，在工具栏中选择“音乐—更改”选项，在“音乐库”中单击“上传音乐”按钮，即可将背景音乐上传至该库中，如图3-106所示。

图3-106

页面创意功能是H5表现的一个优势，也是其区别于平面广告、海报设计最主要的特征。在H5页面中可以添加各种页面特效，如增强视觉冲击力的一镜到底、VR全景空间设计等。同时还可根据需要添加一些交互操作，如活动抽奖、作品投票、问卷调查等，从而提高用户的参与度。本章将着重对H5页面交互设计、页面交互创意设计以及页面酷炫动态效果设计进行简单的介绍。

4.1 H5页面交互设计

交互设计是H5页面的重要环节。企业运用好交互功能可以吸引用户主动分享自身产品，从而快速吸粉，提高曝光率。下面将对H5页面交互功能进行简单的介绍。

4.1.1 了解H5交互功能

交互设计指的是用户与操作界面之间产生互动的一种机制。用户每操作一步，界面都会给出相应的反馈信息，从而引导用户进入下一个流程操作。交互的过程，也是用户了解产品或服务的过程。该过程将被动转为主动，以达到宣传推广产品或服务的目的。

为了做出易于操作且信息传达畅通的交互设计，在制作时需遵守以下六点原则。

1. 符合用户的操作习惯

通常用户在浏览页面时，会根据自己的习惯来进行交互操作。例如，用户想查看产品详细信息时，会单击相关“详情”按钮进行查看。如果单击后无任何反应，或者是跳转到产品购买页面，那么这样的交互设计无疑不符合用户预期，不够人性化。所以，设计者在进行设计时，要使用约定俗成的模式来匹配用户基本的操作习惯，从而帮助用户快速获取自己所需内容。

2. 设计界面保持统一

UI界面设计须保持统一，包括按钮大小、颜色、样式，字体大小，图标大小，间距大小等。当然，这里的“统一”并非将所有UI界面都做成一样的，而是指界面具有相同功能以及UI元素，尽可能保持视觉效果的统一性。

3. 减轻用户操作负荷

良好的交互设计可以最大限度地减少用户对完成任务的思考，帮助用户以最简单的方式、最简短的时间实现目标，为用户创造良好的体验感。例如，注册页面如果排列了许多必填项和选填项表单，就会让用户觉得特别烦琐和复杂，那么放弃注册的概率就会增加。其实完全可以仅设计1～2个必填项目，或者将表单注册转换为扫码注册，以帮助用户快速完成注册，并获取到自己所需信息，这对于用户体验来说也非常不错。可见，设计中不要用其他次要因素或烦琐的操作方式来干扰用户的判断，越简单的设计带给用户的使用感受越佳。

4. 让用户享有控制权

有时出于商业、营销层面的考虑，设计的页面会帮助用户去做选择，也会引导用户做一些其不愿意做或反感的事情，这些举动严重干扰了用户的操作进度和目标的完成。所以不要试图去控制用户，要让用户觉得他们可以控制体验，可以通过积极的反馈来不断体验成就感。当用户感觉到舒适和可控时，就会信任该产品，从而会进一步深入了解该产品、发掘该产品的优势。

5. 容错原则

用户操作失误是在所难免的。失误发生后，重要的一点是妥善解决问题。因此，设计者在设计过程中要有可预见性，要能够预测可能出现的错误，并防止它们发生；或为一些可能出现的错误设置错误提示。如果错误无法避免，那就要使错误容易被用户发现，并帮助用户快速恢复，从而减少不必要的麻烦，提升用户满意度。

6. 实时给予信息反馈

在用户操作过程中，信息反馈尤其重要。反馈能给予用户信息引导，帮助用户做出正确的选择和决策。例如，实时的反馈能告知用户当前状态正确与否，而不必等到用户进行最后一步操作时才告知用户是哪里的错误导致了操作失败。设计者可以针对用户的操作，设置系统所要反馈的信息和反馈方式，如利用页面颜色变化、声音提示、振动提示、对话框弹窗等方式告知用户，让他们了解自己正在进行哪一步操作。

4.1.2 页面交互设计的添加

H5交互设计的添加可通过各类H5制作工具进行操作。本小节将以人人秀工具为例，来介绍抽奖活动页的制作方法。

[实操4-1] 制作新年抽奖活动页面

[实例资源]\第4章\例4-1

下面将利用人人秀工具中的“互动”功能来添加抽奖设计。

步骤01 打开人人秀工具，新建H5页面，单击“上传背景”按钮，在“图片库”中选中一张背景图片，添加至页面中，如图4-1所示。

步骤02 通过“图片库”加入“新年拜大年”文字素材，并放置在页面上方合适位置，如图4-2所示。

步骤03 选择“文字”工具，在右侧“文字”面板中单击“默认样式”按钮，选择一款艺术字样式，如图4-3所示。

步骤04 在文本框中输入标题内容，并设置好文字的颜色、字体、字号等参数，如图4-4所示。

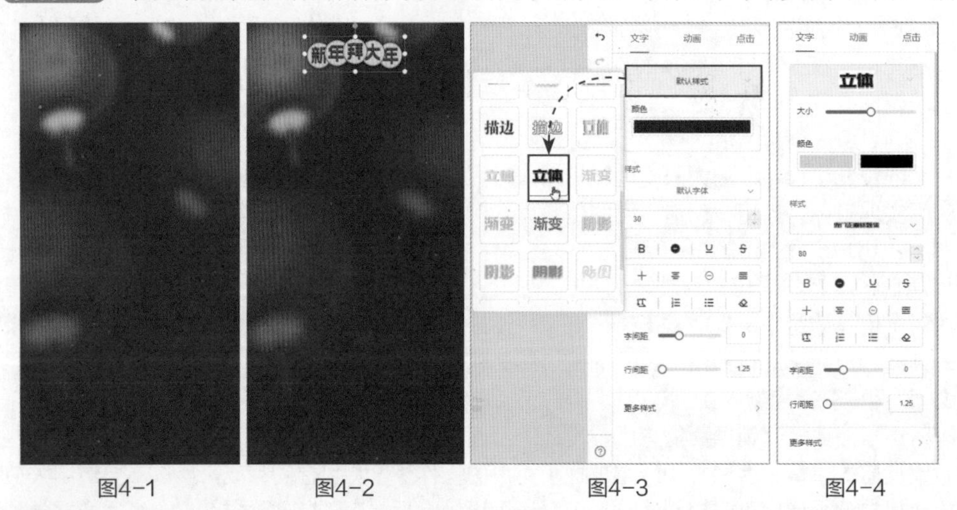

图4-1　图4-2　图4-3　图4-4

步骤05 继续使用“文字”工具，输入副标题内容，并设置好其字体、字号及颜色，如图4-5所示。

步骤06 利用“图片库”添加灯笼素材，调整好其位置，如图4-6所示。

步骤07 选择“互动”工具，在“从模板创建活动”界面中选择“抽奖”选项，并单击“创建空白抽奖”按钮，系统会在页面中创建转盘抽奖模板，如图4-7所示。

步骤08 在打开的“基本设置”界面中对“活动时间”“活动类型”“活动规则”选项进行设置，如图4-8所示。

步骤09 选择“奖品设置”选项即可跳转到相关界面，单击第1个奖品“编辑”按钮，如图4-9所示。

步骤10 在“修改”界面中对奖品内容进行设置。将“奖品类型”设为“礼品”，并在“礼品”界面中“添加”具体礼品名称，如图4-10所示。

步骤11 返回到“修改”界面，继续设置“奖品总数”“奖品领取有效期”等内容，如图4-11所示。

图4-5

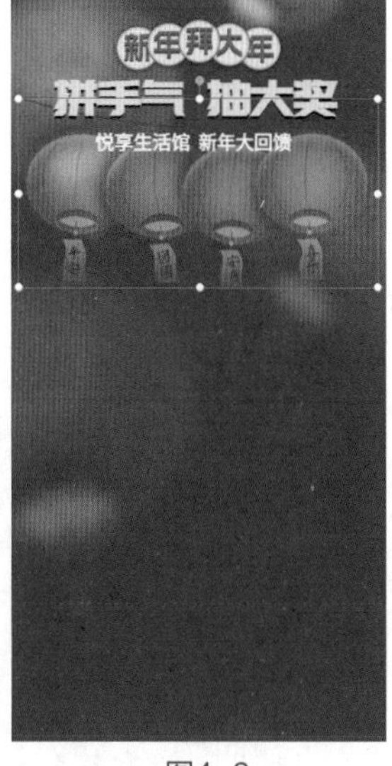

图4-6

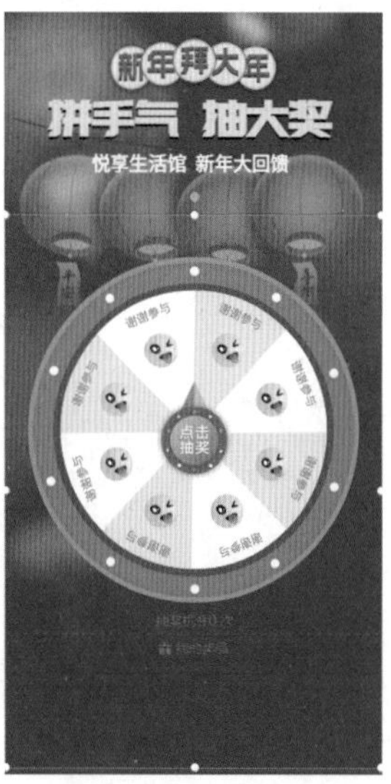

图4-7

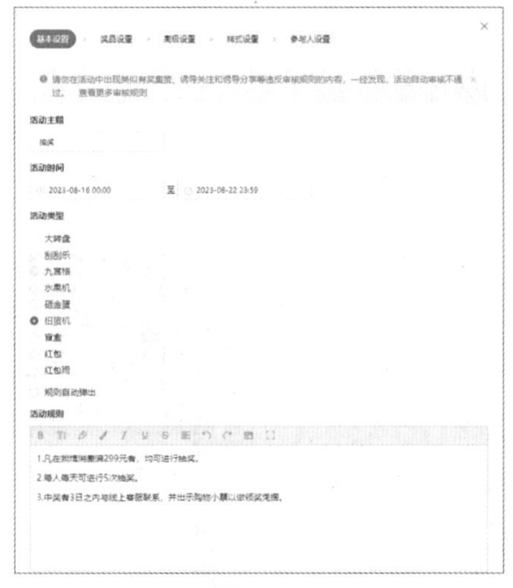

图4-8

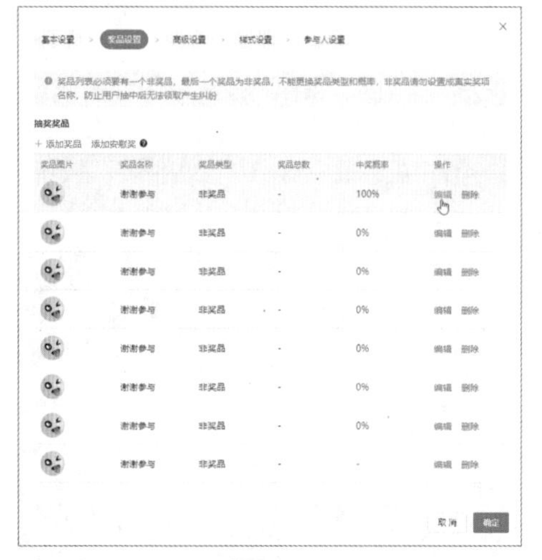

图4-9

图4-10

图4-11

步骤12 设置完成后单击“确定”按钮，返回“奖品设置”界面。选择“高级设置”选项，进入相关界面。在其中对“活动设置”和“安全设置”选项进行设置，如图4-12所示。

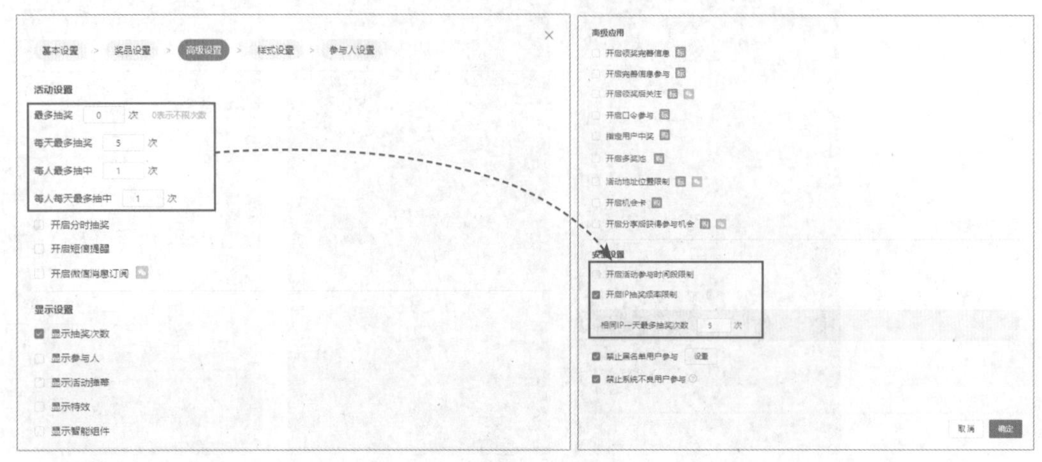

图4-12

步骤13 其他保持默认。单击“确定”按钮，返回到页面。调整好扭蛋机的位置，如图4-13所示。

步骤14 单击“保存”按钮，保存操作。单击“预览和设置”按钮可打开预览模式，然后单击“手机扫码”按钮可进行手机预览，如图4-14所示。

步骤15 在手机中点击“点击抽奖”按钮即可进行活动测试，如图4-15所示。

图4-13　　图4-14　　图4-15

4.2 页面交互创意设计

在H5页面中添加一些交互类的创意设计，可以有效提升页面展示效果，使页面内容更有吸引力。下面将对一些常用的交互创意功能进行简单的介绍。

4.2.1 一镜到底・增强画面层次感

一镜到底是视频拍摄的一种表现手法，指的是在拍摄过程中没有中断，运用一定技巧将视频一次性拍摄完成。该手法被引用到H5页面中，成为一种特有的交互切换方式，增强了页面的层次感，同时也提升了视觉冲击力。图4-16所示为某新闻平台制作的《趁活着，去拉萨》H5作品。该作品利用一镜到底的手法展示了从青海格尔木至西藏拉萨这一段铁路沿线的别致风景，真是美不胜收。

图4-16

[实操4-2] 制作企业节日宣传H5

[实例资源]\第4章\例4-2

下面将以人人秀工具为例，来介绍一镜到底效果的制作方法。

步骤01 进入人人秀官网，打开编辑器，新建H5页面。单击“组件”按钮，在“特效”界面中选择“一镜到底”特效，如图4-17所示。

步骤02 此时系统会在页面左侧添加“一镜到底”组件面板。在该面板中选中第1个页面，并在右侧“页面设置”面板中单击“上传背景图”按钮，如图4-18所示。

步骤03 在“图片库”中加载一张背景图至页面中，如图4-19所示。

步骤04 在“一镜到底”面板中单击“添加页面”按钮，新建页面，并将该页面调整至首页，如图4-20所示。

步骤05 单击页面上方的“图片”按钮，在“图片库”中添加彩灯元素至页面中，调整好其大小和位置，如图4-21所示。

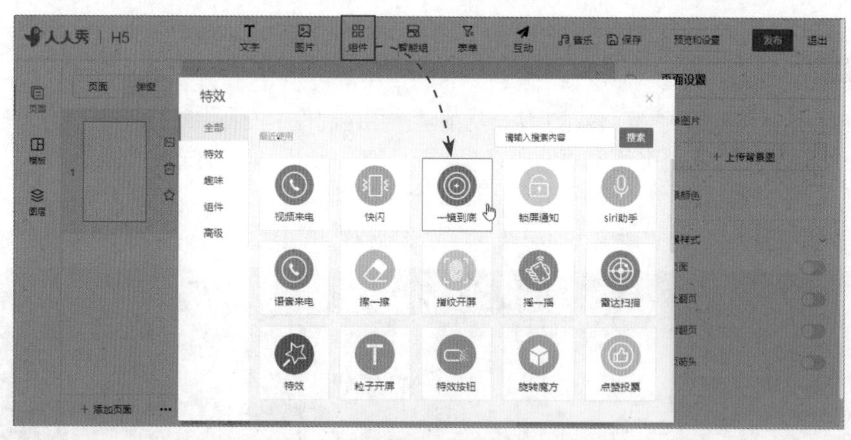

图4-17

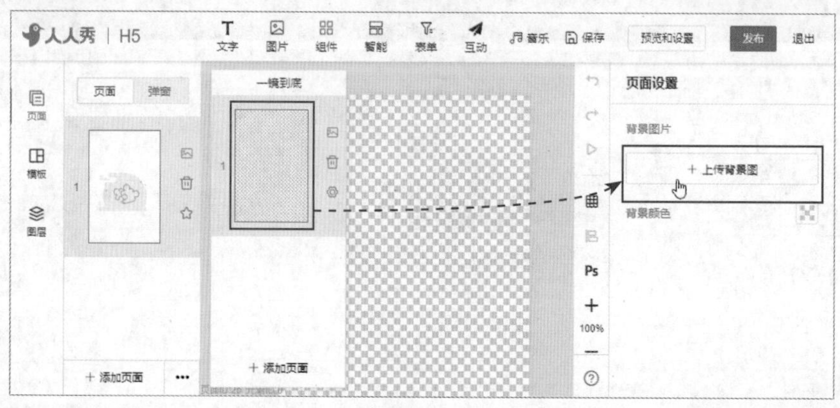

图4-18

步骤06 单击页面上方的“文字”按钮，选择合适的艺术字样式，并将其文字方向设为竖向，设置好文字的颜色、大小，如图4-22所示。

步骤07 在彩灯素材下方输入文字内容，如图4-23所示。

步骤08 在“一镜到底”面板中再次新建页面，调整好其位置。将首页彩灯与文字复制到该页中，更改文字内容，并调整好位置，如图4-24所示。

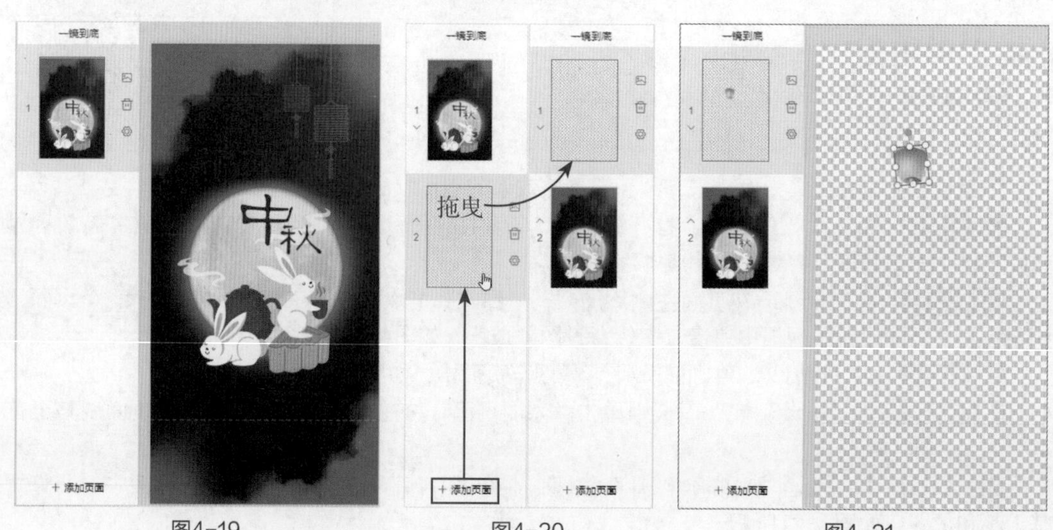

图4-19 图4-20 图4-21

图4-22

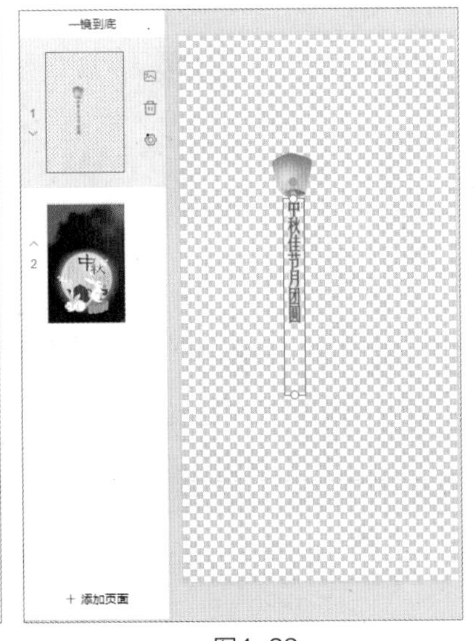

图4-23

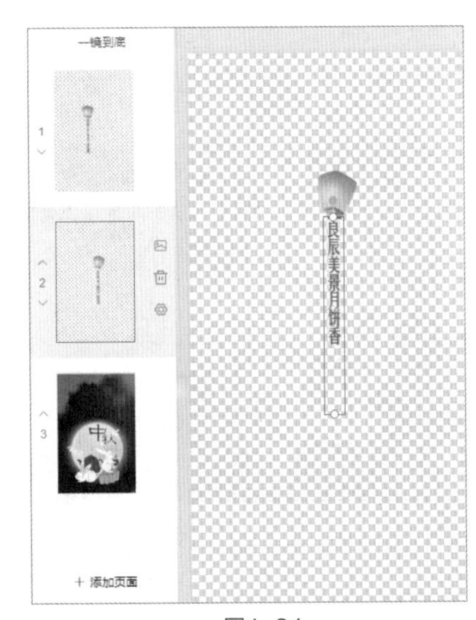

图4-24

步骤09　按照同样的方法，在“一镜到底”面板中创建第3～第9个页面，并分别修改和调整每个页面中的文字内容和位置，如图4-25所示。

步骤10　单击第2个页面的“设置⚙”按钮，在“设置”界面中，将页面边距设为“500”，单击“确定”按钮，如图4-26所示。

步骤11　将第3～第9个页面的页面边距同样设为“500”，首页和尾页的保持为“0”。

步骤12　单击“预览和设置”按钮，进入预览界面，从中可预览设置的一镜到底效果，如图4-27所示。

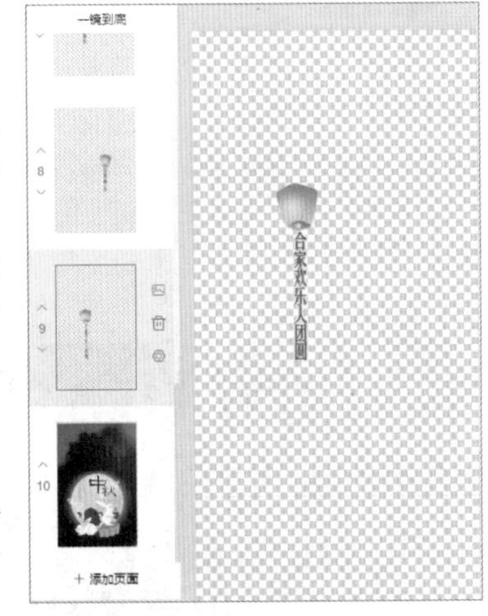

图4-25

图4-26

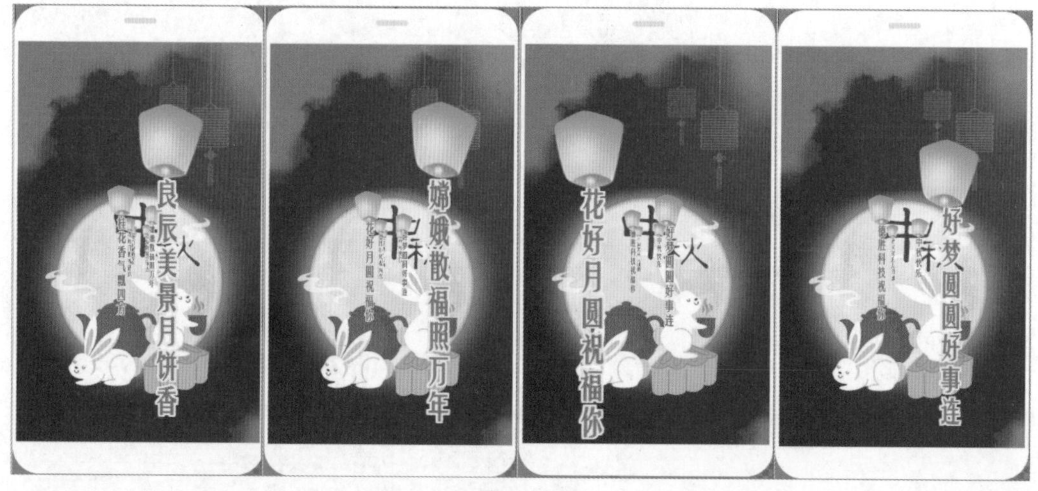

图4-27

4.2.2 重力感应·增强互动趣味性

重力感应是手机内设装置，用户只需将手机竖着放或横着放，其屏幕会随之转动，这就是手机重力感应在起作用。在H5中应用重力感应，并配合VR全景技术，会让页面展示方式变得多样化，交互更具趣味性。图4-28所示为某卫视频道推出的一款《跳一跳 步步高》兔年春晚创意节目游戏作品截图。该游戏就是通过左右晃动手机来掌控小兔闯关，闯过一关则对应一个节目，闯关结束后会开启所有节目清单，并生成兔年海报。

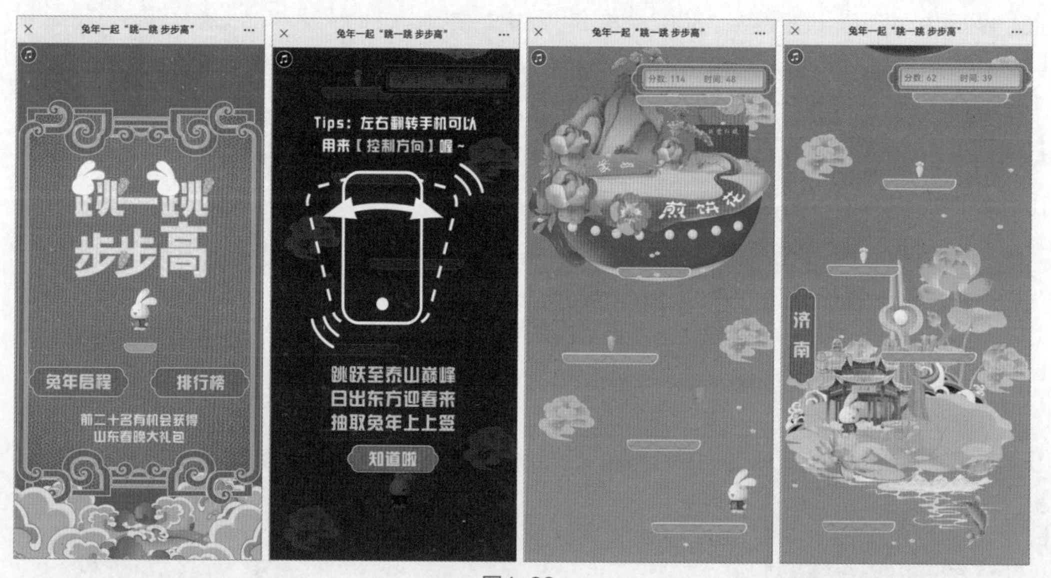

图4-28

应用秘技

人人秀、易企秀等工具都自带重力感应功能。用户如有需求，在页面中添加即可。

4.2.3 手指跟随 · 加强交互体验

手指跟随指的是通过手指滑动或触控动效，来实现人机互动体验。该方式常用于H5游戏页面中。图4-29所示为某局推出的一款H5拼图小游戏作品截图。该游戏就是利用手指跟随技术将拼图移到正确位置，从而完成拼图操作的。

图4-29

4.2.4 VR全景 · 呈现三维空间感

VR全景是采用虚拟现实技术，将展示内容完全数字化，并通过3D建模来打造一个仿真的场景。在H5中应用VR技术，可将H5页面生成三维立体空间，给用户带来身临其境的感受。该技术常用于旅游景点展示、室内外空间展示、汽车产品展示等。图4-30所示为某局为沈阳故宫博物院制作的一款“大清宫瓷”H5作品截图。该作品就是利用实景VR技术与H5相结合，真实地还原了博物馆的样貌，以及各种瓷器展品，让用户产生置身其中的感觉。

图4-30

[实操4-3] 制作装饰材料产品宣传H5页面

[实例资源]\第4章\例4-3

下面将利用凡科微传单H5工具，来制作一款720° 全景H5宣传页面。

步骤01 登录凡科微传单官方网站，单击“进入管理”按钮，进入模板商城页面。单击“从空白创建”按钮，创建一个新页面，如图4-31所示。

图4-31

步骤02 单击页面上方的“趣味”按钮，在列表中选择“720° 全景”选项，如图4-32所示。

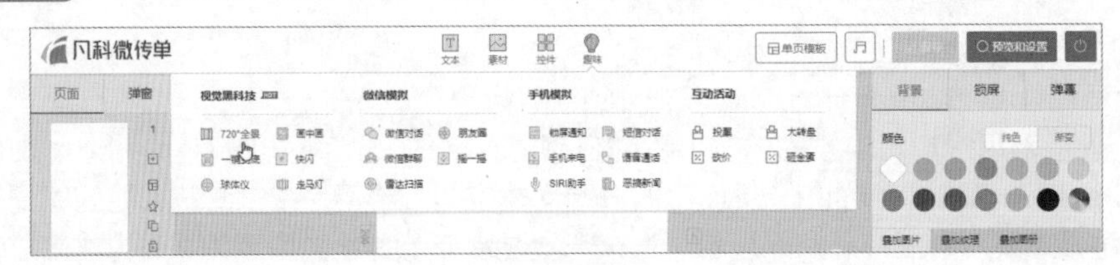

图4-32

步骤03 在打开的模板页面中单击“添加”按钮，进入全景编辑页面，删除第1个页面，如图4-33所示。

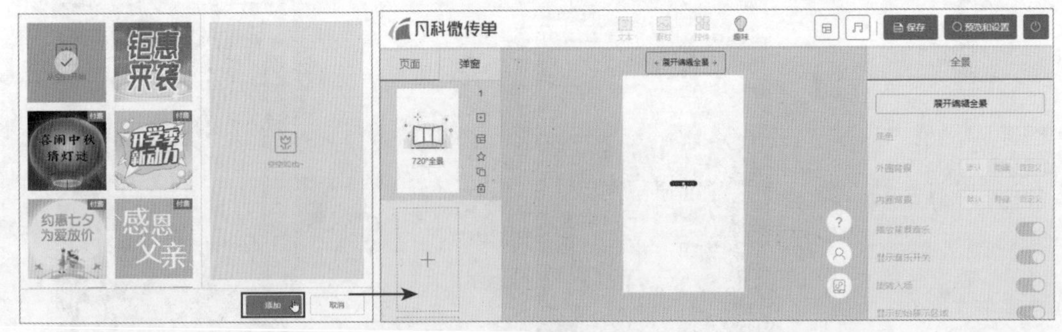

图4-33

步骤04 单击页面上方的“展开编辑全景”按钮，在右侧“全景”面板中单击“外圈背景”的“自定义”按钮，然后单击“+”按钮，如图4-34所示。

步骤05 在打开的“我的图片”界面中单击“本地上传”按钮，在打开的对话框中选中所需背景素材“家居.jpg”，将其添加到“我的图片”界面中，如图4-35所示。

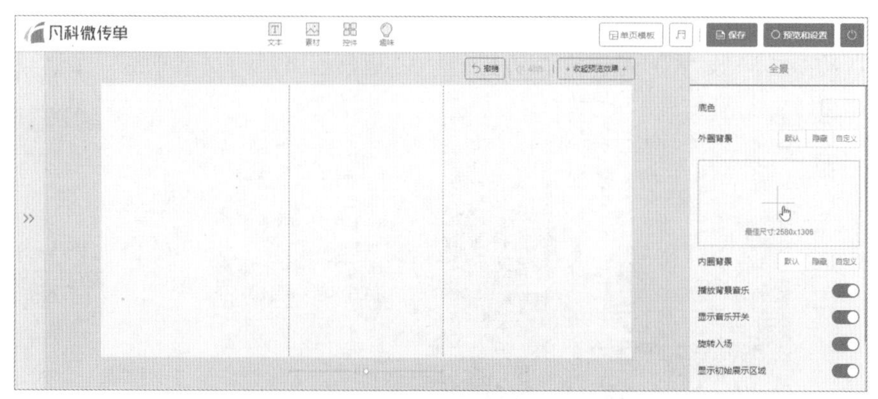

图4-34

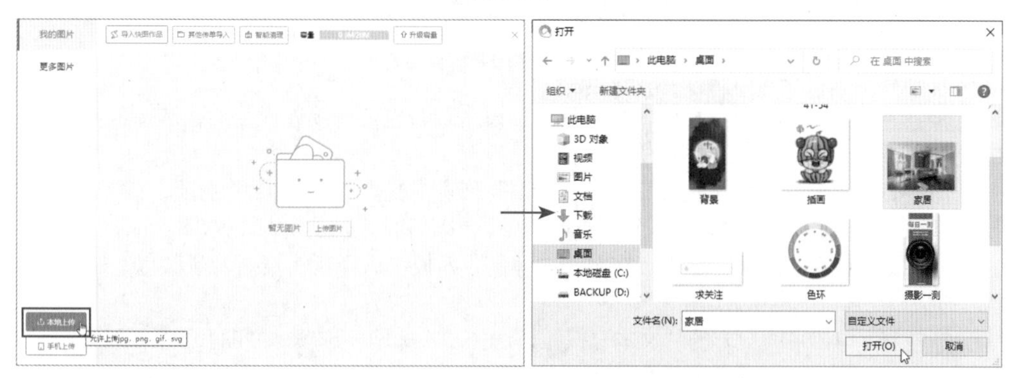

图4-35

步骤06　单击“点击使用”按钮，即可将图片应用至页面中，如图4-36所示。

步骤07　单击页面上方的“控件”按钮，在列表中选择“按钮”选项，如图4-37所示。

图4-36

图4-37

步骤08 在页面中将添加的按钮图标移动至合适位置。在右侧“按钮”面板中将“全景层次”设为3，将“文本”设为“产品详情”。设置一下“主题颜色”以及“文字样式”，如图4-38所示。

图4-38

步骤09 选择“动画”面板，将“延迟”设为1s，将“持续”设为2s，选择“弹性缩小”动画类型，如图4-39所示。

步骤10 选择“点击”面板，在“点击事件”列表中选择“打开弹窗”选项，在下方选择“固定弹窗”选项，单击“创建弹窗”按钮，在打开的列表中单击“+”按钮，如图4-40所示。

步骤11 进入“弹窗”页面，在右侧“弹窗”面板中选择所需页面背景颜色，如图4-41所示。然后将透明度设为“0%”。

步骤12 单击页面上方的“文本”按钮，选择“主标题”选项，如图4-42所示。

图4-39　图4-40　图4-41　图4-42

步骤13 在页面中输入标题内容，设置好标题的字体、大小和颜色，并将其放置在页面合适位置，如图4-43所示。

步骤14 单击“文本”按钮，选择“正文”选项，在页面中输入正文内容。同样设置好正文的字体、大小、颜色和行距，如图4-44所示。

步骤15 单击页面上方的“素材”按钮，在“素材库”界面中选择一款祥云图案，如图4-45所示。

步骤16 适当调整祥云的大小，并将其放置在页面左上角合适位置。按照同样的方法，添加另一款祥云图案，将其放置在页面右下角合适位置，如图4-46所示。

步骤17 选中祥云图案，在右侧“矢量图”面板中将其填充设为“透明色”，将边框设为“白色”，将实线设为“2px”，将透明设为“50%”，祥云效果如图4-47所示。

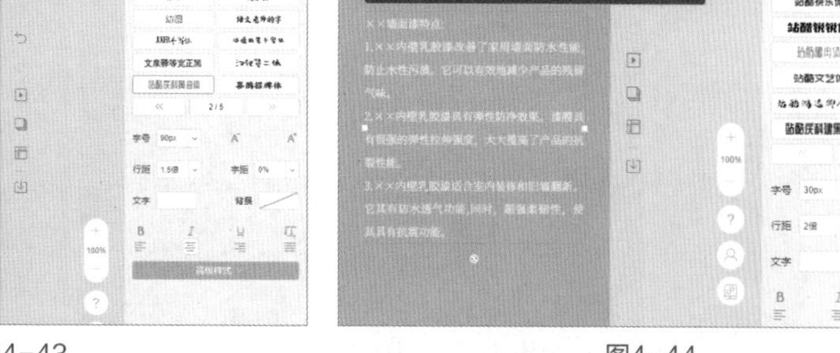

图4-43　　图4-44

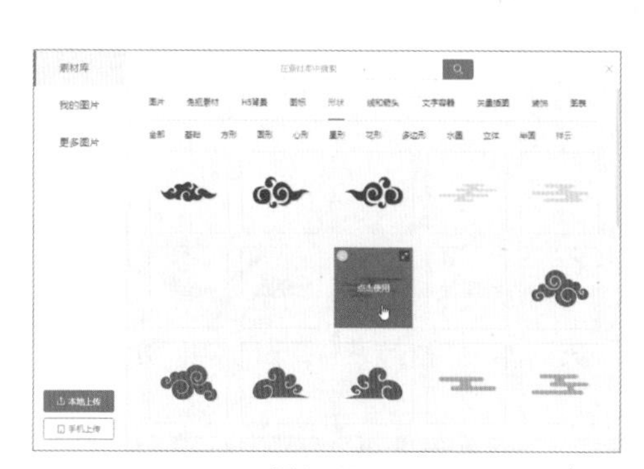

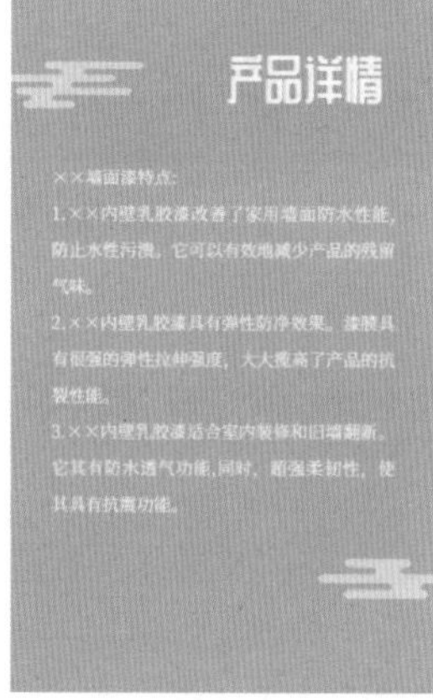

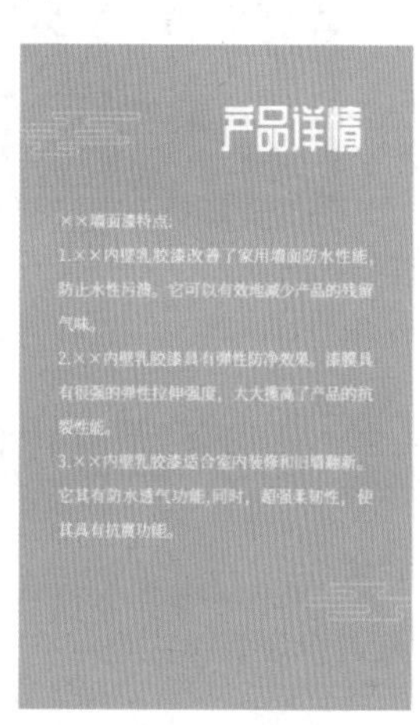

图4-45　　图4-46　　图4-47

步骤18　单击页面左侧“页面”面板，返回到全景效果展开页面。单击“产品详情”按钮，选择“点击”选项卡。单击“选择弹窗”按钮，在打开的弹窗列表中选择“弹窗1”，然后单击“点击提示”按钮，如图4-48所示。

步骤19　单击“保存”按钮保存操作。单击“预览和设置”按钮打开预览界面，如图4-49所示。

图4-48　　图4-49

步骤20 单击“手机预览”按钮，打开二维码。用手机扫描该二维码，即可在手机上查看设置的效果，如图4-50所示。

图4-50

4.3 页面酷炫动态效果设计

在H5页面中添加酷炫动态效果，可使页面更具吸引力。本节将对一些常见的页面动态效果的设置进行介绍。

4.3.1 快闪效果·让页面更吸睛

快闪广告是指在短时间内快速闪过大量文字、图片信息的广告方式，它有着强烈的形式感和节奏感。在H5页面中运用快闪方式则更具视觉冲击力，即使是几个简洁的页面，在经过几次有节奏的快闪后，也会使用户的兴致立刻被调动起来，以达到吸睛的目的。图4-51所示为某音乐网站十周年庆H5作品截图。该作品就是利用快闪的形式来对活动产品进行宣传和推广，其内容节奏感及氛围感十分强烈。

图4-51

新手误区

快闪虽然具有强烈的吸睛效果，但由于页面闪现速度过快，可能会造成信息遗漏的现象。此外，快闪效果制作过程比较复杂且费时，不建议没有制作经验的新手用户使用。

[实操4-4] 制作快闪视频片段

[实例资源]\第4章\例4-4

下面将利用剪映专业版软件来制作一个简单的快闪视频片段。

步骤01　启动剪映专业版软件，在首页中单击“开始创作”按钮，进入创作界面，如图4-52所示。

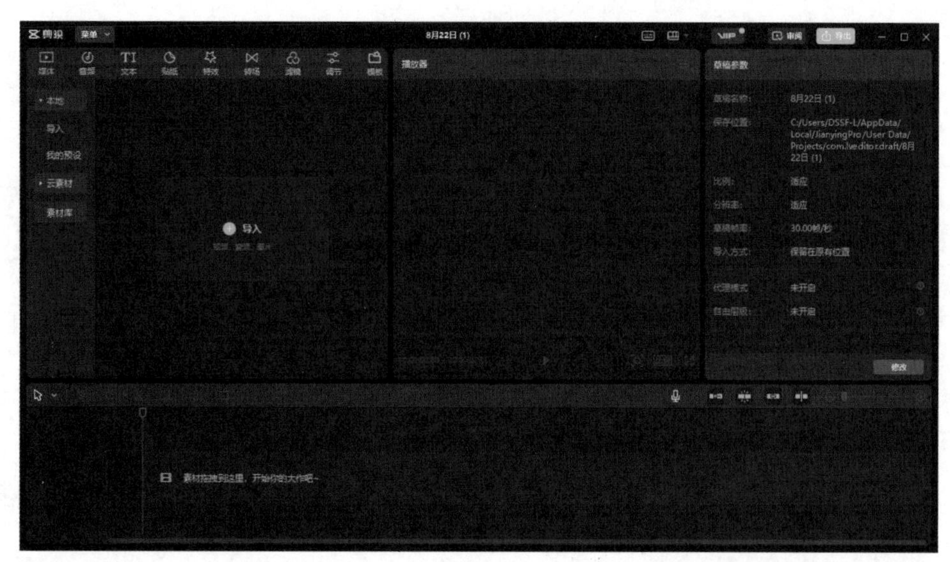

图4-52

步骤02　单击左侧面板中的“导入”按钮，将“快闪文字”素材导入软件中，如图4-53所示。

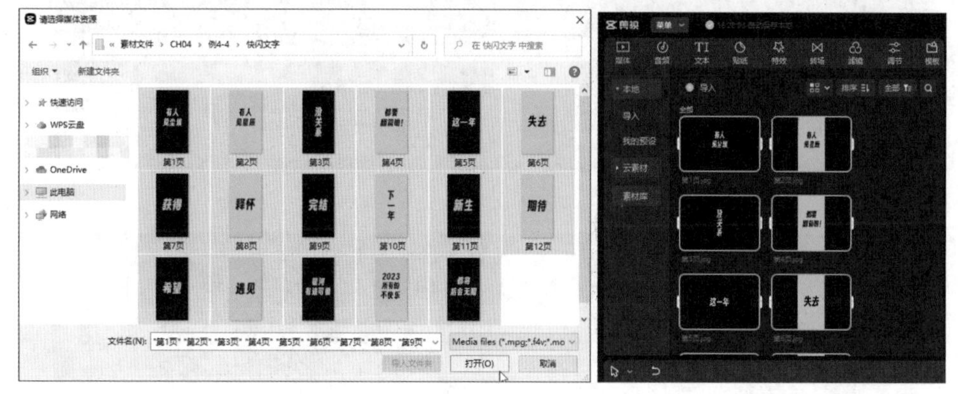

图4-53

步骤03　将导入的素材图片直接拖曳至时间轴上，如图4-54所示。

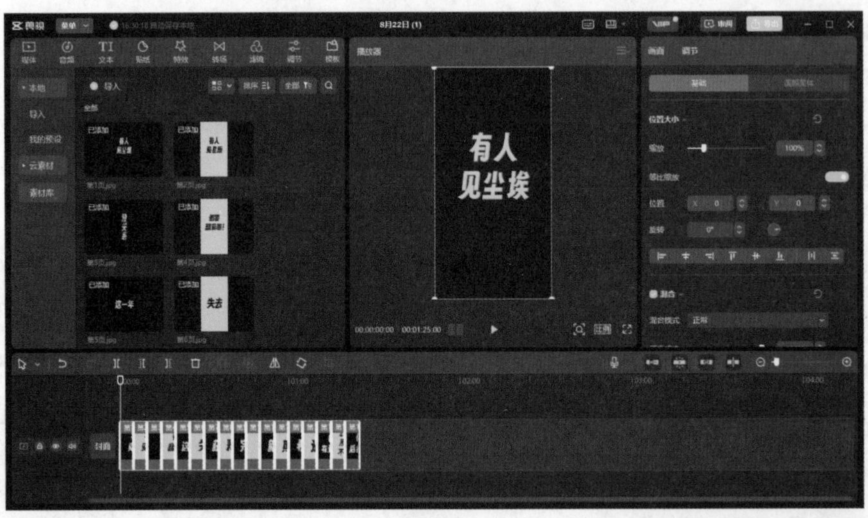

图4-54

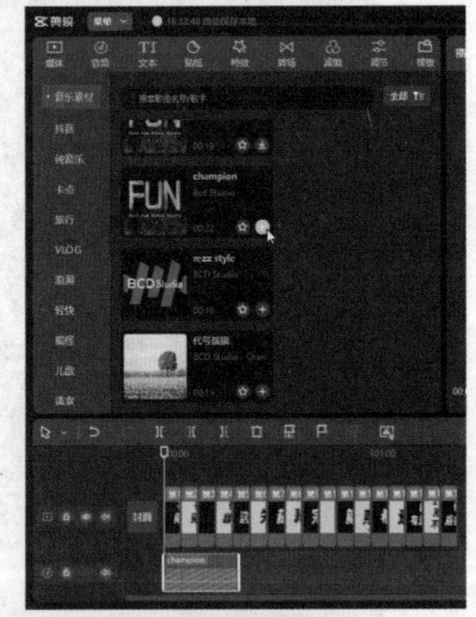

图4-55

步骤04 在左侧菜单栏中选择“音频-音乐素材-卡点”选项。选择一款合适的卡点音乐，单击“+”按钮，将其添加至时间轴上，如图4-55所示。

步骤05 在时间轴上选中添加的音频，按住Ctrl键，并向上滚动鼠标中键，可放大时间轴。按空格键可试听该音乐。将播放指针定位至00:00:04:24处，单击“Ⅱ”按钮，对该音乐进行分割，如图4-56所示。

步骤06 选中第1段音频，按Delete键将其删除，然后将第2段音频移至起始处，如图4-57所示。

步骤07 单击“自动踩点-踩节拍Ⅱ”按钮，为音频添加节奏点，如图4-58所示。

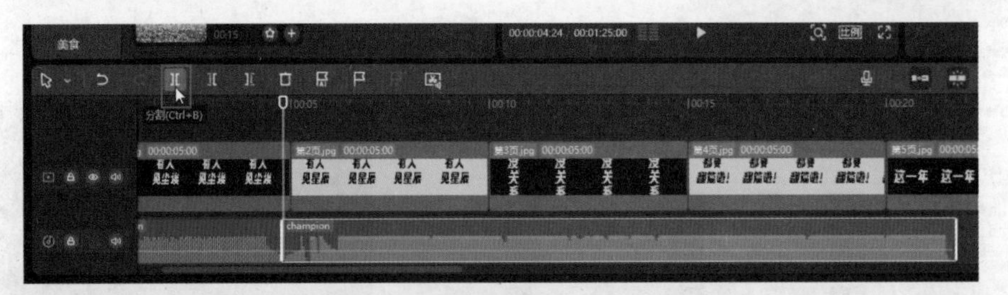

图4-56

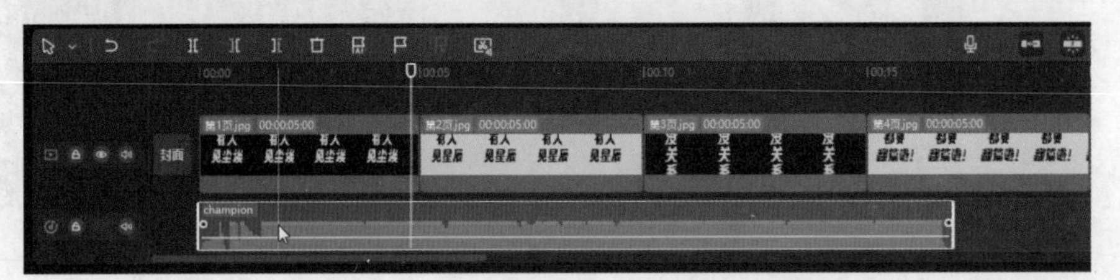

图4-57

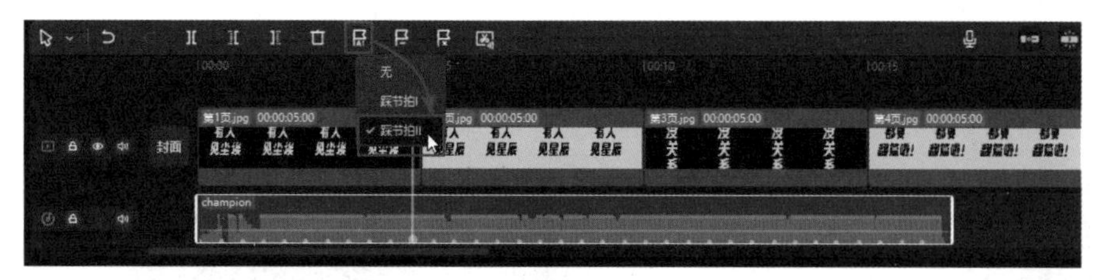

图4-58

步骤08　在时间轴上选中第1张图片，将光标移至该图片结尾处，当光标呈“‹|›”图标时，按住鼠标左键不放，拖曳光标至第3个节奏点上，调整该图片的播放时长，如图4-59所示。

步骤09　选中第2张图片，并将其播放时长调整至第4个节奏点上，如图4-60所示。

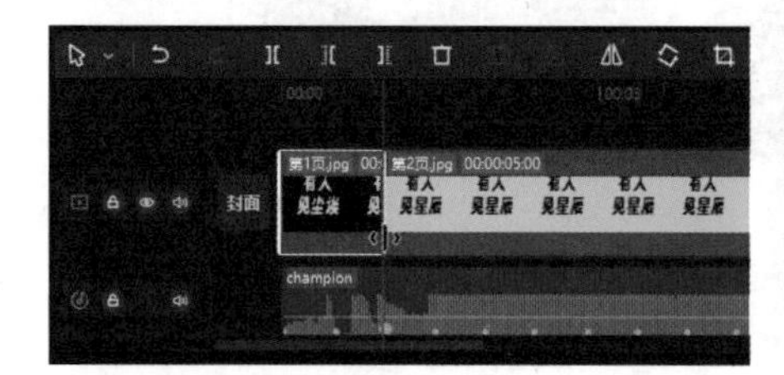

图4-59

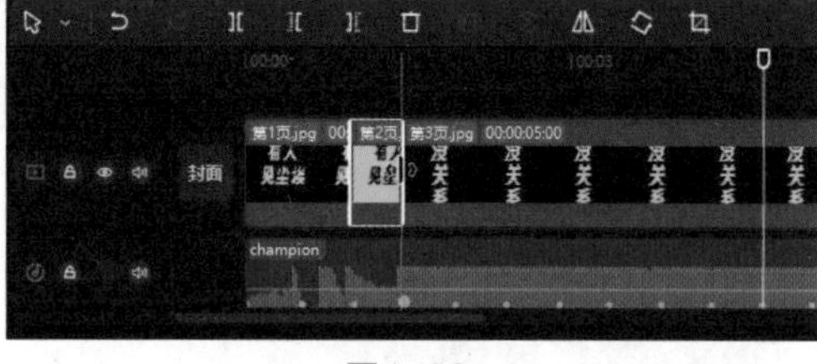

图4-60

步骤10　照此方法，将其他图片的播放时长依次顺延至相应的节奏点上，如图4-61所示。

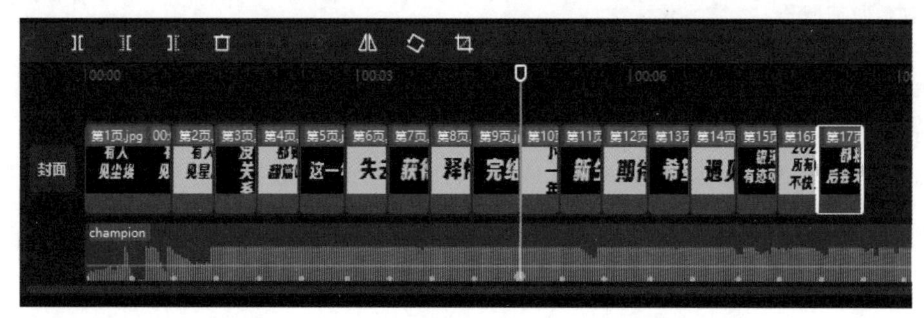

图4-61

步骤11　将播放指针移至时间轴起始处，按空格键预览设置的效果。对多余的音频片段进行分割、删除。在时间轴上选中第2张图片，并将播放指针移至该图片起始处。

步骤12　在菜单栏中选择“转场-推近”效果，为图片添加转场动效，如图4-62所示。

步骤13　照此方法，为其他图片分别添加不同的转场动效，如图4-63所示。

图4-62

图4-63

步骤14 所有转场动效设置好后，单击界面右上角的“导出”按钮，在打开的“导出”对话框中设置好视频标题、保存路径和保存格式，继续单击“导出”按钮即可导出视频，视频播放效果如图4-64所示。

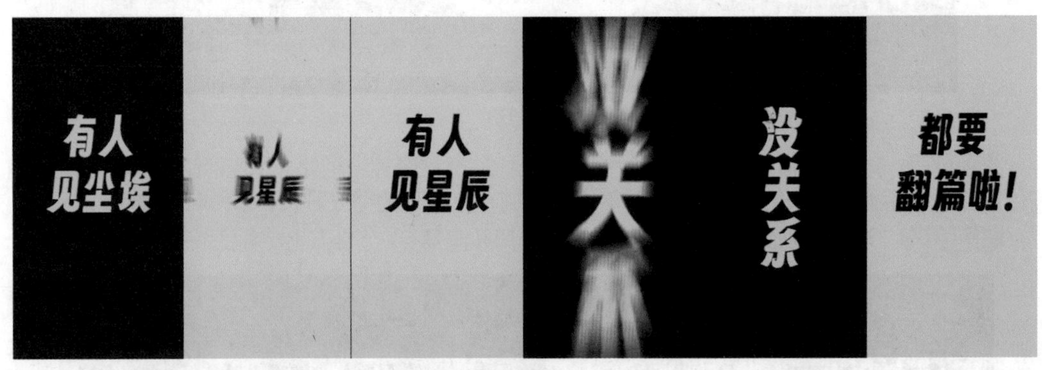

图4-64

应用秘技

快闪效果在人人秀、凡科微传单等一些H5制作工具中都可以制作。用户只需根据相应的操作提示即可制作，非常方便。

4.3.2 视频互动·提升页面展示效果

在H5页面中，设计者也可使用视频来展示相关信息，以达到丰富页面内容的效果。图4-65所示为某美食品牌推出的一款创意交互作品截图。该作品利用视频手法讲述了一份美食的生产过程。在播放视频的过程中，需要用户进行多次点击交互，以了解到该美食的生产理念、使用材料以及如何购买等相关信息，用户体验感很强。

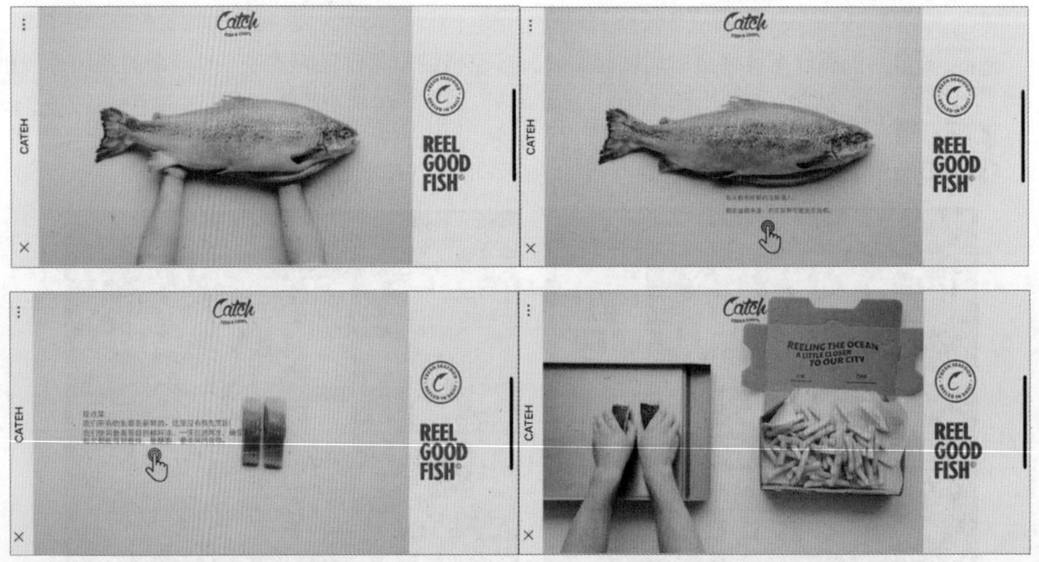

图4-65

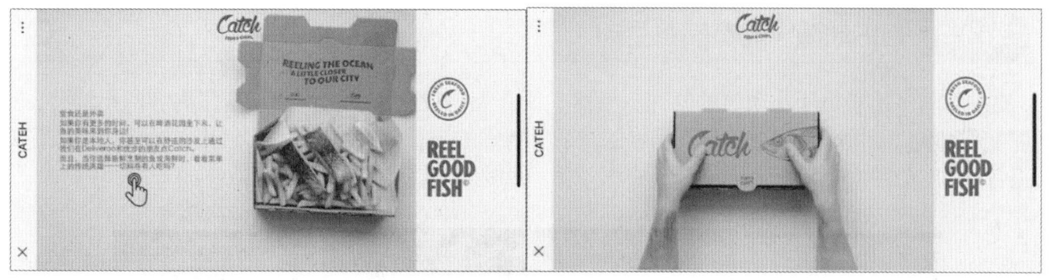

图4-65（续）

4.3.3 粒子特效·提升视觉效果

粒子特效由许多小图形组成，如圆形、三角形、方形等。通过控制这些小图形的速度、大小、颜色、透明度和发射方向来实现各种效果。在H5中使用粒子特效可提升页面的视觉效果，让内容更吸睛。图4-66所示为某物流企业宣传H5作品截图。该作品就是利用粒子特效来展现出宇宙中星辰粒子的组合与分解画面，科技感十足。

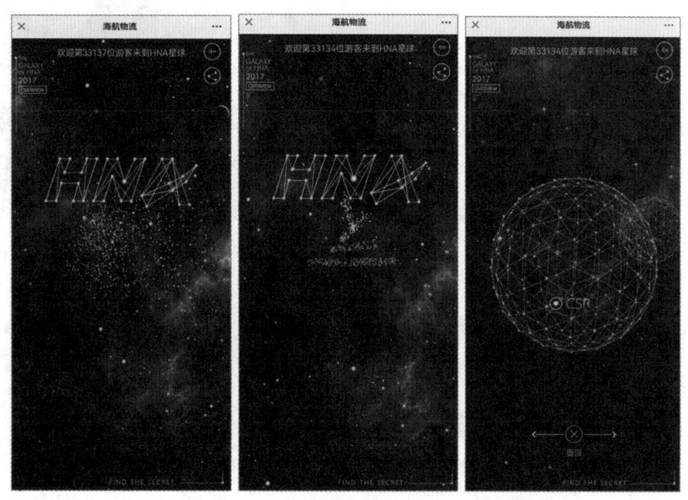

图4-66

H5制作平台基本都提供粒子特效功能。以人人秀工具为例，在人人秀编辑器界面中单击“组件”按钮，在打开的“特效”界面中选择“粒子开屏”选项，如图4-67所示。此时系统会自动将该特效添加至页面中，用户可在右侧“粒子开屏”面板中对特效背景、粒子颜色以及开屏文字等内容进行设置，如图4-68所示。

图4-67

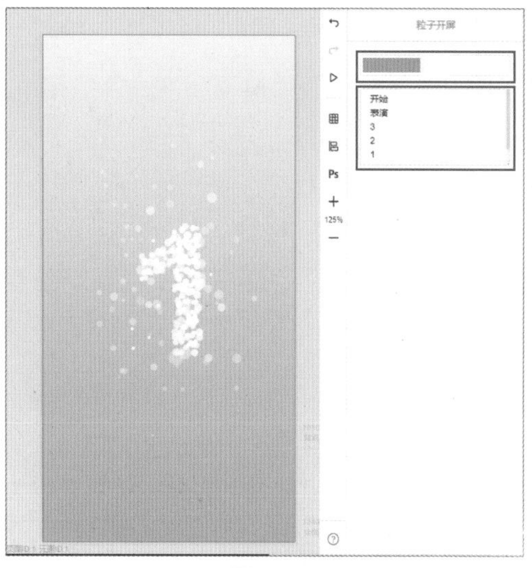

图4-68

4.3.4 GIF动画·让页面更生动

GIF动画多用于页面小动效的制作。虽然它没有大动效的酷炫，但它能丰富内容的小细节，让画面变得精细、耐看。图4-69所示为某文创平台制作的一款活动宣传小游戏H5作品截图。该游戏利用各种GIF动图来丰富页面的细节，充满了活力和趣味感。

图4-69

GIF动画的制作软件有很多，常用的有Flash、Photoshop、Ulead GIF Animator、Adobe After Effects等，用户只需将制作好的动画导出成GIF格式便可。

[实操4-5] 制作引导关注GIF动画

[实例资源]\第4章\例4-5

下面将利用Photoshop软件来制作引导关注GIF小动画。

步骤01 启动Photoshop软件，新建一个22厘米×10厘米、分辨率为72ppi的页面，如图4-70所示。

步骤02 选择“圆角矩形工具”，绘制一个圆角半径为“10”px的圆角矩形，如图4-71所示。

图4-70

图4-71

步骤03 在“属性”面板中将填充设为“白色”，将描边设为“蓝色(R55,G195,B249)”，将描边粗细设为“3”px，如图4-72所示。

步骤04 双击创建的“圆角矩形1”图层，打开“图层样式”对话框，勾选“投影”复选框，并设置好投影相关参数，如图4-73所示。

图4-72

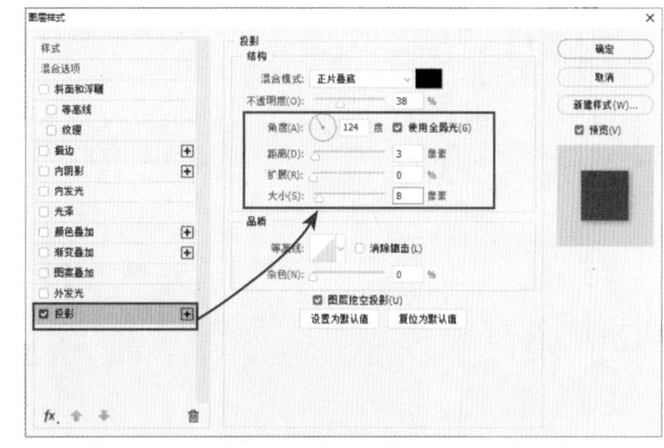

图4-73

步骤05 将“爱心”素材置入页面中，调整好大小和位置，如图4-74所示。

步骤06 选择“横排文字工具”，在圆角矩形中输入关注文字。设置字体为“字魂扁桃体”、字号为“48”、颜色为“蓝色(R55,G195,B249)”，效果如图4-75所示。

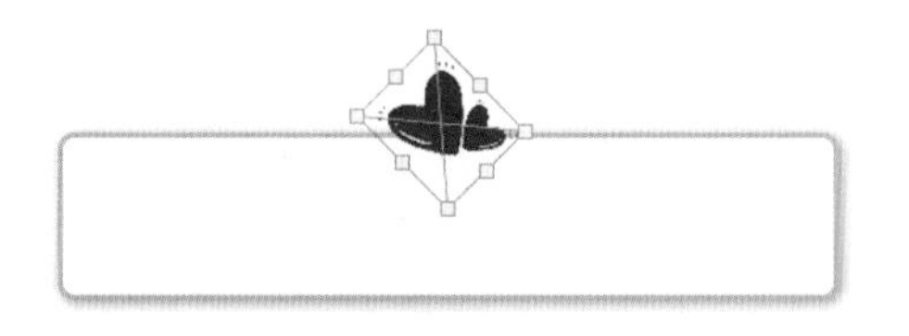

图4-74

喜欢，就关注我们吧！

图4-75

步骤07 右击文字图层，在列表中选择“栅格化文字”选项，将该文字栅格化。使用“矩形选框工具”选中“喜”字，如图4-76所示。

步骤08 按【Ctrl+J】组合键复制粘贴图层，将“喜”字设为一个图层，并将新建的图层1重命名为“喜”。图4-77所示为关闭栅格文字图层后的效果。

图4-76　　图4-77

步骤09 选中栅格文字图层，使用矩形选框工具选中“欢，”文字，按【Ctrl+J】组合键复制图层，同样将新建的图层重命名为“欢”，如图4-78所示。

步骤10 按照以上方法，将其他文字调整为一个字一个图层显示，如图4-79所示。

图4-78　　图4-79

步骤11 删除栅格文字图层。在菜单栏中选择“窗口-时间轴”选项，添加“时间轴”面板，如图4-80所示。

图4-80

步骤12 单击“创建视频时间轴”按钮，创建1帧动画，如图4-81所示。

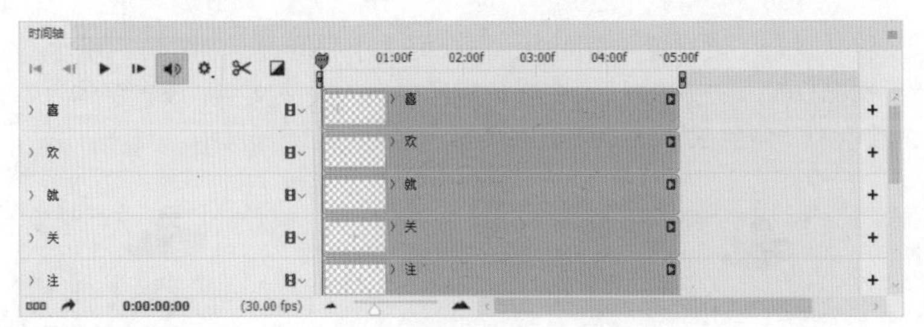

图4-81

步骤13 在时间轴上选中“欢”图层，将光标移至该轴起始位置，当光标呈“⇹”图标时，按住鼠标左键不放，拖曳光标至00：10s处，调整好起始时间，如图4-82所示。

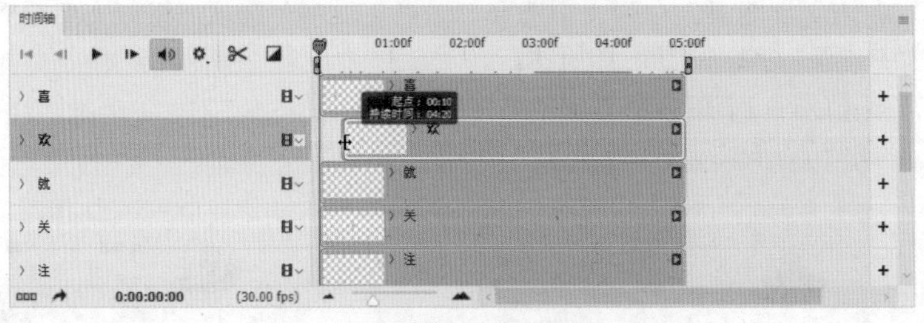

图4-82

步骤14 按照同样的方法，调整其他文字及爱心图层的起始时间，每层的起始时间相隔0.1s，如图4-83所示。

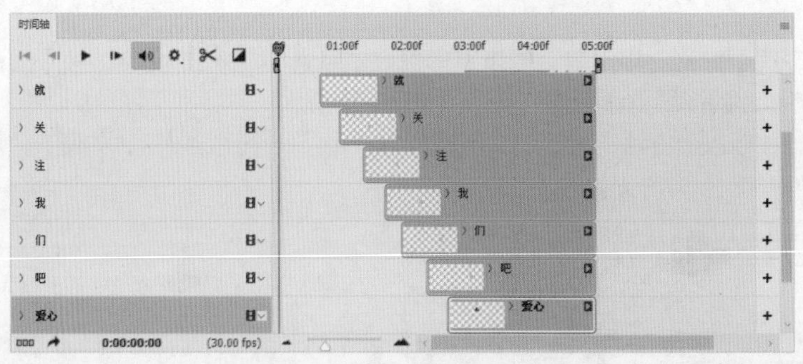

图4-83

步骤15 将所有轴的终止时间都调整至04：00f处，如图4-84所示。

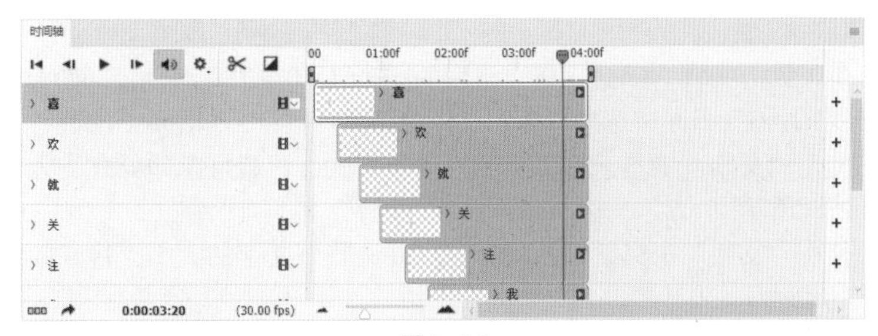

图4-84

步骤16 单击时间轴面板中的“▶”按钮，可预览设置的动态效果。在菜单栏中选择“文件-导出-储存为Web所用格式”选项，在打开的对话框中将格式设为“GIF”，单击“存储”按钮，即可保存该动画，其效果如图4-85所示。

喜

喜欢，就关

喜欢，就关注我们吧！

图4-85

课堂实战——制作企业互动测试页

本案例将结合本章所学知识内容，来为某摄影公司制作一个互动测试环节页面。

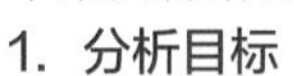

1. 分析目标

本案例将利用人人秀工具中的互动功能来制作测试页内容，其中包括测试封面页设计、答题环节设计、答题样式设计等，制作效果如图4-86所示。

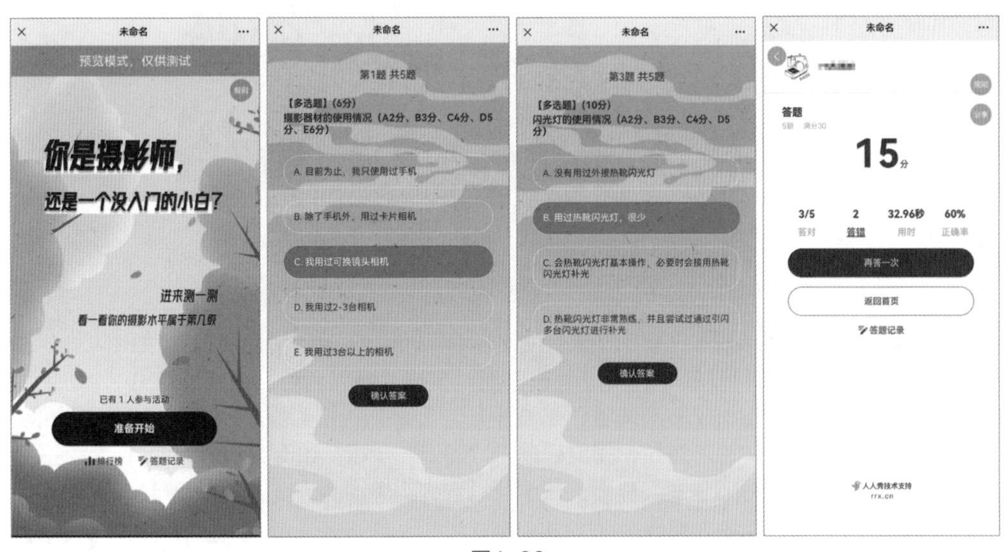

图4-86

2. 分析思路

步骤01 进入人人秀官方网站，新建空白的H5页面。在“页面设置”面板中单击“上传背景图”按钮，在“图片库”界面中选择一张图片作为测试页背景，如图4-87所示。

步骤02 使用“文字”工具，选择一款立体字样式，设置好字体样式、大小，输入封面主标题内容，如图4-88所示。

步骤03 使用“文字”工具，输入副标题，并调整好文字的大小，将其放置在页面封面的合适位置，如图4-89所示。

步骤04 使用“图片”工具，在图片库中选择矩形，将其添加到封面中。调整矩形的大小，将其颜色设为白色，放置在主标题文字下方，如图4-90所示。

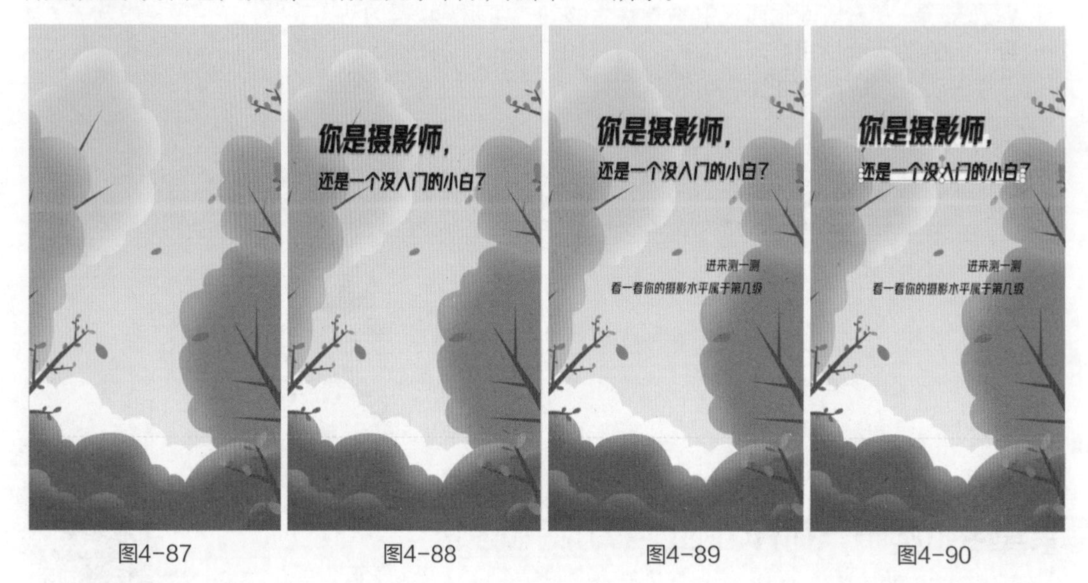

图4-87 图4-88 图4-89 图4-90

步骤05 单击“互动”按钮，在“从模板创建活动”界面中选择“创建空白答题”选项，如图4-91所示。

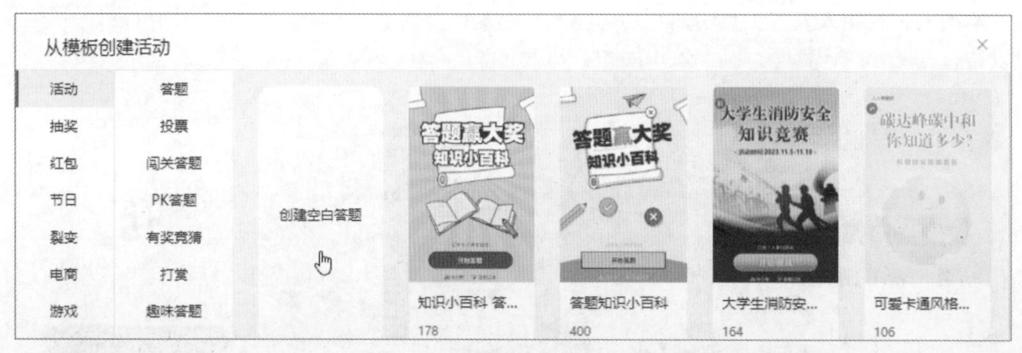

图4-91

步骤06 在打开的“基本设置”界面中设置好“活动时间”和“活动规则”，如图4-92所示。

步骤07 选择“题目设置”选项进入该界面。单击“添加题目”按钮，打开“添加题目”界面，在此可根据需要添加相应的测试题。在“答案”选项中单击“添加”按钮，可添加各选项内容，并在正确答案后单击“⊘”按钮，完成后单击“确定”按钮，如图4-93所示。

步骤08 返回到“题目设置”界面，从中可以看到刚添加的测试题。再次单击“添加题目”按钮，可继续添加其他测试题，如图4-94所示。

图4-92

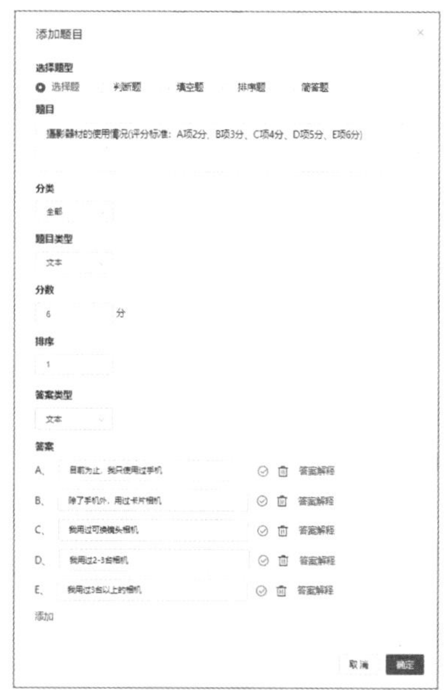

图4-93

应用秘技

在“题目设置”界面中，如有现成的测试题电子文件，可单击“批量导入”按钮将其导入本系统。此外，单击“题库”按钮，可从题库中选择所需类型的测试题进行导入，非常方便。

步骤09 单击“高级设置”按钮，进入高级设置界面。在其中对“活动设置”选项进行设置，如图4-95所示。

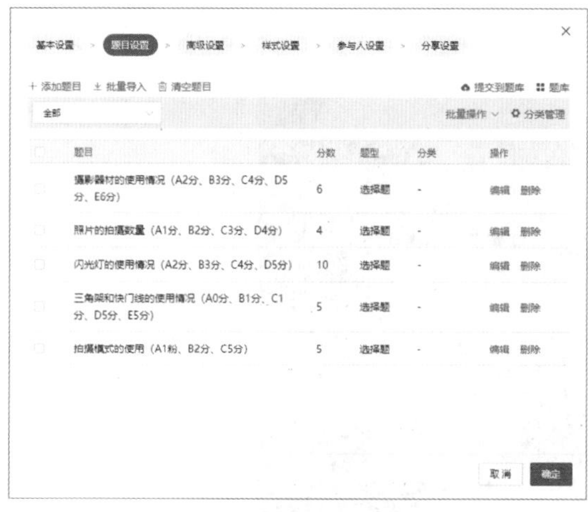

图4-94

图4-95

步骤10 单击“样式设置”按钮，进入答题样式设置界面。选择“配色方案”选项，单击“修改”按钮，在打开的“配色方案设置”界面中对“主题色”和“文字颜色”进行设置，如图4-96所示。

步骤11 选择“答题背景”选项，单击“修改”按钮，进入“答题背景设置”界面，可从图库中添加所需背景图，如图4-97所示。

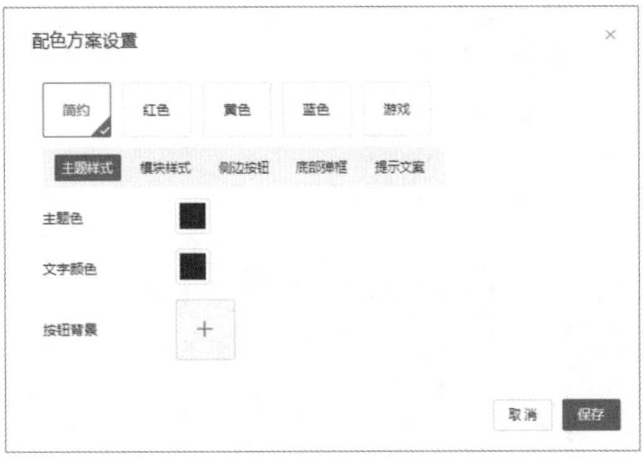

配色方案设置
简约 红色 黄色 蓝色 游戏
主题样式 模块样式 侧边按钮 底部弹框 提示文案
主题色
文字颜色
按钮背景
取消 保存

图4-96

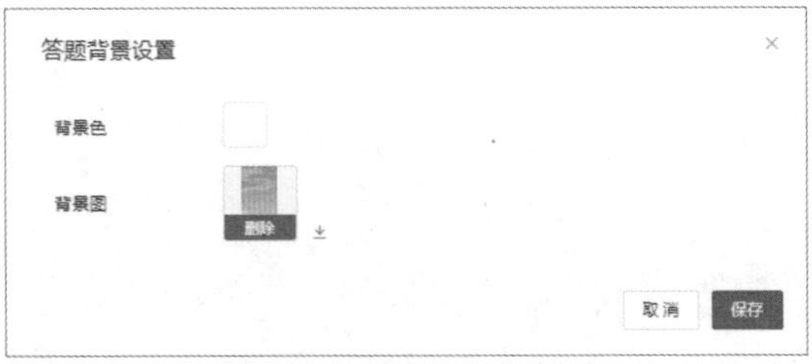

答题背景设置
背景色
背景图
删除
取消 保存

图4-97

步骤12 继续对“开始答题按钮样式”和“题目选项样式”进行设置，如图4-98所示。

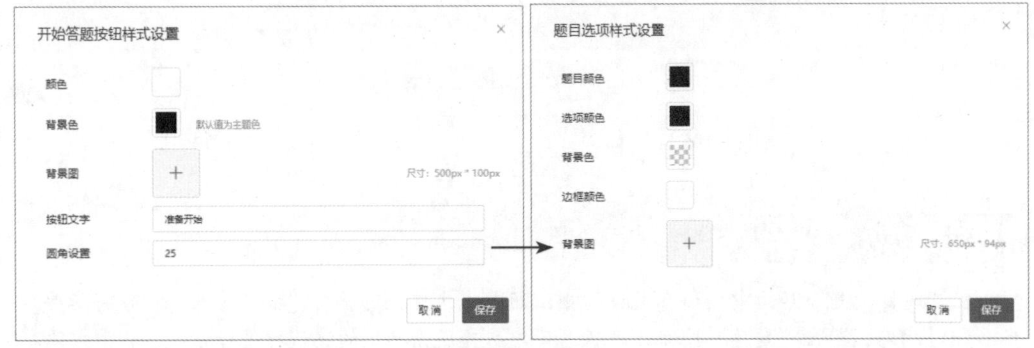

图4-98

步骤13 样式设置完成后单击“确定”按钮，返回到页面中，调整好答题按钮的位置，如图4-99所示。

步骤14 单击“保存”按钮，保存设置。单击“预览和设置”按钮，在预览模式中单击“手机扫码”按钮，可扫码进行手机预览，如图4-100所示。

图4-99　　图4-100

知识拓展

Q1：除了正文中介绍的页面特效，还有哪些常用的特效？

A：常用的特效有很多，如人脸识别特效、指纹扫描特效、视频语音来电特效等。各类H5工具都会提供各种特效功能。例如，在易企秀工具中，用户可添加涂抹、指纹、飘落物、砸玻璃等特效。图4-101所示为飘落物、砸玻璃特效。在人人秀工具中可添加摇一摇、雷达扫描、旋转魔方、锁屏通知等特效。图4-102所示为锁屏、指纹扫描特效。

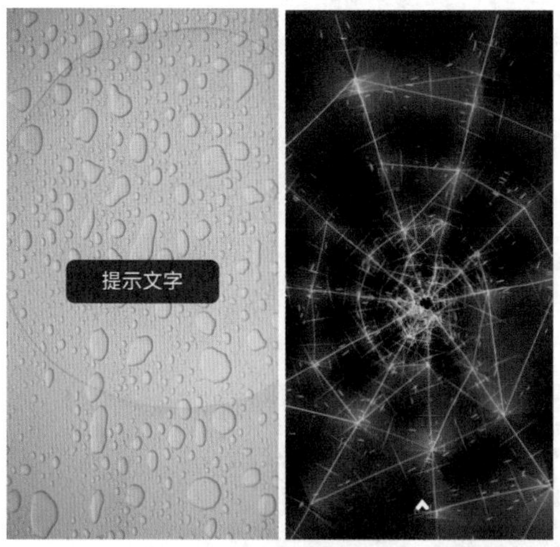

图4-101

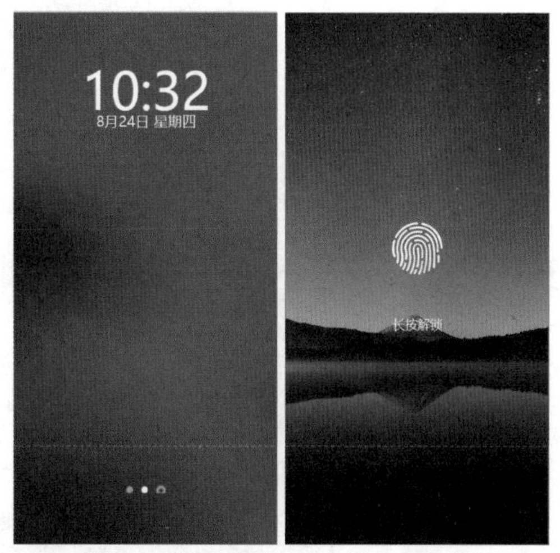

图4-102

Q2：如何在H5页面中添加视频文件？

A：H5工具中都有视频功能，但每种工具的添加方法不同。以人人秀工具为例，单击“组件”按钮，在“特效”界面中选择“组件>视频”选项，便可添加视频组件，用户在界面右侧的“视频”面板中加载视频文件，或者通过输入视频链接代码链接到相关的视频文件。

Q3：在易企秀工具中，想要在页面中添加按钮链接，怎么操作？

A：选择所需按钮，在“组件设置”面板中选择“触发”选项卡，在“点击触发”下拉列表中选择一种链接的方式；然后选择所需链接的类型，比如是跳转到外链页面，还是跳转到某内页面，或是链接到视频播放，抑或跳转到某个小程序等；选择好后，只需根据相关信息进行操作即可。

Q4：在人人秀工具中如何制作快闪效果？

A：选择“组件”选项，在“特效”界面中选择“快闪”选项，即可添加快闪组件；在“快闪”面板中选中第1个页面，并在该页面中输入快闪文字，或者添加所需的图片；然后单击“添加页面”创建第2个页面，按同样的方法继续快闪内容；当所有快闪内容设置好后，单击“音乐”按钮，添加合适的卡点音乐。

在设置过程中，为了能够与音乐节奏点相吻合，可在“快闪”面板中单击“”按钮，对每个页面停留的时间进行设置。

随着网络技术的不断发展，各种互联网营销手段也层出不穷，其中受企业或商家们所青睐的就属H5技术了。设计者在追求H5页面效果的同时，也需要了解一些H5基本的营销思维及推广方法，从而实现H5设计的价值。本章将从五种营销思维模式、常见推广引流的方式以及常见推广引流的渠道这3个方面来介绍H5营销推广的方法。

5.1 关于H5营销

H5营销就是利用H5技术，在页面中运用文字动效、音频、视频、图片和互动等媒体方式对企业文化或品牌核心进行广泛传播，从而达到宣传和推广的目的。

5.1.1 开发H5的目的

简单地说，企业或商家开发H5的根本目的就是利用H5进行营销。在不同平台上对企业产品进行宣传，有利于提升产品曝光度。只有不断曝光产品，才能慢慢获得大众的了解和认可，也才可能将产品最大程度地销售出去。

当然，开发H5只是众多曝光手段中的一个。而H5与传统的平面广告、电视广告相比，无论是在展现方式、受众人群方面，还是在互动推广方面都有很大的提升。所以，这也是众多企业喜欢用H5页面进行营销的原因所在。

5.1.2 利用H5营销的优势

与传统营销方式相比，利用H5营销具有以下优势。

1. 方式新颖，适合碎片化阅读

如今已是移动互联网时代，人们都养成了碎片化阅读习惯，对于自己不感兴趣的信息会直接屏蔽。那些传统的电话、短信、派发传单等生硬的营销方式，会大大降低用户的信任度，营销效果也会大打折扣。而H5以流量消耗小、界面新颖以及展示效果明确等优点，让用户在看到它的第一眼就能获得自己需要的信息，从而降低用户对广告的抵触心理。利用碎片化时间来阅读，用户接受度高，有利于营销活动达到预期的效果。

2. 传播速度快，受众面广

传统营销方式传播速度慢，不利于分享。而H5的主要传播形式是通过网络进行推广，依靠互联网庞大的平台，它可以不受空间和时间的限制，用最快的速度、最有效的传播效率，将营销信息传达给用户。同时，用户也能在最短的时间内接收到所需信息，让营销更具时效性。

3. 快速吸粉，增加曝光率

传统营销平台比较单一、固定，而H5营销具有跨平台性。企业通过移动端将H5内容分享给用户，并可通过有趣的H5小游戏为品牌吸粉引流，刺激用户转发分享，提升品牌曝光度及知名度。

4. 互动性强，提高用户活跃度

传统营销方式缺乏互动性，而H5营销有较强的互动性。企业可将具有营销信息的H5互动链接添加至公众号平台中，引导用户通过游戏打卡、签到、获取积分等方式了解企业文化或产品特色，从而提高用户的活跃度和黏度。

5. 定位受众人群，降低成本

传统广告营销要借助电视台、公共广告牌、地铁平面媒体等渠道，任何一种渠道从制作到传播都需要很大的资金投入。而H5营销只需将广告信息传播出去，即使投资做宣传推广，也比传统广告营销成本低很多。此外，其受众人群精准，减少了资源的浪费，节约了成本。

5.1.3 H5营销发展的趋势

作为移动互联网时代的标志之一，H5营销的发展前景十分广阔。随着H5的智能化趋势得到进一步体现，未来大众对H5的需求会更高。从企业H5的角度出发，未来H5营销主要体现在以下3个方面。

1. 与品牌联动营销方式相结合

品牌联动是两个或多个不同领域的品牌，在营销广告中互助互惠，不但可以降低广告成本，还可以借助对方的品牌形象提升自己的品牌形象，达到双赢的目的。这是一种较为新兴的营销方式，也适应互联网消费发展的趋势。强强联手打造“1+1>2”的效果，为品牌方带来了更多可能性。

目前大多数跨界联动活动以海报的形式展现，如果用H5将跨界联动的内容呈现出来，有颜值、有特效、有互动，就能打动消费者，从而促进营销传播。所以，将跨界联动营销与H5技术相结合必然是未来发展的趋势。图5-1所示为《开启你的港乐Show Time》H5作品截图。该作品是由网易云音乐联合王老吉推出的品牌联动活动，邀请用户重返红火热闹的八九十年代，感受具有时代特色的热情和繁盛。

图5-1

2. 内容更加多元化

随着移动互联网技术的不断发展，H5营销规模在逐步扩大，H5在内容上也变得更多元化。特别是对于一些小企业而言，为了能够在竞争中脱颖而出，就必须找到一个好的创意点作为H5营销特色。内容越贴近大众的日常生活，大众就越感兴趣，这种趋势是有目共睹的。

图5-2所示为《丈母娘的这笔账，我记下了》作品截图，是由滴滴出行推出的一款品牌推广H5作品。该作品的内容设计非常有趣，作品利用分屏的形式先展现出丈母娘和女婿之间的矛盾焦点，然后利用左右滑动屏幕还原出事实的真相。原来所有的“矛盾”并非真正矛盾，而是借助矛盾的关键词制造出来的“矛盾”。整个故事很温暖，能够引发共鸣，让人记忆深刻，从而间接地实现了滴滴品牌的推广和引流目的。

3. 让大众自主发现兴趣点

主动接受往往要比被动接受好很多，一些养成类H5游戏就可以很好地激起用户的主动性。例如，支付宝中的蚂蚁庄园、蚂蚁森林等公益游戏就能快速锁定用户，让用户更愿意主动接受品牌方想要传达的内容。可见，能让消费者自主发现兴趣点的H5营销方式将是未来的发展趋势。图5-3所示为蚂蚁森林H5游戏界面截图，用户可通过线上或线下支付方式来获取绿色能量，去支持环境保护的公益项目。

丈母娘的这笔账，我记下了！
丈母娘的这笔账！
我记下了！！！
翻旧账
丈母娘的这笔账，我记下了！
丈母娘的这笔账，我记下了！
丈母娘的这笔账，我记下了！
她总给我"添油加醋"，
我就给她"火上浇油"！
丈母娘的这笔账，我记下了！
丈母娘的这笔账，我记下了！
丈母娘的这笔账，我记下了！
查看下一笔
查看下一笔
查看下一笔
查看下一笔

图5-2

蚂蚁森林
去保护
打开收能量提醒
森林新消息
你有机会抽永久树皮肤
【抢先查看】全新项目！！
蚂蚁森林 | 古树保护
玄武区·110年乌桕
具体位置：明孝陵石象路
100g支持保护
古树图鉴
古树打卡
蚂蚁森林 | 古树保护
绿色能量
100g绿色能量支持保护
支持古树保护可获得专属证书
并可以向古树许愿哦
再想想
支持保护
蚂蚁森林 | 古树保护
许下你的愿望
写下你的愿望
点击即可输入
许下心愿

图5-3

应用秘技

随着智能手机的普及，在线支付已成为人们目前主流的支付方式。在H5页面中加载线上支付环节也是未来发展的一个趋势。用户可使用微信、支付宝、网上银行等方式快速完成相关款项的支付操作。

5.2 五种营销思维模式

在移动互联网飞速发展的时代，以电视、广播和纸媒为途径的传统营销模式已无法满足企业的需求。而以微信朋友圈这种口碑传播为主要表现形式的营销模式，已成为新时代的先锋和代表。随之，H5的营销模式也就成了主流。下面将对H5的营销方式进行介绍。

5.2.1 流量思维

在移动互联网时代，流量为王，没有流量，那就是“无源之水，无本之木”。而要拥有流量，首先就要具备流量思维，然后利用流量为自己创造价值与收益。

流量思维的基本思想就是转发送流量。抓住消费者的痛点，也就抓住了营销的根本。很多时候，并不是自身产品的质量足够好就行。没有流量，就代表着没有人关注。就像平时网购一样，消费者除了查看商品的品质外，还会看商品的销量和评价。如果销量和评价不错，那么消费者下单的可能性就很高。所以流量不仅可以显示出一款产品的受欢迎程度，还可以增强人们的信任感。用户只要转发或邀请，就可以获得一定的流量。流量越大，品牌的曝光率就越高，促成消费的概率就越大。

在H5的流量思维中，最常用的就是助力模式。即先设立一个团队目标，然后引导用户通过邀请好友参与来共同完成该目标，从而获得活动的奖品。这种助力营销会通过微信朋友圈进行大规模的扩散，使得用户之间进行快速分享和关注，让流量源源不断地注入活动系统中，从而实现品牌的传播最大化。图5-4所示为奇瑞汽车元宵节秒杀活动作品截图。在该活动中，参与者通过猜灯谜来赢取元宵节福利。答对灯谜者可获得红包，答错者可让好友助力，获得答题机会。通过好友助力，就能获得流量。

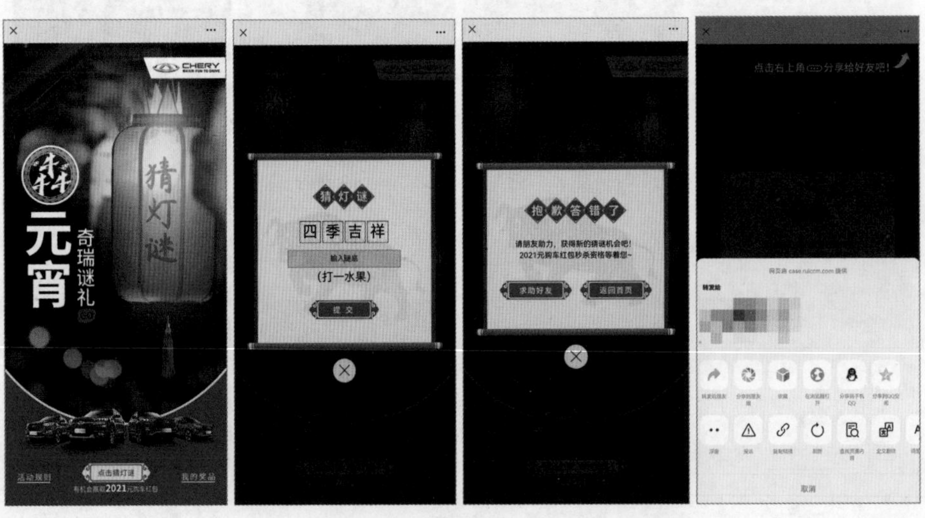

图5-4

5.2.2 借势思维

借势思维是指借助于社会上关注的热点或突发性新闻进行传播。在移动互联网时代，新闻热点的传播速度已经是以秒计算，任何地方发生的重大新闻，都能在瞬间传递到地球的角角落落。而它在微信圈的阅读量，往往是以十万甚至百万计的。因此，如果在转发率如此高的新闻中植入广告，其传播影响力自然不可估量。将新闻热点融入H5场景，在借势思维模式下，品牌的宣传力会有所提升。

当然，除了借势新闻热点，各大节日也是企业借势的好时机。节日自身就带流量，每个节日都有不同寓意，根据寓意选择匹配的产品，并将产品卖点节日化，相信会为企业带来意想不到的收获。图5-5所示为《中秋，假如四年有声音……》H5作品截图。该作品是由喜马拉雅广播平台推出的中秋节宣传作品。其从“听”的角度出发，借势中秋节的氛围，让用户聆听生活中思念的声音，感受到月圆、人团圆的美好瞬间。用户还可加入会员，来收听更多的声音节目。

图5-5

5.2.3 奖励思维

奖励思维是指在H5中引导用户关注、参与、分享活动，并给予用户一定的奖励。在H5中利用奖励体系是促进用户增长和提升活跃度的常用方式。好的奖励体系是能够激励用户沿着指定的方向成长，刺激用户活跃度的有力武器。奖励体系的形式多样，其划分方式也有所不同。从奖励手段与用户情感需求出发，奖励可分为精神奖励、物质奖励、社交奖励3种。

1. 精神奖励

精神奖励，即通过非物质类奖励来吸引用户。例如，平台给予的特殊等级、荣誉、勋章、积分等。这些奖励是用户根据平台规则，通过自己的努力获取的。精神奖励大多运用在互动游戏类H5作品中。当用户完成游戏挑战后，H5页面会根据游戏结果来生成不同战绩海报，并根据成绩给予一定的奖励，从而让用户愿意付出更多的时间和精力进入下一等级的挑战。

图5-6所示为《茅台重阳登高计划》作品截图。该作品是贵州茅台企业与网易新闻平台在九九重阳节推出的一款H5小游戏，用户在高山流水间选择要登高的地名，然后在规定的时间内，左右滑动屏幕让茅台公仔不断踩住台阶往上跳跃；时间结束后，可赢得相关称号，并生成等级海报。游戏中，登高地名的设定是茅台相关产品名称，其目的是加深用户对茅台品牌的印象，扩大品牌知名度。

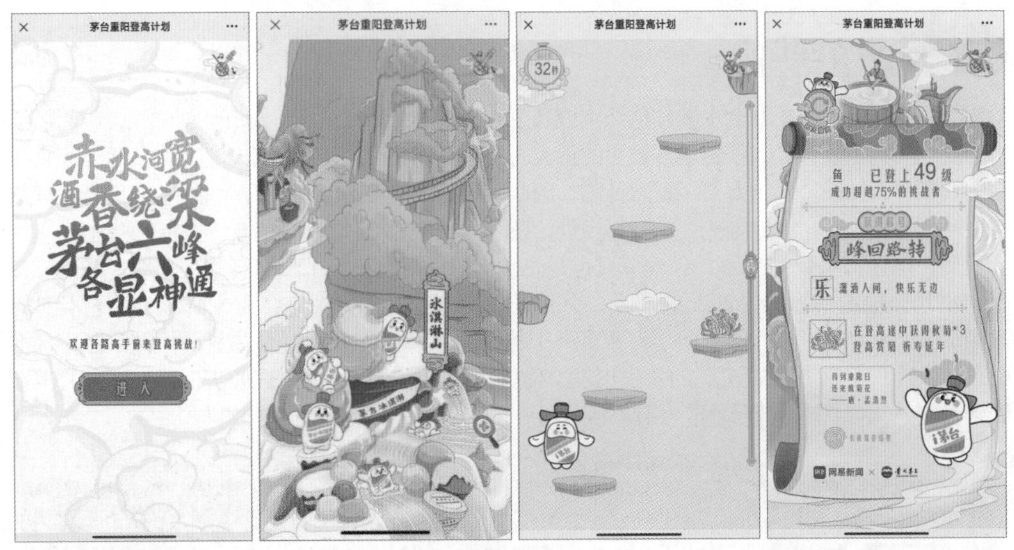

图5-6

2. 物质奖励

物质奖励，一般是通过大转盘、九宫格等抽奖形式为用户提供实物奖品。用户在抽奖前须满足商家一定的要求，然后参与抽奖。商家也须设置好多种不同价值的奖品，以此刺激用户参与。这种奖励方式在H5营销活动中最为常用，也是最简单实用的。

图5-7所示为《居住在中国》闯关大挑战作品截图。它是由网易新闻联合碧桂园品牌推出的一款游戏+抽奖H5作品，用户可以先阅读游戏规则来了解游戏参与方式、活动规则以及奖品兑换规则；然后通过4个小游戏来获取4次抽奖的机会；如果失败，可以跳转至品牌方小程序来领取复活卡再进行挑战。

该作品营销模式很简单，即通过让用户参与游戏，赢取大奖，从而增加品牌曝光率，为产品引流。

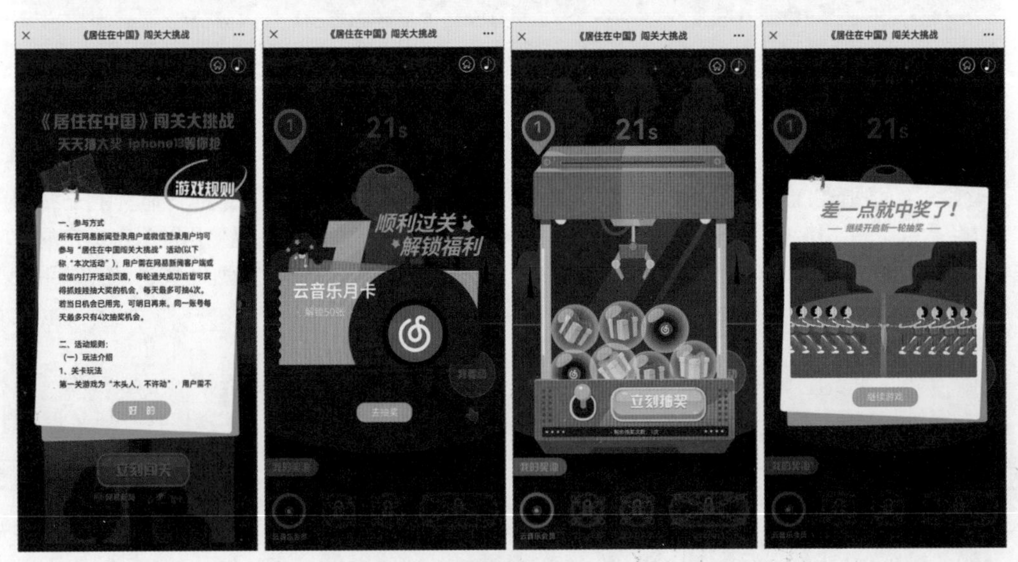

图5-7

3. 社交奖励

社交奖励是通过用户之间的互动行为搭建起来的。这类活动往往需要用户邀请自己的好友为自己助力，从而达到奖励目的。常见的H5活动形式有助力砍价、投票、集卡等，它们在社交互动形式上略有不同。例如，支付宝App推出的集五福活动，就是一个很成功的品牌营销案例，如图5-8所示。

图5-8

集五福活动的目的是让用户通过在线收集5种福字来获得各种奖励。在这个活动中，支付宝采用了多种互动方式，即用户可以通过任务、转运、拍照、集字、分享等方式来获得不同的福字；当用户收集到5个不同的福字时，就可以领取相应的奖励。此外，用户还可以通过集满一定数量的福字来参与抽奖活动，赢取更多的奖品。

为了吸引更多用户参与，支付宝在首页推出了集福专题页面，展示了各种奖品和活动信息。同时，支付宝还联合多家知名品牌，推出了多项福字任务和福利活动，让用户在支付宝内完成各种任务获取福字，并获得各种优惠和奖励。该活动通过互动、分享和抽奖等多种方式，吸引了大量用户参与，同时也提升了用户对支付宝品牌的认知度和黏性。

5.2.4 众筹思维

众筹是指将项目所需资金大部分外包给大众，通过媒体等方式向大众分享项目，引起大众对该项目的兴趣和关注，从而吸引支持者的投资资金。与传统的融资方式相比，众筹更加开放和灵活。通过众筹，企业能够在互联网上进行形象展示和营销活动。它可以筹人、筹智、筹朋友圈、筹渠道、筹资源等，不仅传播方式快、扩散范围广，还能够产生较大的经济效益。图5-9所示为《三体》插画集众筹推广H5截图。该项目的众筹目标金额为10万元，但项目H5上线仅1天，就众筹到了近100万元。就H5设计来说，页面设计比较轻量，整体用不了2分钟。因为没有交互，所以观看时也不会有太大的压力。其实，用户每天要浏览的信息很多，那些短平快的内容，其实比有大制作的内容要更受欢迎。尤其是朋友圈里的H5作品，颇具吸引力。

当然，众筹营销成功的案例还有很多，其中红极一时的《罗辑思维》视频节目就属经典案例之一。《罗辑思维》节目发布了两次“史上最无理”的付费会员制：普通会员会费200元；铁杆会员会费1200元；买会员不保证任何权益，却筹集到了近千万会费。爱就供养，不爱就观望，大众愿意众筹养活一个自己喜欢的自媒体节目。而《罗辑思维》的选题内容，由专业的运营团队以及主持人的铁杆粉丝共同确定，这就是知识众筹。主讲人罗振宇说过，自己读书再多积累毕竟有限，需要找来自不同领域的达人一起参与，众筹参与者名曰“知识助理”，可为《罗辑思维》节目进行选题策划。

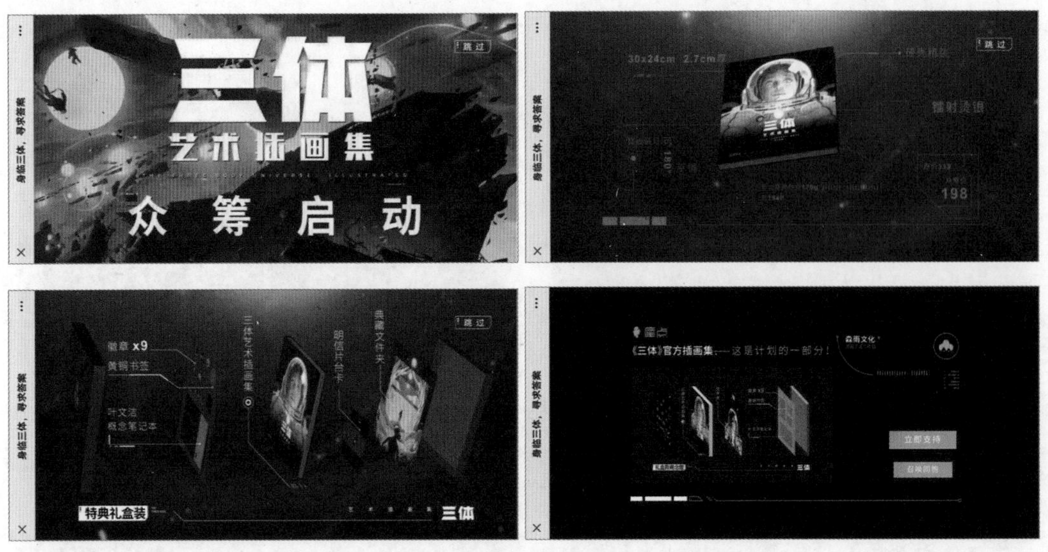

图5-9

5.2.5 生活思维

生活思维就是在微信平台上发布一些日常生活知识，并通过这些信息的转发起到很好的传播作用。如今，大众对生活质量的要求越来越高，对生活知识的需求也越来越多。任何与生活、旅游、美食、教育等相关的资讯都会很快吸引大众的注意力。例如，医疗类企业可以多发布一些养生、用药的生活资讯；美食类企业可多发布一些美食烹饪方法、各种食物营养搭配技巧；教培类企业可多发布一些育儿心得；旅游类企业可多发布一些网红景点信息等。

用生活思维传播的信息必须具有较高的公众关注度和较强的实用性。在这种关注度较高的信息中进行宣传，可以无声无息地达到滋润事物的效果。

5.3 常见推广引流的方式

企业或商家开发H5的主要目的是为线下门店推广引流，提高用户购物欲望，以促成实质性的消费。下面将介绍4种常见的H5引流方式。

5.3.1 线上线下互动

在H5内容中可用电子优惠券的方式来刺激用户在线下门店现场消费，或者促成二次消费。企业或商家须在H5中公布具体活动内容，然后打印出活动二维码，张贴在门店醒目位置。当用户进店消费时，店员可引导用户扫码参与H5活动，并获取电子优惠券，以达成本次消费。

以人人秀为例，在“人人秀编辑器”界面中选择“互动”选项，并在“从模板创建活动”界面中选择“电商>优惠券”选项，在这里可以新建空白优惠券，也可以使用系统自带的优惠券模板来创建优惠券，如图5-10所示。

在打开的“基本设置”界面中可以设置活动的时间和活动规则。在“奖品设置”界面中可以通过单击“添加奖品”按钮来加载优惠券，如图5-11所示。在“高级设置”界面中可以对优惠券的领取次数，以及优惠券的排列方式进行设置，如图5-12所示。在“样式设置”界面中可以对优惠券的样式进行设置，如图5-13所示。其他保持默认即可，单击“确定”按钮完成优惠券的设置。

图5-10

图5-11

图5-12

图5-13

用户扫码参与活动后，店员还可进入H5后台查看活动数据，从而了解用户的详细情况。

5.3.2 投票活动

H5投票活动，不仅具有很强的互动性，而且还可以吸引大量的用户参与，让用户更好地了解品牌。在投票活动中，可以通过奖励、互动、社交等方式调动用户参与的积极性，还可以通过多个渠道进行推广，扩大品牌的曝光度和知名度。

图5-14所示为《这是一个来自2060年的金典艺术画展》投票H5作品截图。该作品是金典企业以未来绿色低碳生活为主题，设计的一款绘画竞选活动。通过浏览30多位儿童的画作，感受不同人心目中的未来美好世界，用户可为自己喜欢的画作投票，深植绿色理念，优化品牌形象。

图5-14

新手误区

在进行投票设计的过程中，投票规则以及奖励机制的说明一定要简单明了，公布的奖品要符合用户的需求，否则会直接影响到用户的参与度及活动效果。投票活动结束后，要及时公布投票结果，以满足用户的好奇与期待。

[实操5-1] 设置美食摄影投票活动

[实例资源]\第5章\例5-1

下面将利用MAKA工具来设置美食摄影评选活动。

步骤01 进入MAKA官方网站，选择“创建”选项，进入创建界面，选择“投票”选项，单击“创建”按钮，创建投票页面，如图5-15所示。

图5-15

步骤02 在创建的投票页面中调整好投票的位置。选择空白页，在右侧“页面”面板中设置页面背景，然后利用“文字”“素材”等元素设计好标题文字，如图5-16所示。

图5-16

步骤03　选中投票区，单击“编辑选项及规则”按钮，打开“选项配置”界面，然后单击“上传图片”按钮，可上传候选照片，并设置好候选项的相关信息，如图5-17所示。

步骤04　单击“添加选项”按钮，可添加候选项信息，如图5-18所示。

图5-17

图5-18

步骤05　切换到“规则配置”界面，在其中可对“投票时间”“投票功能”“投票设置”等选项进行设置，如图5-19所示。

步骤06　设置后，单击“确认保存”按钮，返回到页面。在右侧面板中对投票区的“选项展示”“投票样式”等选项进行设置，如图5-20所示。

图5-19

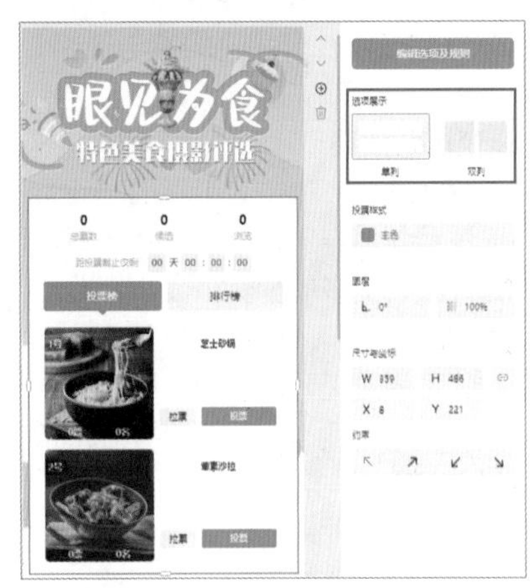

图5-20

步骤07 单击“预览/分享”按钮，在打开的分享界面中，设置好标题及描述信息。在“扫码分享”选项中，可单击“复制链接分享”按钮，将该投票活动分享至社群中，也可将该二维码印在活动宣传页上，参与者通过扫码参与活动，如图5-21所示。

图5-21

5.3.3 抽奖活动

在众多营销活动中，抽奖以其独特的趣味性获得了众多用户的喜爱，它的魔力在于高诱惑奖励、低门槛参与。利用用户以小博大的心理吸引用户，使其踊跃参与。当然，抽奖也分很多种类型，企业或商家可根据自身需求选择使用。

1. 引流抽奖

利用抽奖活动可以向企业公众号、企微、社群高效引流。企业可利用H5或其他渠道传播抽奖活动，在用户完成抽奖后，以扫码加企业微信兑换奖品的方式吸引用户添加好友。企业也可以“新好友专属福利”方式吸引用户加群参与活动，在用户扫码进群后发送H5抽奖链接，用户点击即可参与。

2. 活跃抽奖

抽奖活动可作为企业一项定期的营销项目。为了保持社群的日常活跃度，可以定期设定社群抽奖活动，以此激发社群用户的参与热情，提升黏性和活跃度，并利用满减优惠券等奖品促进用户复购。

3. 裂变拉新抽奖

抽奖裂变活动可产生以老带新的“病毒”式用户增长效果，在活跃老用户的同时，实现拉新裂变。老用户邀请新用户加入社群，新老用户可获得一次抽奖机会。此外，新用户又可通过邀请其他新好友的方式获得更多的抽奖机会，以此给企业带来源源不断的流量。

4. 消费抽奖

消费抽奖可用来提升用户的复购率，也能够快速促活新成交、刚进群的用户。圈量推出订单号抽奖功能，用户下单后，可凭订单号进入指定社群进行抽奖。

5. 会员抽奖

会员抽奖是会员营销的重要手段，圈量推出会员抽奖功能，吸引更多用户注册企业会员，参与会员活动抽奖，帮助品牌沉淀用户资产，提升价值用户的黏性。

5.3.4 砍价活动

拼多多企业用了不到三年时间，凭借“砍价免费拿”活动成为国内电商领域当之无愧的巨无霸企业。自此之后，砍价也就成为H5页面进行活动营销的一种重要手段。

砍价活动之所以受到商家的青睐，是因为它具有以下3个特质。

1. 裂变传播

当用户可通过分享的方式免费得到所需产品时，就会自愿地去分享给自己的亲朋好友。通过这位用户的分享，其好友就能够参与砍价活动。假设设置需要10人能够砍价成功，那么二次分享参与的用户就会达到100位，而三次分享的用户就会达到1000位。这就让商家在极短的时间内迅速积累到巨大的流量。

2. 用户经营

随着分享范围的不断扩大，商家的产品知名度和影响力会迅速扩大。依此可迅速及有效地建立起用户口碑，提高用户黏性，引导用户关注商家公众号，为二次营销做准备。

3. 信息采集

商家可以通过砍价活动收集到用户的相关信息，并以此做出具有针对性的营销方案，提升用户的复购率，变相降低获客成本。

砍价活动的应用范围很广，无论是高价大宗产品还是低价零售产品，都可通过砍价来达成自己的销售目的。低价产品通过砍价降低零售价格，从而使用户产生成就感和满足感；在提升客户黏性的同时，还增加了产品的销量；看似单件利润减少，但事实上总体利润却大大增加。而高价大宗商品通过砍价活动就能迅速为产品积累用户和口碑，并将用户的思维由“付费买产品”转变为“付费防止错过优惠”，大大激发了用户的购买欲，对增加销量有着极大的帮助。

在人人秀编辑器中，用户可利用“互动”功能来设置砍价活动。单击“互动”按钮，在“从模板创建活动”界面中选择“电商>砍价”选项，在其中可选择创建空白砍价，或者通过砍价模板来创建，如图5-22所示。

图5-22

在“基本设置”界面中，可以设置活动的时间。在“商品设置”界面中单击“商品”按钮，可设置商品信息，如图5-23所示。返回到“商品设置”界面，继续设置“规则设置”“活动设置”等选项，设置后单击“确定”按钮即可，如图5-24所示。

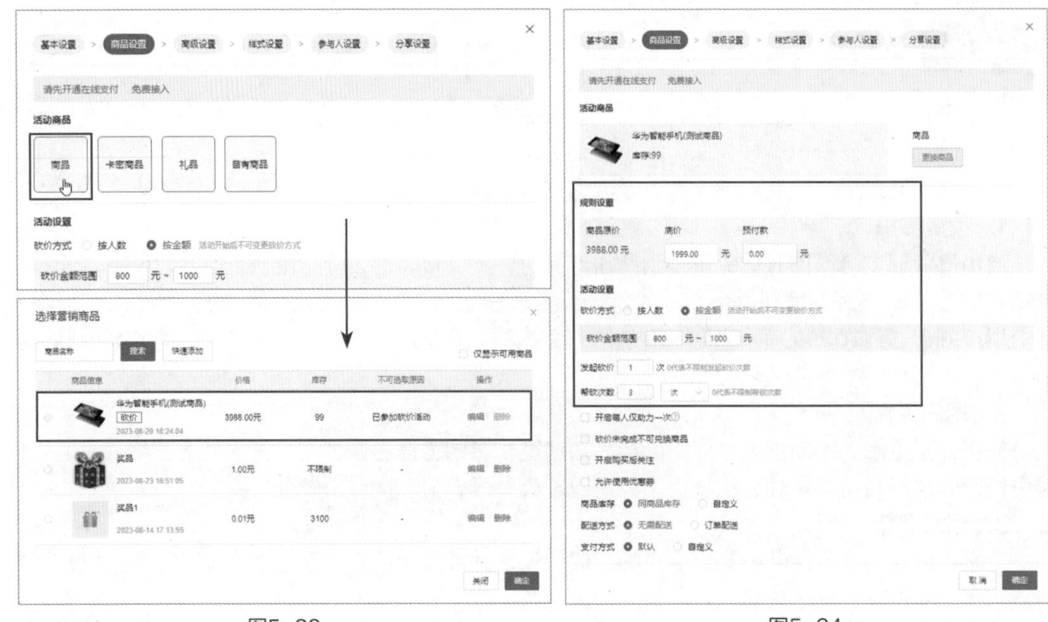

图5-23　　　　图5-24

5.3.5 H5小游戏活动

H5小游戏凭借趣味性强、互动性强、传播快的特点，再加上微信庞大的用户所带来的巨大流量，在品牌宣传和推广引流方面越来越受到商家的喜爱。当然，小游戏也分很多种，选择合适的游戏类型很关键。用户优先接触的是游戏，所以游戏是否有趣、场景是否具有观赏性，是吸引用户体验的先决条件。

1. 抽奖类游戏

像幸运大转盘、刮刮乐、摇一摇等抽奖类小游戏虽然形式简单，但能激发用户的挑战欲望，让用户很容易上瘾，每开启一次游戏，对品牌的印象就加深一次，从而达到品牌宣传的目的，如图5-25所示。作为新店开张，或急需提升粉丝量的商家，可用这类游戏快速聚集人气，增加曝光率。

2. 反应类游戏

像拼手速、考眼力、接物品、跳跃等反应类小游戏，虽然通过难度增加了一点，但更容易激发用户的胜负欲，如图5-26所示。在游戏规则中设定好参与的次数，以及通过邀请好友可增加次数的条件，以达到引流的目的。这类游戏比较适用于店铺促销、主题活动的开展等场景。如果再加上价值不菲的大奖，就更有吸引力了。

3. 答题测试类游戏

答题测试类游戏是通过各种交互形式的问答题与用户互动，从而测试出用户的需求。这类游戏适合用吸引精准用户，但趣味性没有其他游戏强，所以在奖品设置上最好选择价值高一些的来增加吸引力。此外，商家在设定题目时，应尽可能融入流量话题，以帮助商家追踪热点，如图5-27所示。这类游戏比较适用于精准粉丝的筛选，或意向度较高的用户场景。

4. 好友助力类游戏

这类小游戏的重点在于“邀好友”，以及“再次分享”。用户通过邀请好友给自己助力，从而获取积分，攒够指定积分就能得到奖品或者抽奖机会，如图5-28所示。该游戏适用于有一定用户或者粉丝基础，想涨粉或引流的场景，因为高意向用户或者粉丝的朋友圈，大概率也有相同需求的潜在用户。

图5-25

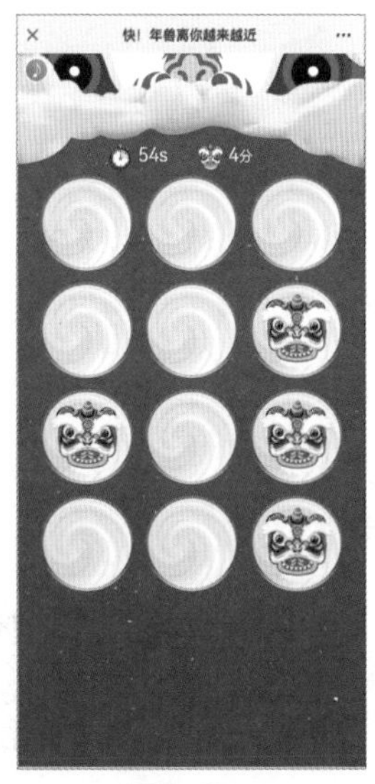

图5-26

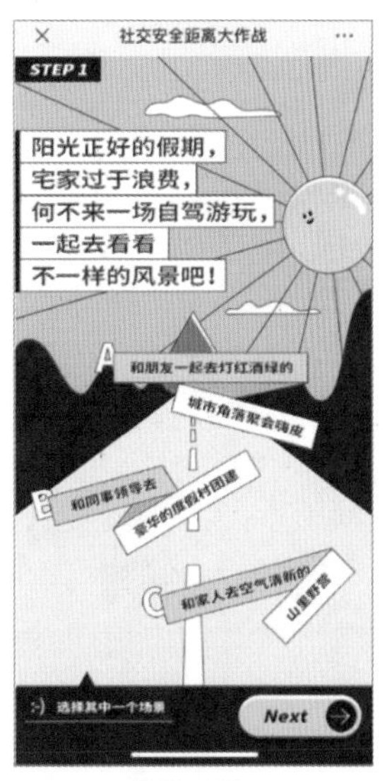

图5-27

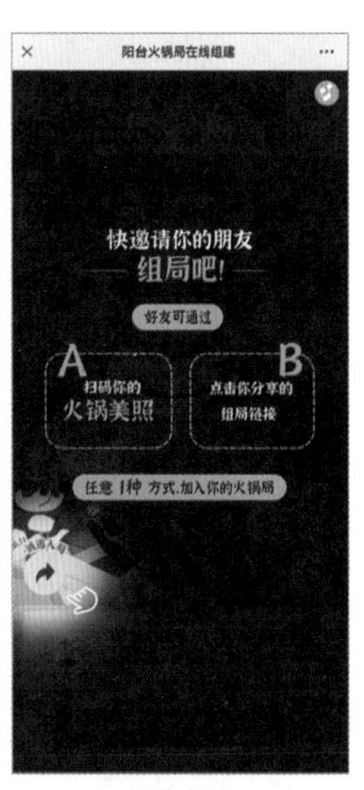

图5-28

要想在H5中添加小游戏，可使用人人秀中的游戏功能来实现。在人人秀“新建”界面中单击“新建”按钮，并在其下拉列表中选择“互动”选项，在打开的“创建”界面中选择“游戏”选项，然后选择所需游戏模板即可，如图5-29所示。

图5-29

5.4 常见推广引流的渠道

H5营销活动设计好后，如果没有好的渠道对其进行推广，其损失可想而知。H5推广渠道有很多，如微信、App、新媒体平台、二维码等。下面将分别对这些推广渠道进行介绍。

5.4.1 微信推广

微信作为社交媒体平台，拥有庞大的用户数量，同时也具备强大的社交传播能力。商家可以借助微信朋友圈和微信群这两个渠道对H5活动进行有效的宣传。

1. 微信朋友圈

微信朋友圈作为社交媒体的一种形式，已经成为人们生活中不可或缺的一部分。除了可以用来分享生活点滴，它还可以成为一种推广自己或产品的平台。

以人人秀为例，打开H5设计页面后，单击“发布”按钮，在“发布”界面中设置好分享标题以及活动描述信息，然后单击“确定”按钮，在“分享推广”界面中可用手机扫码查看H5内容，如图5-30所示。在手机端点击分享按钮，选择“分享朋友圈”选项，将其转发至微信朋友圈即可实现社交性的营销引流，如图5-31所示。

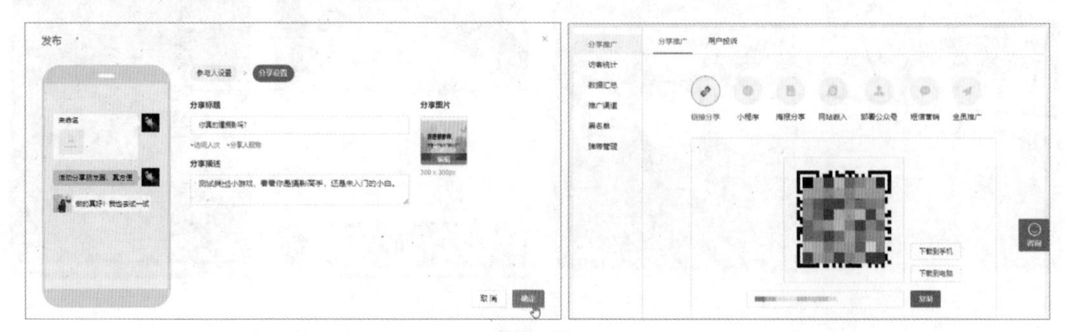

图5-30

图5-31

要想让用户转发朋友圈，就需要用一些手段来激发用户进行分享传播。例如，利用朋友圈集赞送礼的手段，让老用户带来新用户进行裂变传播。集赞对朋友圈的影响，主要体现在增加曝光时间。因为集赞需要时间，要求集赞越多，曝光的时间就越长。一般要求集赞的内容都会带二维码，只要有文案配合，在集赞的时间内就能实现精准引流。

2. 微信群

微信群营销与朋友圈相同，是时下较为热门的营销方式之一。当H5营销活动发布后，可将其生成一张活动海报，并发送至相关微信群中即可进行传播，如图5-32所示。

要想微信群推广效果好，是需要一些推广诀窍的。

（1）定位微信群，精准推送

定位微信群是每一次推广的重要准备工作。根据产品的定位，找到符合的微信群，这样才能精准推送，提高推广效果。

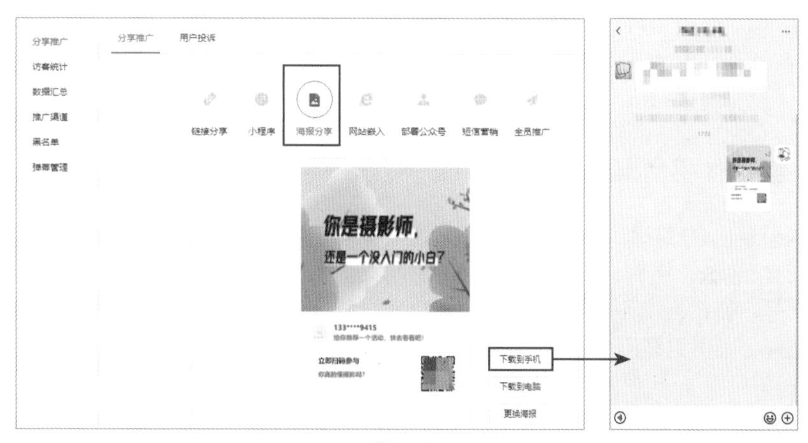

图5-32

（2）制造话题舆论，提高活跃度

在微信群中制造相关话题舆论，让群成员有兴趣，或有动力去参与讨论。例如，在群里提供优惠及奖励政策，提高群的活跃度，更容易实现推广目标。

（3）加强群互动，提升群氛围

群内互动是推广的重要部分，只有营造出良好的群氛围，才能让用户建立起良好的心理距离。这样才能促成实质性的消费，以达到推广效果。因此，营销人员应该在群内多多开展群社交互动，让用户能够更好地参与群内活动。

（4）实时监控，提升推广质量

实时监控是推广的重要环节，营销人员应该实时监控推广活动的效果。发现问题后应及时解决，这样才能提升推广质量。另外，分析用户行为，有利于更好地把握用户需求，提升活动的有效性。

5.4.2 App推广

App即为移动端应用程序，将H5营销与App相结合，也是一种常见的推广方式。目前各种App很多，用户群体也十分庞大。特别是一些热门的App，其使用率非常高，如支付宝、美团、淘宝、高德地图等。通过App可以实现品牌联合传播的效果，不仅可以很好地传播H5活动，而且还能强强联合，实现共赢。图5-33所示为饿了么App与同道大叔IP联合推出的一款领券优惠活动H5作品截图。

图5-33

该作品以“十二星座今天吃什么”为出发点，将同道大叔的星座分析与饿了么平台的食物相融合，不同星座对应不同美食，呼应主题“上饿了么，星运e夏”。它不但帮用户消除了“今天吃什么”的选择烦恼，还有优惠券可以领取，幸运美食，即刻享受。

5.4.3 新媒体平台推广

社交媒体平台也是H5活动推广的重要手段之一。对于营销活动来说，吸引用户流量才是生存之本。在进行H5活动营销时，可借助于各类新媒体营销平台进行传播。例如，今日头条、小红书、微信公众号、腾讯社交平台、知乎等，如图5-34所示。这些都可以作为H5的传播渠道，以提高活动的曝光率，吸引更多潜在用户。

图5-34

5.4.4 二维码推广

二维码是一种在水平和垂直方向上都可以存储信息的条码格式。它能存储汉字、数字和图片等信息。在移动互联网时代，二维码是连接线上、线下的关键入口，也是宣传推广的有力武器。借助二维码，企业或商家可以完成线上、线下互动营销，引导用户快速获取信息，提升品牌关注度并带动产品销量。

H5活动发布后，系统会自动显示出活动二维码，此时只需将其保存下来，并放在所需推广的网站或印刷品中即可。二维码的推广方式有很多，比较常用的有以下3种。

1. 线下宣传

线下宣传是一种很有效的推广方式。例如，在商店、餐厅、展览会等场所，可以将二维码印在海报或广告牌上，吸引用户扫码关注或领取优惠券。此外，还可以将二维码印在名片、商品包装或车身上等，让更多的人看到。

2. 在社交媒体中推广

社交媒体平台是推广二维码的最佳途径之一。例如，企业或商家可以通过微信、微博、抖音等平台发布文章或视频来宣传二维码，用户可以通过扫描二维码了解产品或服务的信息，同时也可以通过社交媒体分享二维码，将信息传播给更多的人，从而提高产品曝光率。

3. 电子邮件推广

电子邮件是一种非常有效的推广方式。企业或商家可以通过发送邮件来宣传二维码。例如，可以在邮件中加入二维码图片或链接，让用户扫码关注或领取优惠券。

课堂实战——产品营销推广案例赏析

本案例将结合本章所学知识内容，来对《阳台火锅局在线组建》H5作品进行赏析。

1. 分析目标

本案例是由好人家品牌与网易文创/哒哒品牌联合推出的一个游戏作品。笔者从页面设计、内容策划、营销思路这3个方面来对该作品进行赏析，如图5-35所示。

图5-35

2. 分析思路

随着抖音话题“阳台火锅局”上了热搜，好人家品牌推出的《阳台火锅局》H5游戏也刷爆朋友圈。在家中阳台组建火锅局，已成为年轻潮流生活局。

步骤01　本作品属于布置装扮类H5小游戏。作品页面以暖色系为主，用插画的方式描绘出食物的秀色可餐，让人看了垂涎欲滴。

步骤02　在页面交互上，每走一步都有明确的指示引导，用户按照引导就能很好地完成整个游戏。

步骤03　在内容策划上，用户先通过选择阳台风格和小饰品，自主装扮阳台；然后模拟在线点餐的模式，选择所需菜品、饮料和火锅底料；最后，邀请好友一起分享自己布置的美味火锅。

步骤04　在营销思路上，好人家将目光聚焦于阳台，将阳台空间和年轻人社交刚需相结合，打造了在线组建“阳台火锅局”，让消费者建立“在家吃火锅，就用好人家”的认知。此外，好人家借助“阳台火锅局”热点话题，将产品与火锅局完美地融合，带给用户沉浸式的体验，既让用户过了把眼瘾，又很好地宣传了各系列的调味产品。通过在线分享、邀请好友参与的方式，形成了裂变式的传播效果，用小成本获取了高回报。

知识拓展

Q1：H5是线上营销，那线下门店如何利用H5来营销？

A：准确地说，H5是线上、线下互动的营销模式。一般都是利用H5线上活动来为线下门店进行引流。具体操作流程如下。

第1步：品牌方可以根据营销方案，发布H5活动。

第2步：利用微信朋友圈、微信群、公众号以及二维码传单进行线下推广。

第3步：对店员进行培训，让店员了解整个活动流程，以及活动应急预案，以便应对活动期间突增的人流量，或突发状况。

第4步：线下门店要准备充足的活动奖品和活动物资，以确保活动正常进行。

第5步：配置门店核销人员，对线下门店进行核销管理。

Q2：如何提高进店消费顾客的留存率？

A：顾客进入门店后，要想提升他们的留存率，可以利用H5活动来增强他们的购买欲，其方式可有以下3种。

1. 发放优惠券。利用H5发放优惠券，可迅速提升线下门店的热度，顾客在线下消费时，可利用优惠券抵扣一定的消费额，从而促成消费。

2. 利用小游戏延长消费时间。通过H5小游戏延长顾客在店的停留时间。例如，让顾客参与游戏后可以领到不同价值的优惠券或奖品，从而促使顾客二次消费。

3. 利用等位活动留住顾客。对于一些客流量火爆的门店，店家可利用一些等位活动留住顾客。例如，用H5小游戏进行抽奖，获得此次消费的优惠券。另外，还可由店员引导至等候区参与抽奖，赢得奖品。

Q3：利用H5中的强制关注需要注意什么？

A：为了提升涨粉速度，有时会在H5活动中设置关注公众号参加活动等功能，该功能可以实现快速涨粉目的。但强制关注会有一定的风险，所以在设置时需注意以下两点。

1. 不要出现诱导语句。根据微信规则，使用强制关注功能存在一定的风险，甚至有可能被封号。所以在引导时，尽量不要出现"关注后可领红包"这类明显带有诱导性的语句。

2. 控制好涨粉速度。在使用强制关注功能后，一定要控制好涨粉速度。尤其是在粉丝人数过少（少于3000）时，过快的涨粉会引起微信官方的注意，随时有可能被封号。

Q4：有可推荐的经典的H5营销案例吗？

A：有很多H5营销案例，以下推荐排名不分前后。

1.《感觉萌萌哒～围住神经猫》H5游戏作品。该游戏在短短几天内创下了上亿的访问量，刷爆了朋友圈，带动了H5游戏的火热程度。

2.《我的深圳下雪了》H5作品。该作品上线仅1小时就实现了28万的浏览量。

3. 支付宝的《十年账单》H5作品。在该H5页面中可查询十年来自己通过支付宝的消费金额，一时之间各社群、朋友圈立刻被它刷屏了。

4.《京东618宇宙奇妙集市》H5作品。本是京东自造的购物节，却引发了电商们的又一轮大战。京东在H5展现的手法上也颇有创意，利用宇宙概念和高端美工拉高了自己的档次。

5.《爸，我想你了》H5作品。该作品借势父亲节热点，用情感带动用户参与，从而为《失孤》电影引流。

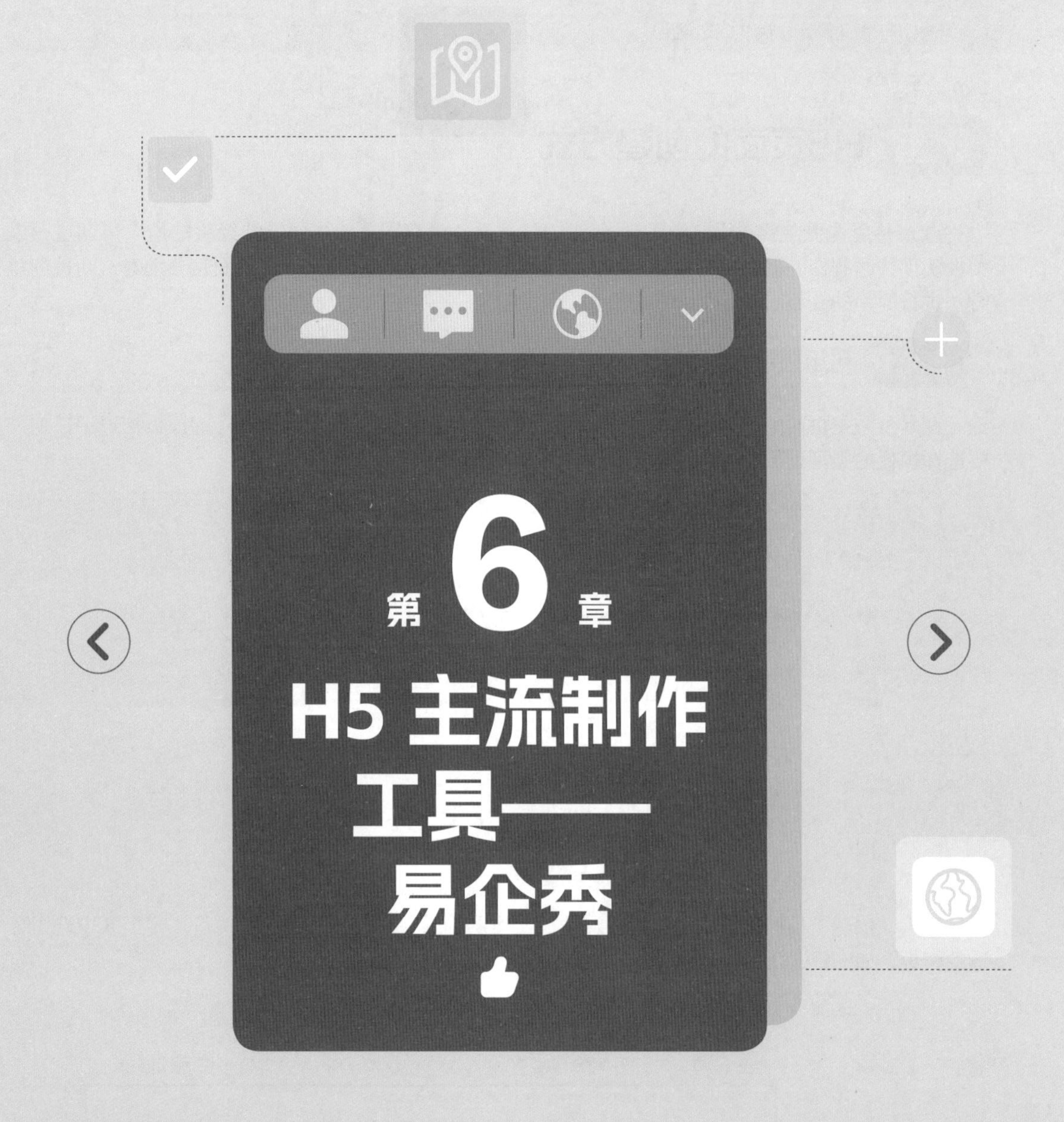

第6章 H5主流制作工具——易企秀

H5制作工具有很多种，常见的有微页、MAKA、易企秀、人人秀、iH5等。其中易企秀的使用率较高，同时也对新手用户比较友好。该平台提供了各式各样的模板，用户只需对模板内容进行修改，即可完成H5页面的设计与制作。本章将对易企秀工具的基本功能进行简单的介绍。

6.1 H5页面的创建方式

进入易企秀平台后，用户便可开始制作H5页面。没有网页或平面设计经验的用户可通过预设模板实现快速制作，而有一定设计基础的用户可通过空白画布自行设计。下面将分别对这两种创建方法进行简单的介绍。

6.1.1 利用预设模板创建

在易企秀主页面中，将鼠标指针移至页面上方“免费模板”选项，在打开的模板列表中根据需要选择模板的类型。图6-1所示为选择招聘类型的结果。

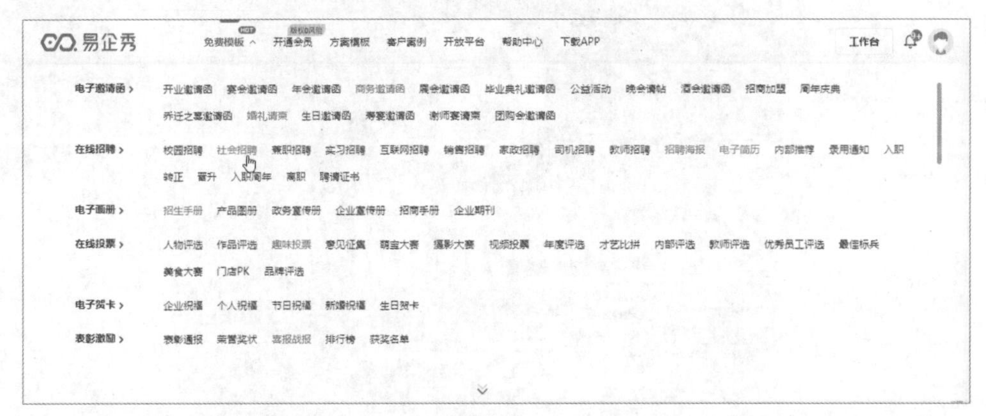

图6-1

进入“招聘”模板页面，用户可通过页面上方的筛选栏进行精确查找，也可在模板区中选择合适的模板，如图6-2所示。

图6-2

单击所需模板，即可进入预览页面。选择好版权保障类型，单击“免费制作”按钮，如图6-3所示。

进入编辑页面后，用户即可根据需要对模板中的内容进行修改，如图6-4所示。

图6-3

图6-4

新手误区

使用免费模板进行制作时，一定要注意页面素材的版权问题。编辑页面上方会提示当前模板存在的版权风险数量。用户须对这些版权素材进行修改或替换。

[实操6-1] 调整标题文本格式

[实例资源]\第6章\例6-1

当页面中的文字字体涉及版权问题时，用户需要对其进行调整。下面就来介绍文本格式的调整方法。

步骤01 在画布区中选中要调整的标题文本，如图6-5所示。

步骤02 系统会打开“组件设置”面板。在“样式”选项组中可选择默认的“思源黑体”，如图6-6所示。

步骤03 在“组件设置”面板中单击“ ”按钮，调整标题文本的字间距，如图6-7所示。

步骤04 单击“*I*”按钮，将标题设为斜体。至此，标题文本的格式调整完毕，效果如图6-8所示。

图6-5

图6-6

图6-7

图6-8

应用秘技

易企秀平台默认的字体比较单调。用户可在“样式”选项组中选择“更多字体”选项，打开“字体库”页面，从中选择更多正版免费字体进行更换，如图6-9所示。图6-10所示为字体更换效果。

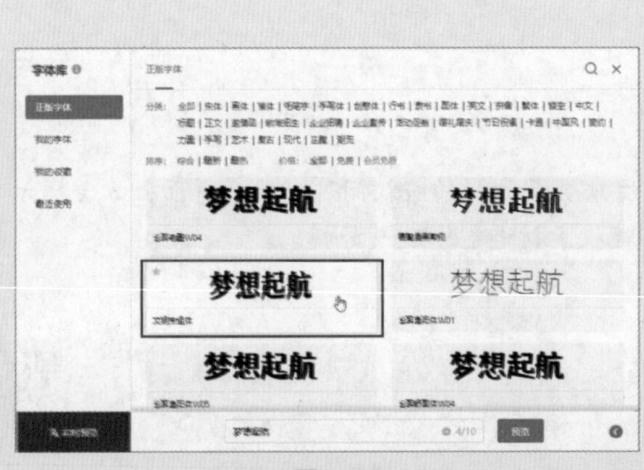

图6-9

图6-10

6.1.2 利用空白画布创建

如果没找到合适的模板，那么用户可利用空白画布进行自主设计。在易企秀主页面左侧列表中选择“创建设计”选项，进入“创建设计”页面，如图6-11所示。

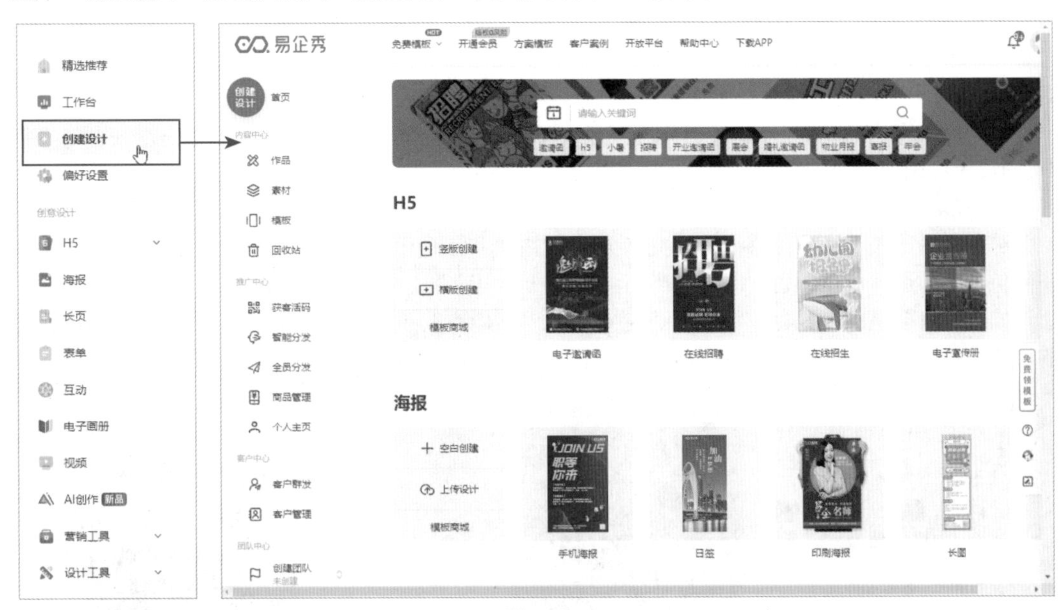

图6-11

在“H5”选项组中，根据制作需求选择页面版式。这里选择“竖版创建”，因此创建的是竖版的空白画布，如图6-12所示。用户可在此画布中进行元素的添加和设计操作。

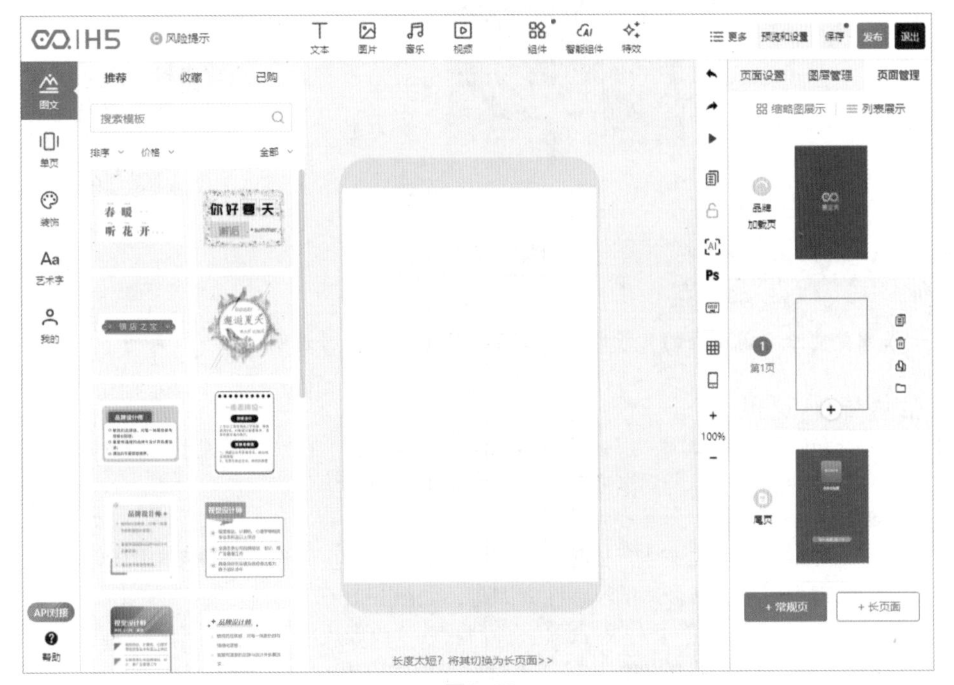

图6-12

6.2 H5页面元素的添加与编辑

H5页面由文本、图片、音视频、动画等基础元素合理组合而成。而在页面中适当增加一些特效，会使页面内容更吸睛、更出彩。

6.2.1 设置页面背景

易企秀平台有4种背景类型，分别为纯色、渐变、纹理和图片。用户可以根据需求在画布左侧“页面设置”选项卡中进行设置。

1. 纯色背景

纯色背景比较干净，能够很好地突出页面的主体。在“页面设置”选项卡中单击“纯色”按钮，在颜色列表中选择一款颜色，即可为当前画布添加纯色背景，如图6-13所示。

如果没有合适的背景色，可选择“▪”选项，系统会打开颜色设置界面，用户在其中输入颜色的色值，或者利用吸管工具吸取所需颜色即可，如图6-14所示。

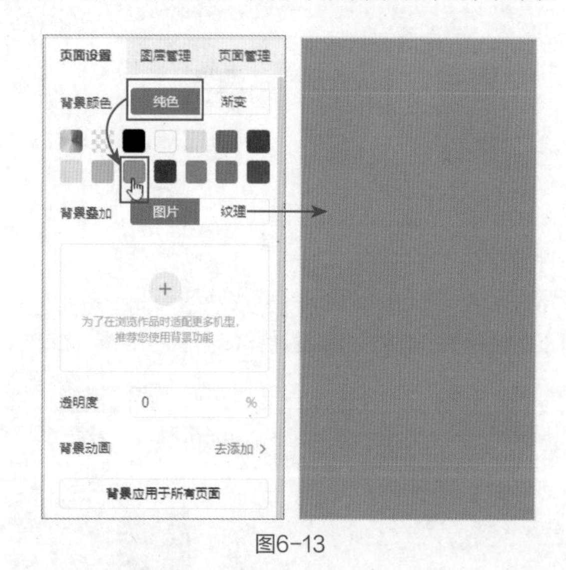

图6-13

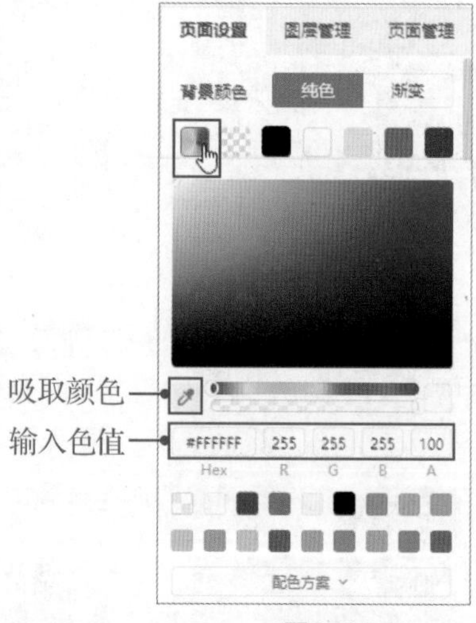

图6-14

应用秘技

如果想要删除之前设置的背景色，只需在颜色列表中选择透明色“▪”即可。

2. 渐变背景

如果认为纯色背景比较单调，那么可以尝试使用渐变背景。在“页面设置”选项卡中单击“渐变”按钮，在渐变列表中选择所需渐变色即可，如图6-15所示。

3. 纹理背景

纹理背景一般是与纯色或渐变背景叠加起来使用的。在“页面设置”选项卡中单击“纹理”按钮，在打开的纹理列表中选择合适的纹理图案即可，如图6-16所示。

其中，“纹理颜色”选项用于对纹理颜色进行调整；“纹理尺寸”选项用于对纹理图案的大小进行设置。图6-17所示为对纹理的颜色和尺寸进行设置后的效果。

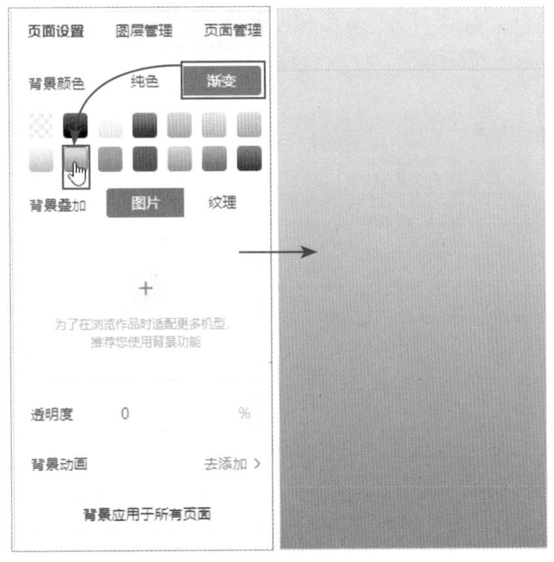

图6-15

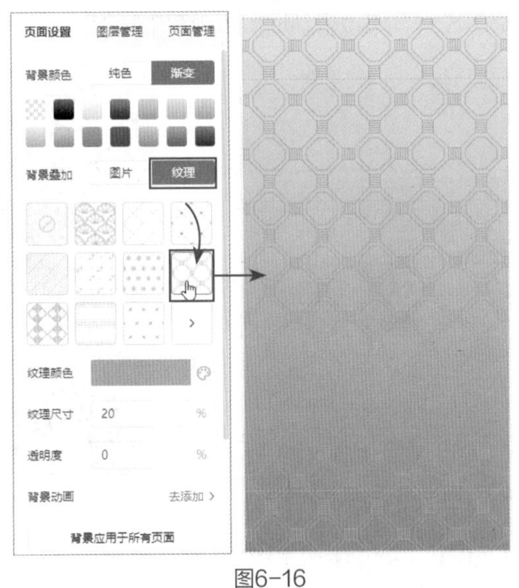

图6-16

图6-17

4. 图片背景

选择好看的图片作为背景是提升页面效果的快捷方式。在“页面设置”选项卡中单击“图片”按钮，然后单击“+”按钮，可打开“图片库”界面。从中可以选择平台提供的图片素材，也可单击“本地上传”按钮加载自己的图片。

[实操6-2] 设置招聘启事页面背景

[实例资源]\第6章\例6-2

下面以设置招聘启事首页背景为例，来介绍设置背景图片的具体方法。

步骤01 新建竖版空白画布。在“页面设置”选项卡中单击“+”按钮，如图6-18所示。

步骤02 在“图片库”界面中单击“本地上传”按钮，如图6-19所示。

图6-18

图6-19

步骤03 在“打开”对话框中选择“背景图”，单击“打开”按钮，如图6-20所示。

步骤04 系统会将该图片上传至图片库中，如图6-21所示。

步骤05 在图片库中单击上传的背景图片后，便可将其应用至画布中，如图6-22所示。

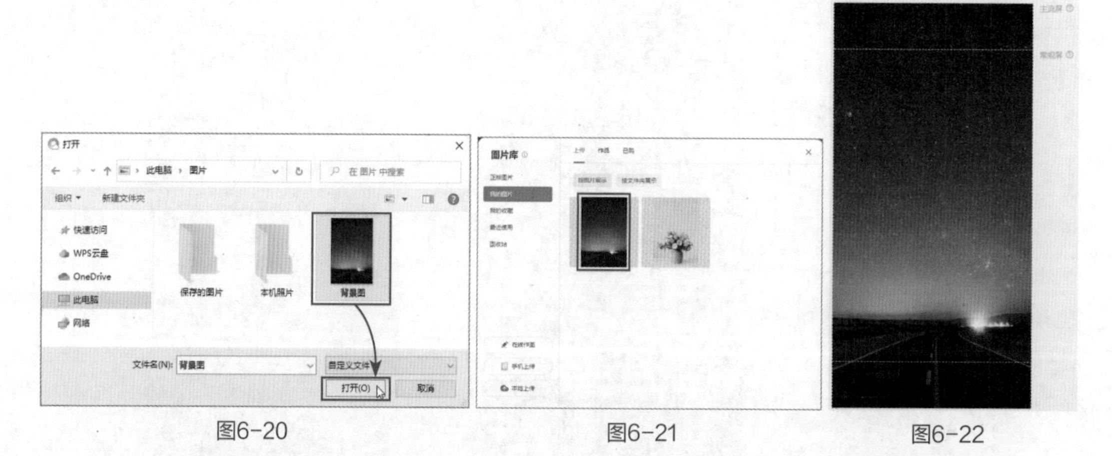

图6-20　　图6-21　　图6-22

如果需要对背景图片进行裁剪，在“页面设置”选项卡中单击“裁切”按钮，在打开的“背景裁切”界面中调整好要裁剪的区域，然后单击“确定”按钮即可，如图6-23所示。

图6-23

在“页面设置”选项卡中单击“更换”按钮可更换背景图片；单击“删除”按钮可清除背景图片。设置“背景模糊”选项可调整背景图片的模糊程度，如图6-24所示。设置“透明度”选项可调整背景图片的透明度，如图6-25所示。

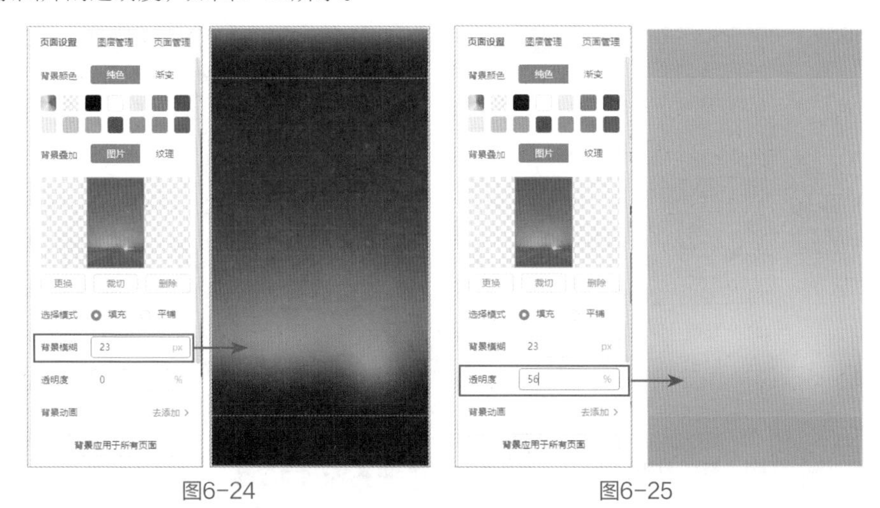

图6-24　　图6-25

在“页面滤镜”选项中，用户可以给背景图片添加合适的滤镜效果。图6-26所示为添加蓝调滤镜的效果；图6-27所示为添加鲜冷色滤镜的效果。

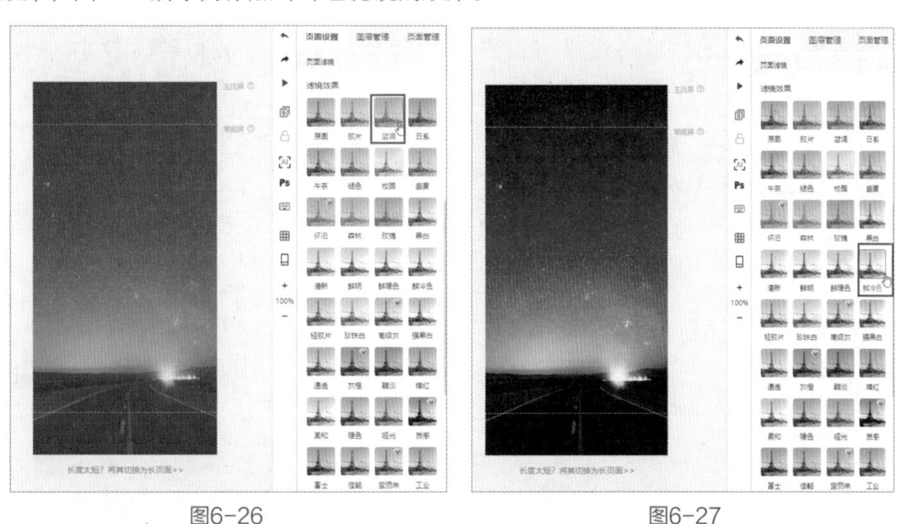

图6-26　　图6-27

应用秘技

在“页面设置”选项卡的“图片”按钮下方单击“背景应用于所有页面”按钮，可将当前背景图片应用于其他H5页面背景中。

6.2.2 添加与编辑文本元素

在易企秀平台中，用户可使用两种方法来对文本进行编辑操作：一种是使用素材库中的“艺术字”工具，另一种是使用“文本”工具。下面将分别对这两种方法进行简单的介绍。

1. 使用“艺术字”工具

单击编辑页面左侧素材库中的“艺术字”选项，在艺术字列表中选择一款合适的文本样式后，可将其添加至画布中，如图6-28所示。添加后即可输入文本内容。一般情况下，艺术字用于设置大标题，如图6-29所示。

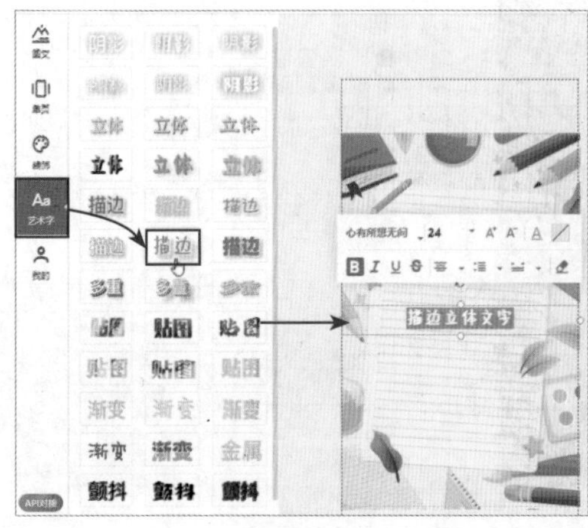

图6-28

图6-29

艺术字上方会显示工具栏，可对当前文本的基础格式，如文本字体、字号、字形、颜色、对齐方式等进行设置。

单击艺术字，在打开的“组件设置”面板中可对艺术字的样式、立体层次、文字阴影、边框、阴影、尺寸位置等进行设置，如图6-30所示。

新手误区

“组件设置”面板中的选项是根据所选的艺术字样式来定的。不同的艺术字样式，其选项设置是不同的。

2. 使用“文本”工具

对于输入的正文内容，可使用“文本”工具来进行编辑。单击画布上方工具栏中的“文本”按钮，即可在画布中插入文本框，然后输入文字内容，如图6-31所示。

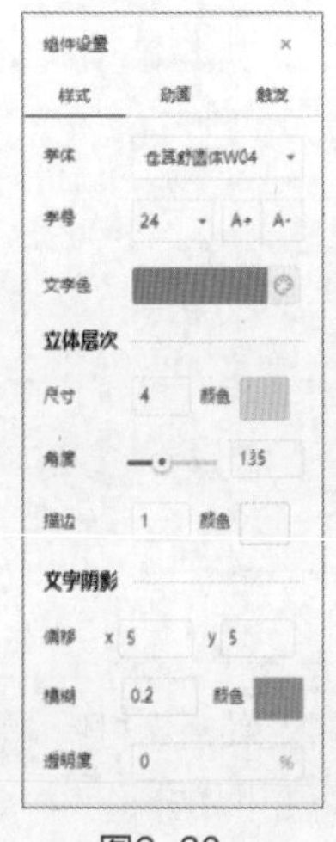

图6-30

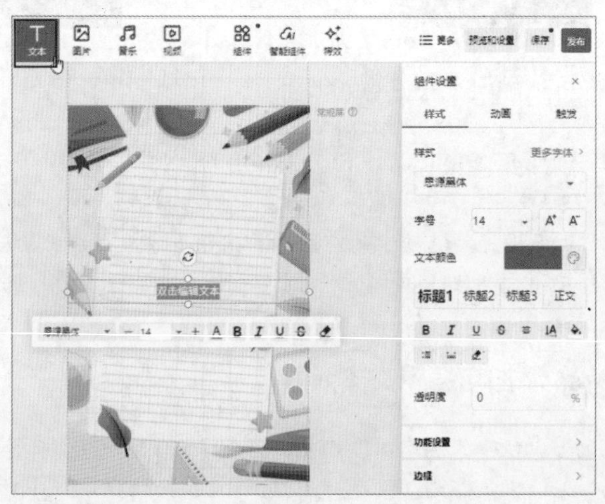

图6-31

文字内容输入完成后，在“组件设置”面板中也可对输入的文本格式进行调整，如图6-32所示。

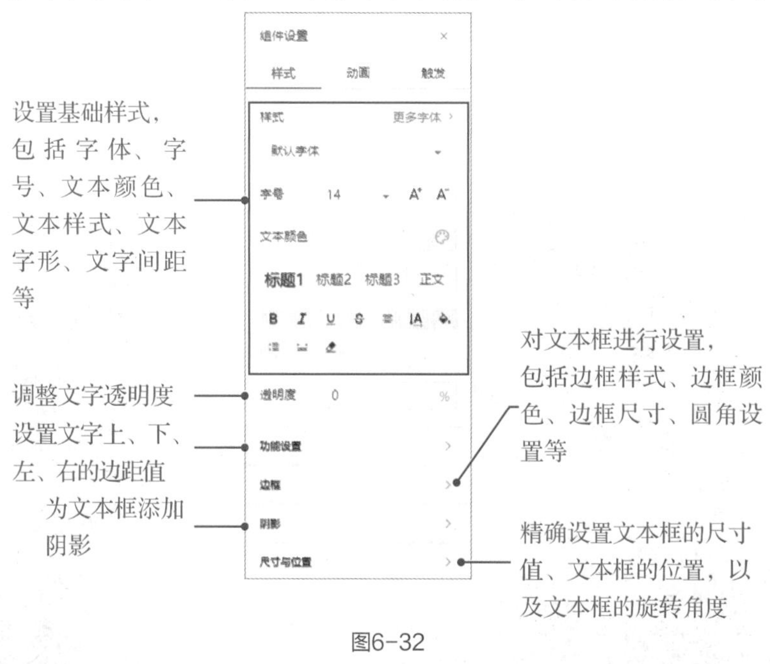

图6-32

[实操6-3] 输入招聘启事的标题文字

[实例资源]\第6章\例6-3

下面以输入招聘启事首页的标题文字为例，来介绍“文本”工具与“艺术字”工具搭配使用的方法。

步骤01 在画布上方的工具栏中单击“文本”按钮，创建文本框，并输入文本内容。将文字颜色设为白色，如图6-33所示。

步骤02 在“组件设置”面板中将字号设为30，单击“更多字体”按钮，如图6-34所示。

步骤03 在“字体库”界面中选择一款免费的行书字体，如图6-35所示。

图6-33

图6-34

图6-35

步骤04 将该文本放置在画布的合适位置，如图6-36所示。

步骤05 继续使用“文本”工具输入其他标题文字，并在“组件设置”面板中调整好标题文字的格式和大小，如图6-37所示。

步骤06 在素材库中单击“艺术字”选项，选择一款渐变样式，如图6-38所示。

步骤07 在文本框中输入文本内容，并设置好其字体和字号，放在画布的合适位置，如图6-39所示。

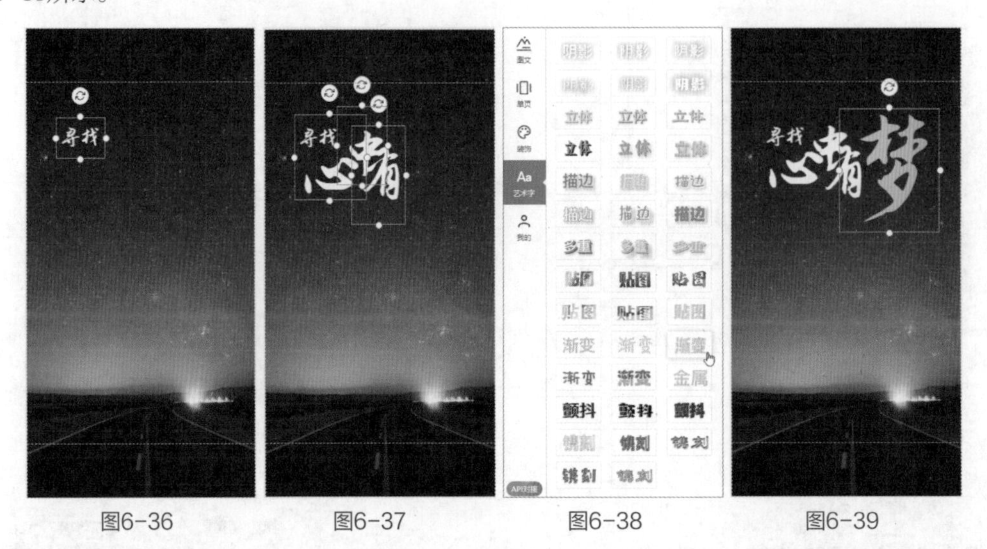

图6-36　图6-37　图6-38　图6-39

步骤08 选中艺术字，在“组件设置”面板中调整渐变颜色。将左侧渐变颜色的色值调整为“rgba(246,255,36,1)”，如图6-40所示。

步骤09 将右侧渐变颜色的色值调整为“rgba(255,153,72,1)”，如图6-41所示。

步骤10 将渐变角度值设为“46”，如图6-42所示。

步骤11 设置后可查看渐变色效果，如图6-43所示。

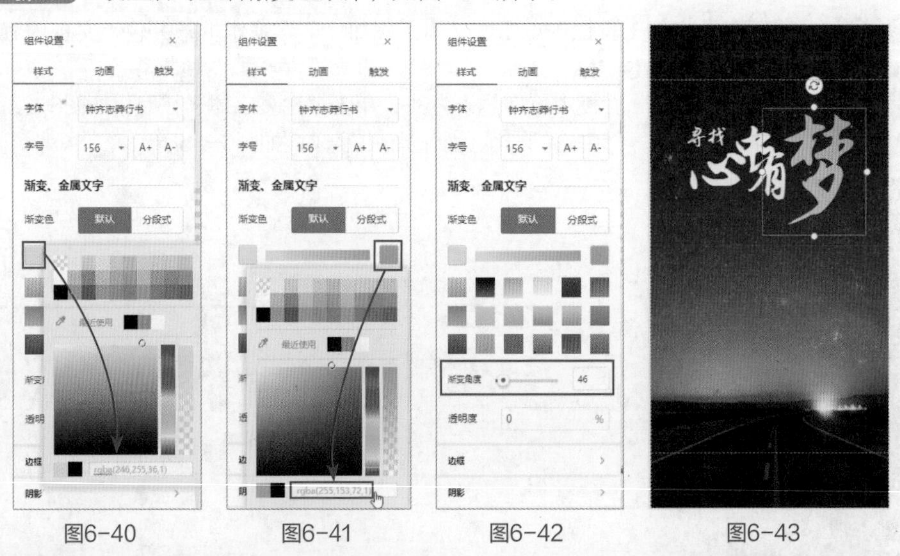

图6-40　图6-41　图6-42　图6-43

步骤12 复制标题任意文字，并修改该文字的大小，然后将其放在合适位置，如图6-44所示。

步骤13 照此方法，设置其他标题文字，并调整好其大小和位置，完成主标题内容的输入操作，效果如图6-45所示。

步骤14 选择“文本”工具，输入副标题文本，并设置好其文本格式，放置在主标题下方合适位置，如图6-46所示。

步骤15 继续输入其他副标题文本，调整好文本的格式和位置，完成招聘启事标题文字输入操作，效果如图6-47所示。

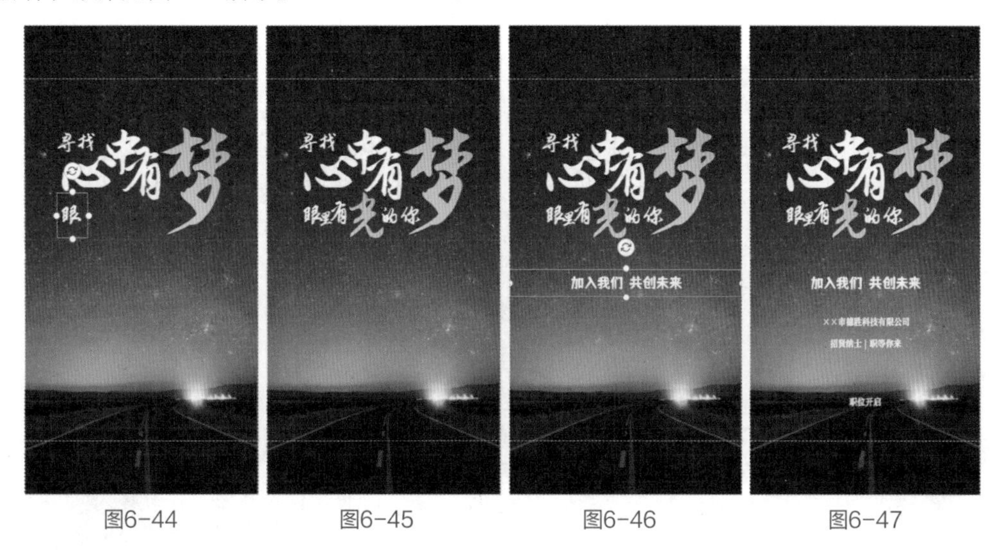

图6-44　图6-45　图6-46　图6-47

6.2.3 添加页面元素

易企秀平台提供了丰富的素材库，包括图文版式、单页版式、装饰素材和艺术字素材这4种。其中，艺术字的使用方法已在6.2.2节介绍过。下面将对其他3种素材库的常规操作进行介绍。

1. 图文版式

图文版式适用于页面标题设计、局部板块设计、图标设计等。在进行页面排版时，如果一时想不出好的排版方式，可直接套用平台提供的图文版式，以激发创作灵感。

在画布左侧的素材库中选择“图文”选项卡，在打开的版式列表中单击所需版式，可将其添加到画布中，如图6-48所示。如果需要对模板中的内容进行修改，选择画布右侧“图层管理”选项卡，单击所需版式名，在打开的“模板设置”面板中进行修改即可，如图6-49所示。

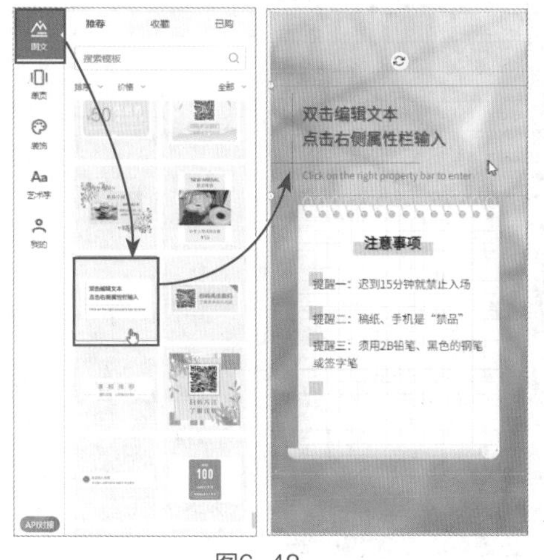

图6-48

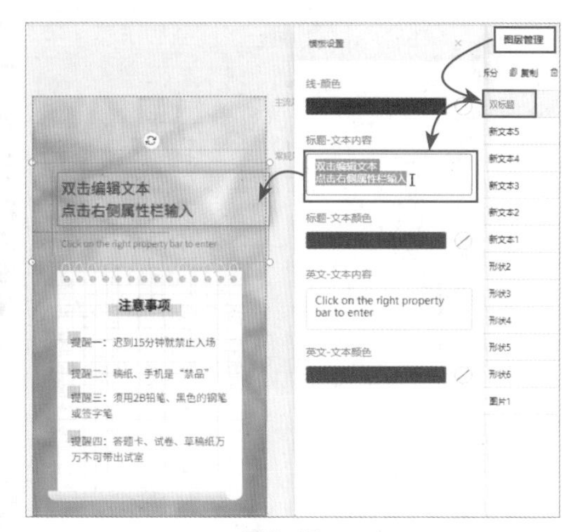

图6-49

2. 单页版式

单页版式与图文版式的操作基本相同，其区别在于单页版式是对当前页进行整体排版，包括文字特效、图片动画等，是一套完整的模板；而图文版式则是对页面局部内容进行排版，如图6-50所示。

图6-50

应用秘技

单击版式列表中的“推荐”按钮，在打开的列表中可指定版式类别进行精确查找。

3. 装饰素材

装饰素材包含很多类型，常用的有形状素材、插画素材、边框花边素材、GIF素材、线和箭头素材、图标素材等。

在素材库中单击“装饰”选项卡，在列表中单击“形状”按钮，根据需要选择素材类别，如图6-51所示。单击素材即可将其添加到画布中，如图6-52所示。在画布中选中添加的装饰素材，在“组件设置”选项卡中可对该素材进行裁剪、抠图、添加滤镜、添加动画等编辑操作，如图6-53所示。

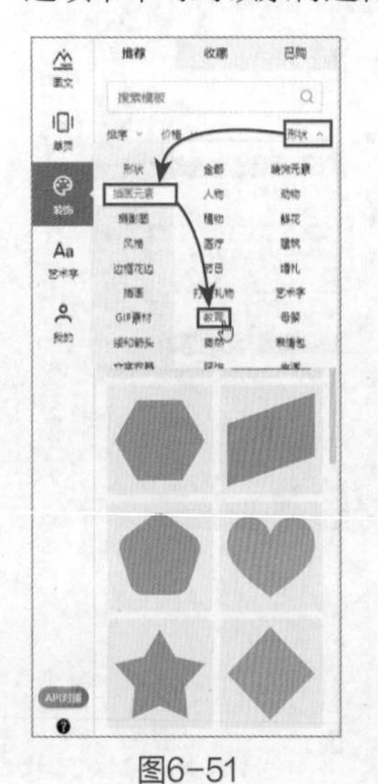

图6-51

图6-52

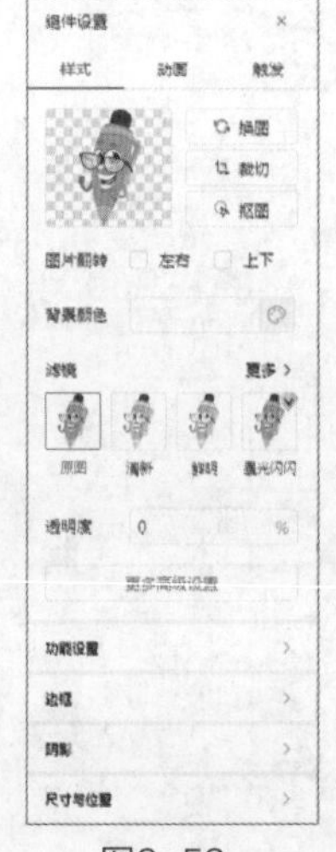

图6-53

[实操6-4] 丰富招聘启事首页内容

[实例资源]\第6章\例6-4

如果认为创作的页面内容有些单调，那么可以利用装饰素材来丰富。下面将介绍招聘启事首页添加装饰素材的方法。

步骤01　在素材库中单击“装饰”选项卡，在列表中选择“氛围元素”类别，如图6-54所示。

步骤02　单击选择的素材即可将其添加至画布中，调整好其大小和位置，如图6-55所示。

步骤03　右击该素材，在快捷菜单中选择“置底”选项，将其放置于文字下方，如图6-56所示。

步骤04　照此方法，添加其他氛围素材，并放置在画布中的合适位置，如图6-57所示。

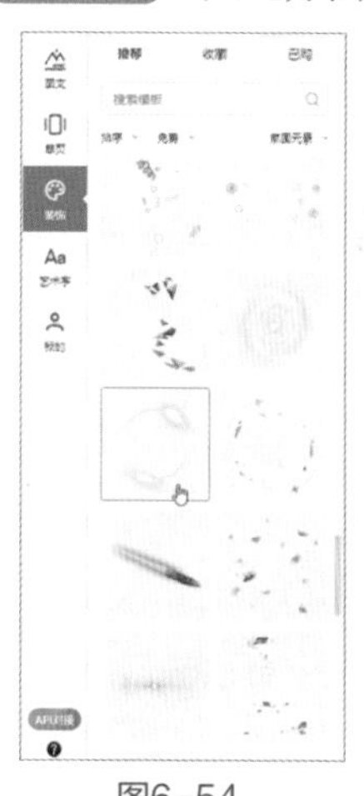

图6-54

图6-55

图6-56

图6-57

步骤05　在“装饰”选项卡中选择“形状-笔画笔刷”类别，选择一款笔刷素材，将其放置在画布中，如图6-58所示。

步骤06　右击笔刷素材，在快捷菜单中选择“置底”选项，将其置于文字下方，如图6-59所示。

步骤07　在“装饰”选项卡中选择“形状-基础形状”类别，选择圆角矩形素材，将其添加至画布中，如图6-60所示。

步骤08　在“组件设置”面板中设置好“形状颜色”，并将“边框样式”设为“无”，如图6-61所示。

图6-58

图6-59

图6-60

图6-61

步骤09 右击圆角矩形素材，在快捷菜单中选择“置底”选项，将其放置在文字下方，如图6-62所示。然后调整“职位开启”文本的颜色。至此，招聘启事首页内容丰富完毕，最终效果如图6-63所示。

图6-62

图6-63

6.2.4 创建与管理页面

H5页面有两种表达形式：一种是常规页，一页只展示一组内容，用多个页面来展示不同的内容；另一种是长页面，即将所有的内容都展示在一页中，因此也被称作“单页”。与常规页相比，长页面在设计上有一定的优势，更具张力。

1. 新建与删除页面

在画布上方单击“页面管理”选项卡，展示出所有H5页面，单击“第1页”下方的“+”按钮，即可创建第2页，如图6-64所示。单击第2页右侧的“🗑”按钮，系统会打开提示框，单击“坚持删除”按钮可删除当前页，如图6-65所示。

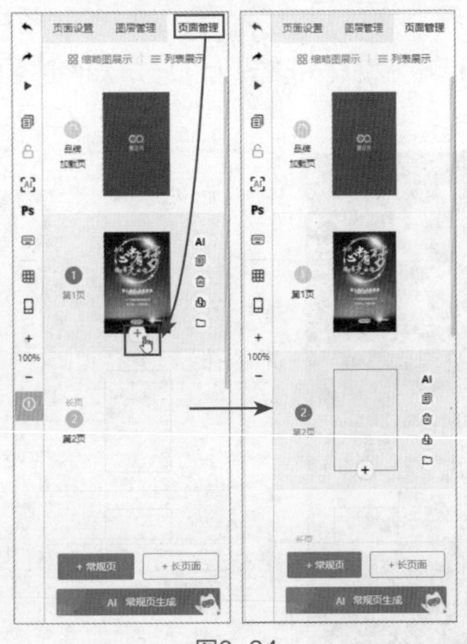

图6-64

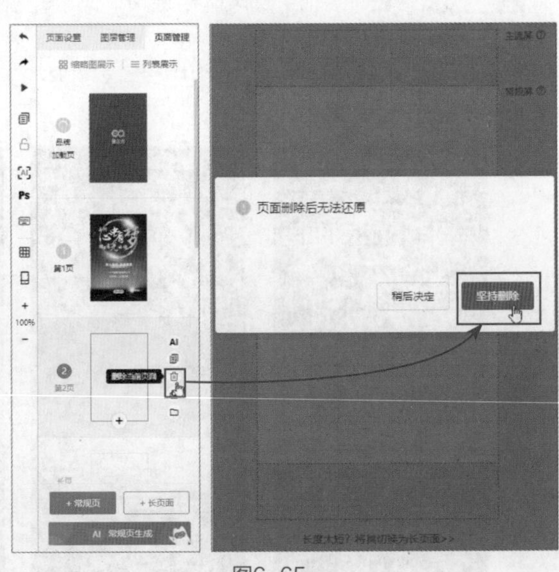

图6-65

如果需要将当前常规页切换成长页面，在画布下方单击“长度太短？将其切换为长页面”按钮，在打开的提示框中单击“确定”按钮即可，如图6-66所示。拖曳页面下方的蓝色滑块，可加长页面，如图6-67所示。

图6-66

图6-67

在“页面管理”选项卡中单击下方的“+长页面”按钮，可直接创建一个新的长页面。

2. 复制页面

如果新页面只需在上一个页面的基础上稍做修改，那么可使用复制页面功能来创建新页面。在“页面管理”选项卡中选择所需页面，单击“▣”按钮即可复制该页面，如图6-68所示。

3. 设置翻页动画

默认的翻页动画类型为常规翻页，用户可根据需要对翻页动画效果进行设置。在“页面管理”选项卡中选择好页面，单击“⧉”按钮，打开“翻页动画设置”界面。其中有“常规翻页”和“特殊翻页”两种动画类型可供选择。勾选所需动画类型即可将其应用至当前页中，如图6-69所示。

在该页面中单击“应用到全部页面”按钮，可将选中的翻页动画效果应用至所有H5页面。

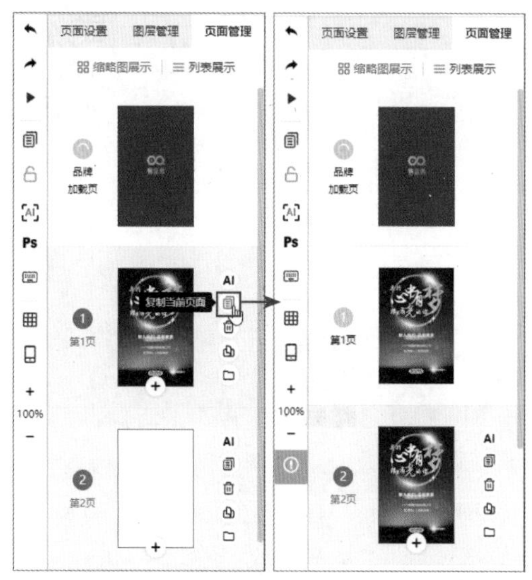

图6-68

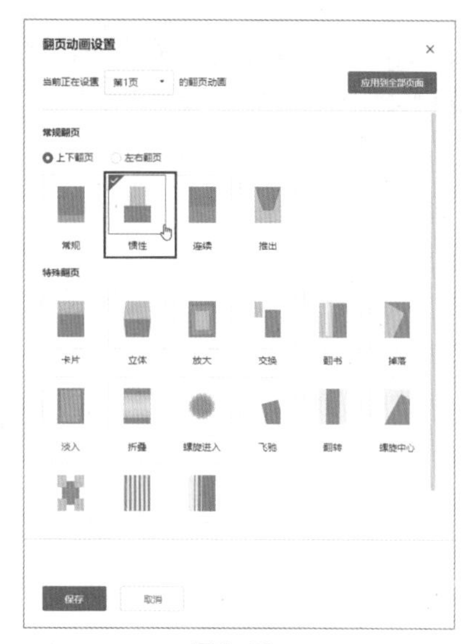

图6-69

应用秘技

单击“页面管理”选项卡中的“+常规页”按钮，也可创建新页面。单击“AI常规页生成”按钮，在打开的内容描述文本框中输入本页详细内容，单击“立即生成”按钮可快速生成一个H5页面，如图6-70所示。

图6-70

6.2.5 添加与编辑图片元素

图片的添加与背景图片的设置操作相似，都需要先将图片素材上传到图片库中再添加。在画布上方的工具栏中单击“图片”按钮，如图6-71所示，打开“图片库”界面。单击“本地上传”按钮，将所需图片上传至图片库中，在图片库中单击图片即可插入。

图6-71

图片添加完成后，用户可利用“组件设置”面板来对图片进行编辑，如裁剪图片、添加滤镜、设置图片样式等。

[实操6-5] 在“关于我们”页面中插入图片

[实例资源]\第6章\例6-5

下面以招聘启事中的“关于我们”页面为例，来介绍添加图片元素的方法。

步骤01 单击“图片”按钮，在“图片库”界面中上传所需图片，如图6-72所示。

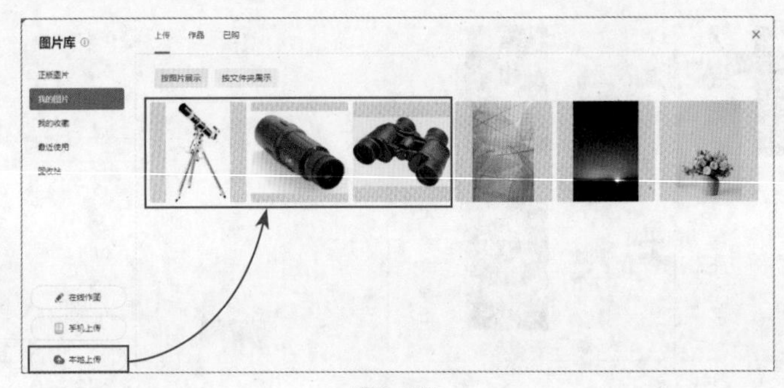

图6-72

步骤02 单击上传的图片，将其插入画布中。分别调整其大小和位置，如图6-73所示。

步骤03 选中其中一张图片，在“组件设置”面板中单击“阴影”按钮，设置好图片外阴影的颜色和方向，如图6-74所示。

步骤04 照此方法，为其他图片设置同样的阴影样式，如图6-75所示。至此，产品图片添加完毕。

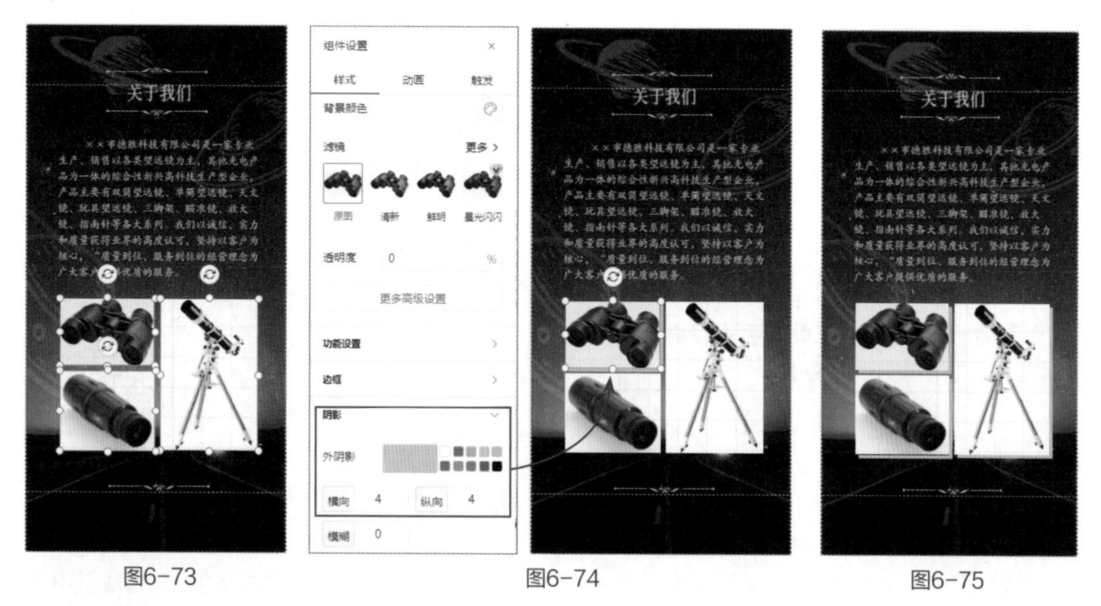

图6-73　　　　图6-74　　　　图6-75

6.2.6 添加元素动画

在易企秀平台还可以为文本、图片、图形等元素添加动态效果，以提高页面的观赏性。在页面中选择所需元素，在“组件设置”面板中单击“动画”选项卡，即可进行动画效果的添加设置，如图6-76所示。

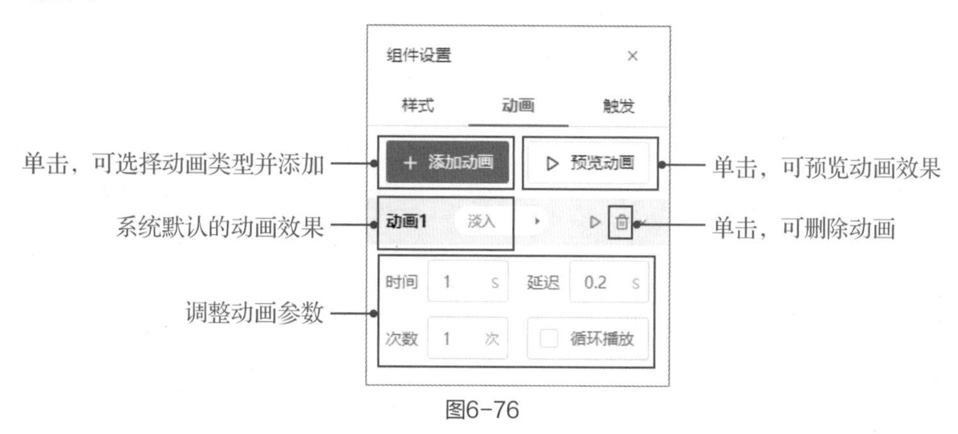

图6-76

触发动画是指单击页面中的某个元素后触发的动作，如页面跳转、播放动画、播放视频和音频等。在页面中指定好元素，在“组件设置”面板中单击“触发”选项卡，然后单击“点击触发”下拉按钮可以选择点击的动作，默认为“点击”，如图6-77所示。接下来选择触发动作，如选择“跳转页面”，再指定跳转的页码即可，如图6-78所示。

用手机扫码预览，点击指定的元素后，系统将自动跳转到相关页面。

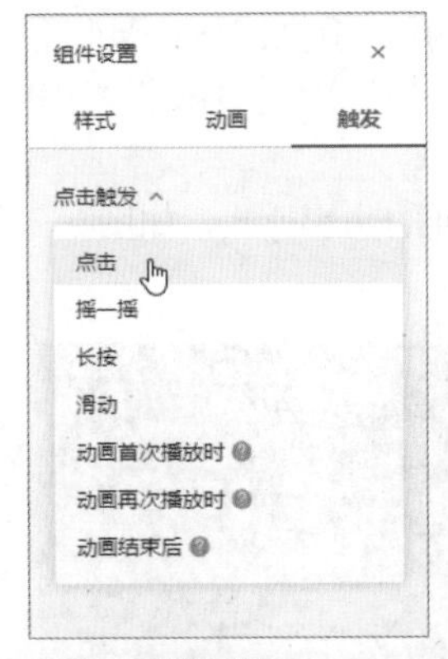

图6-77

图6-78

[实操6-6] 为招聘启事首页内容添加动画

[实例资源]\第6章\例6-6

下面就以招聘启事首页为例，来介绍添加动画效果的方法。

步骤01 选中首页面标题的第1个字“心”，在“组件设置”面板中单击“动画”选项卡，删除默认的“动画1”，如图6-79所示。

步骤02 单击“添加动画”按钮，打开动画列表。从中选择“进入-文字动画”选项组中的“缩小进入”动画，如图6-80所示。

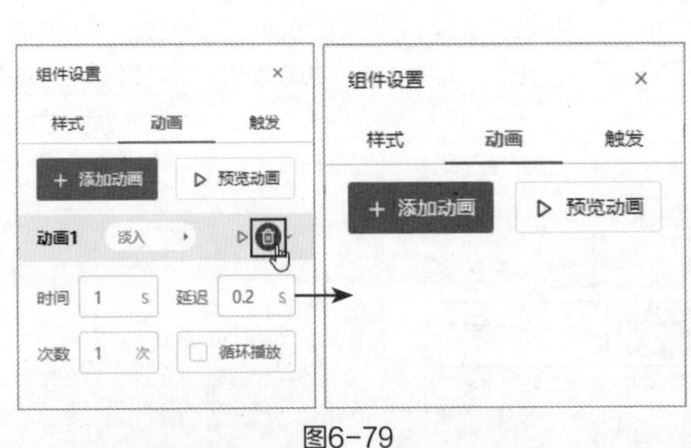

图6-79

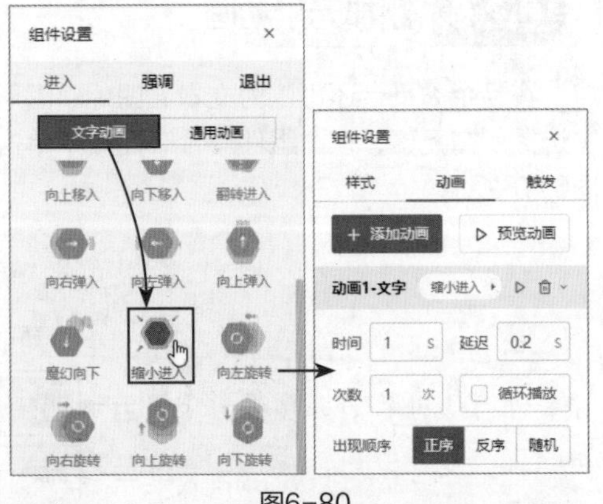

图6-80

步骤03 继续选中标题的第2个字“中”，在“组件设置”面板中以同样的方式删除默认的“动画1”，为其添加“缩小进入”动画，并将其延迟设为“0.4s”，如图6-81所示。

步骤04 照此方法，为首页标题文本均添加“缩小进入”动画，延迟参数以0.2s递增。选中画布中的光圈素材，为其添加“缩小进入”动画，将其延迟设为“1.8s”，如图6-82所示。

步骤05 选中光圈中的两组星光素材，保持默认“淡入”动画不变，将其延迟设为“1.8s”，如图6-83所示。

步骤06 选中纸飞机素材，同样保持默认“淡入”动画不变，将其延迟设为“2s”，如图6-84所示。

步骤07 选中副标题“加入我们 共创未来”文本，为其添加“向上移入”动画，将其延迟设为“2s”，如图6-85所示。

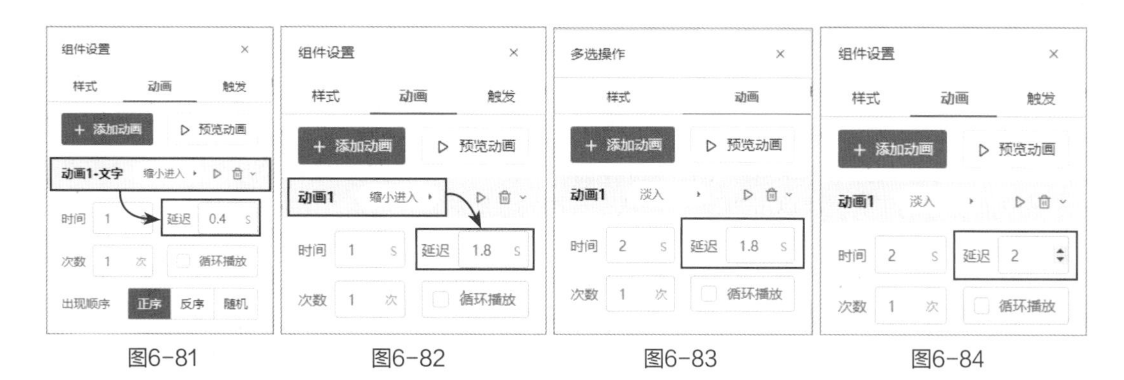

图6-81　图6-82　图6-83　图6-84

步骤08 按照顺序为其他副标题文本添加“向上移入”动画，将其延迟均设为“2.1s”，如图6-86所示。

步骤09 选中画布中的笔刷图形及圆角图形素材，保持默认“淡入”动画不变，将其延迟均设为“2.1s”，如图6-87所示。

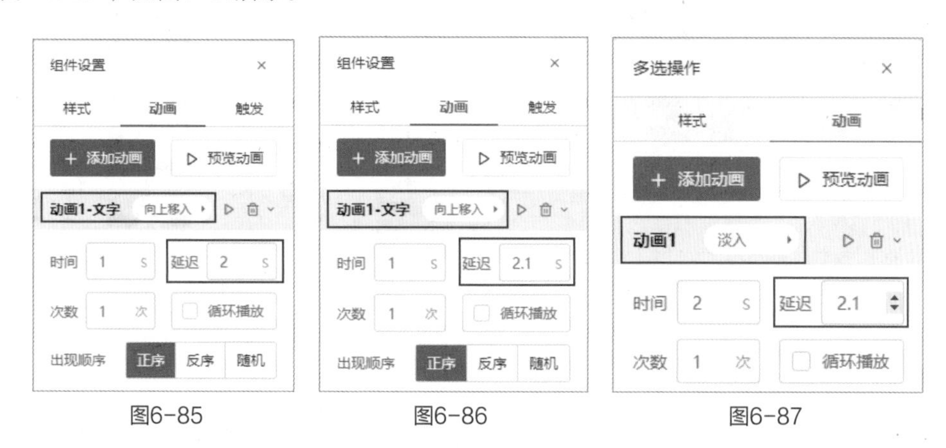

图6-85　图6-86　图6-87

步骤10 设置好所有动画后，单击页面上方的“预览和设置”按钮，利用手机扫描可查看动画效果，如图6-88所示。

图6-88

6.2.7 添加特效

易企秀平台提供了多种特效，包括涂抹特效、指纹特效、飘落物特效、渐变特效、重力感应特效、砸玻璃特效。用户可根据页面内容添加相应的特效，以增强页面视觉效果。

在画布上方的工具栏中单击“特效”按钮，选择需添加的特效场景。例如，选择“涂抹”选项，在打开的“特效场景”界面中，选择一种覆盖效果，设置好“透明度”“涂抹比例”“提示文字”选项，单击“确定”按钮，如图6-89所示。添加好后，当前页上会显示“涂抹”图标，以表示该页已添加特效，如图6-90所示。单击“预览和设置”按钮，利用手机扫码即可查看特效。

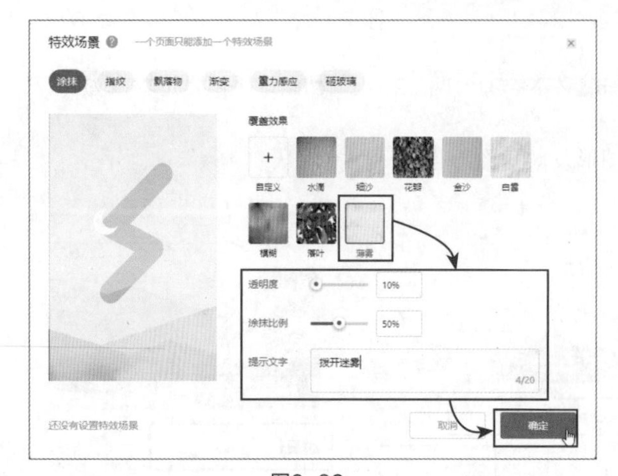

图6-89

图6-90

应用秘技

如果想要删除添加的特效，在“页面管理”选项卡中单击所需特效图标，在打开的“特效场景”界面中单击“删除特效场景”按钮即可。

6.2.8 添加背景音乐

背景音乐的添加方法与图片的添加方法相似。在画布上方的工具栏中单击“音乐”按钮，打开“音乐库”界面，从中可选择内置的正版音乐，也可以单击“上传音乐”按钮选择自己的音乐作为背景音乐，如图6-91所示。

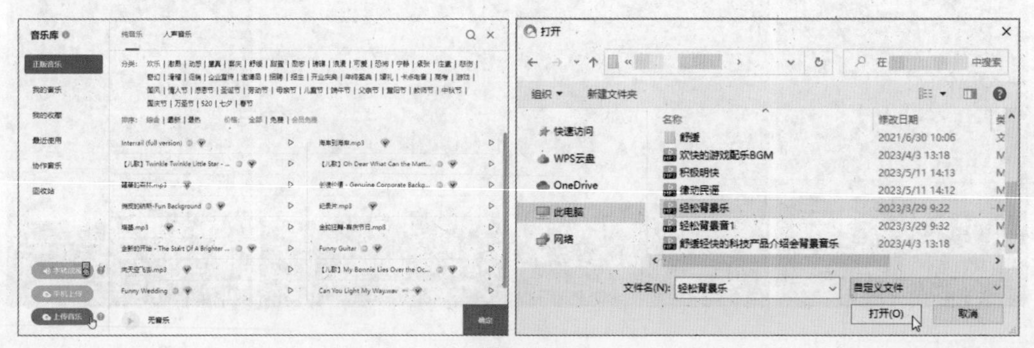

图6-91

音乐上传完毕后，单击音乐可进行试听，确认后单击“立即使用”按钮即可添加背景音乐，如图6-92所示。

图6-92

应用秘技

背景音乐添加后，如果想要更换音乐或删除音乐，在工具栏中单击“音乐”按钮，在列表中选择相应的选项即可。

6.3 H5组件功能的使用

以上介绍的是易企秀平台提供的H5页面制作基础功能，用户还可根据需求制作一些特色的组件内容，如穿插一些视觉组件、功能组件、表单组件等。下面将对这些组件的添加操作进行简单的介绍。

6.3.1 添加页面视觉组件

视觉组件包含拼图、轮播图、数据图表、随机事件、快闪和画中画等。在工具栏中单击“组件”按钮，在“视觉”选项组中根据需要选择所需效果类型即可应用。例如，H5页面中所展示的图片比较多，又没有较好的排版方式，那么就可利用“拼图”组件来解决。

在“视觉”选项组中选择“拼图”选项，打开“选择拼图模板”界面，从中选择好图片版式，即可将其插入画布中，如图6-93所示。在画布中调整好图片模板的位置，单击模板中的方框，选择“换图”选项，如图6-94所示。在“图片库”中加载所需图片，即可将其填入模板中，如图6-95所示。在画布中选择其他图框，按照同样的方法填入其他图片即可。

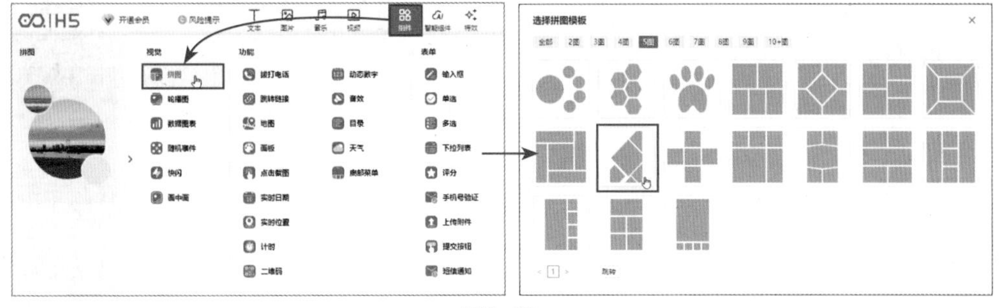

图6-93

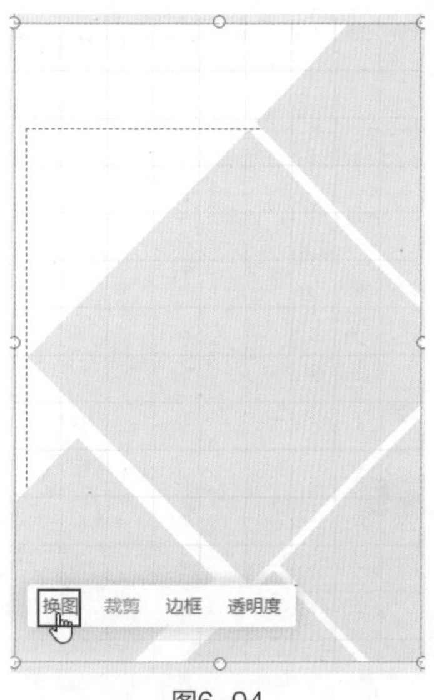

图6-94

图6-95

6.3.2 添加功能组件

“组件”列表的“功能”选项组中包含多种功能组件，如图6-96所示。其中，“地图”“二维码”“底部菜单”等功能组件比较常用。

图6-96

[实操6-7] 为招聘启事尾页添加二维码

[实例资源]\第6章\例6-7

下面以制作招聘启事尾页为例，来介绍二维码的添加方法。

步骤01 在“组件”列表中选择“功能”选项组下的“二维码”选项，便可在画布中添加易企秀平台的二维码，如图6-97所示。

步骤02 在画布中调整好二维码的大小，然后在“组件设置”面板的“输入链接地址生成二维码”文本框中输入所需链接地址，如图6-98所示。

步骤03　开启“显示Logo头像”按钮，可在二维码中添加Logo图标，如图6-99所示。至此，尾页二维码添加完毕。

图6-97

图6-98

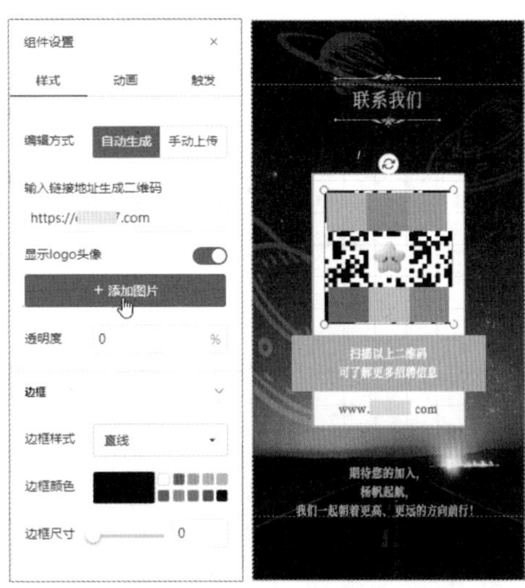

图6-99

6.3.3 添加表单组件

表单在H5页面中主要负责数据的采集，用户可通过表单功能来收集一些重要的数据信息，以作为项目推行的判断依据。易企秀平台提供了多种表单组件，如按钮，在“组件”列表的“表单”选项组中选择所需按钮即可将其添加至画布中。

[实操6-8] 制作踏青活动报名表单

[实例资源]\第6章\例6-8

下面以制作学校踏青活动报名表为例，来介绍表单的基本设置方法。

步骤01　在“表单”组中选择“输入框”选项，会在画布中添加“姓名”文本框，如图6-100所示。

步骤02　调整好“姓名”的位置，在“组件设置”面板中设置“文字颜色”和“背景颜色”选项，如图6-101所示。

步骤03　照此方法，插入“班级”文本框，如图6-102所示。

步骤04　在“表单”组中选择“手机号验证”选项，添加该组件，调整好位置，并在“组件设置”面板中设置好样式，如图6-103所示。

步骤05　在“表单”组中选择“提交”选项，并在“组件设置”面板中设置好其样式，放置在画布的合适位置，最后统一调整好各组件之间的距离即可，如图6-104所示。

应用秘技

活动组件包括投票、留言板、弹幕、点赞、浏览次数等类型，添加的方法也很简单。用户只需在“组件”列表的“活动”选项组中选择所需选项，将其添加至画布中，然后通过“组件设置”面板来对其属性进行具体设置即可。

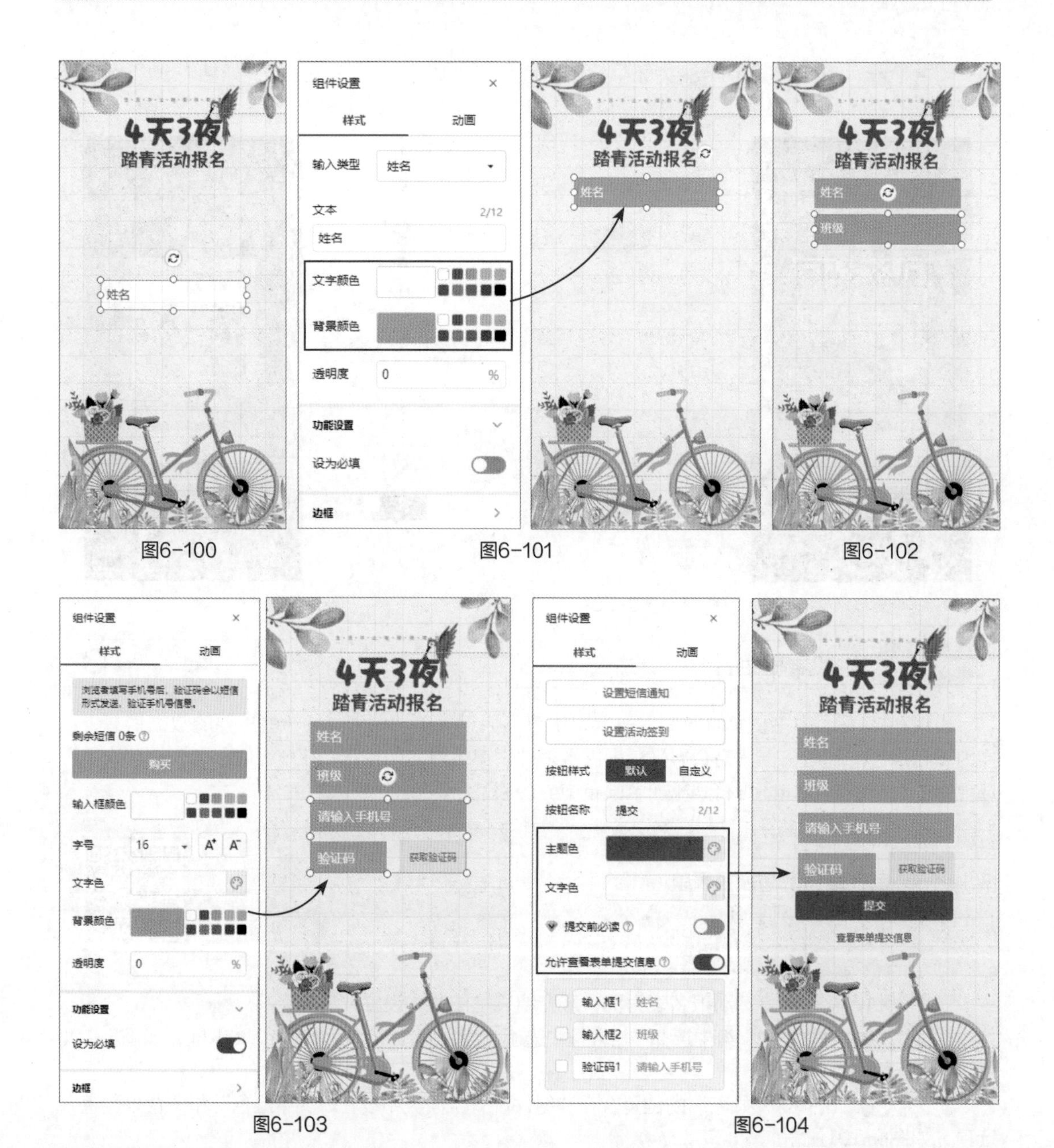

图6-100　　图6-101　　图6-102

图6-103　　图6-104

6.4 H5页面的预览与发布

H5页面制作完成后，用户可通过手机扫码预览效果。在编辑页面右上方单击“预览和设置”按钮可打开预览界面，单击左侧的“生成”按钮可自动生成一个二维码，用手机扫码即可预览。此外，在右侧的“分享设置”界面中可对当前创作的内容进行分享设置，如设置内容标题、更换预览封面、设置作品分享方式等，设置完成后，单击“保存”按钮即可对该作品进行保存，单击“发布”按钮即可进行发布操作，如图6-105所示。

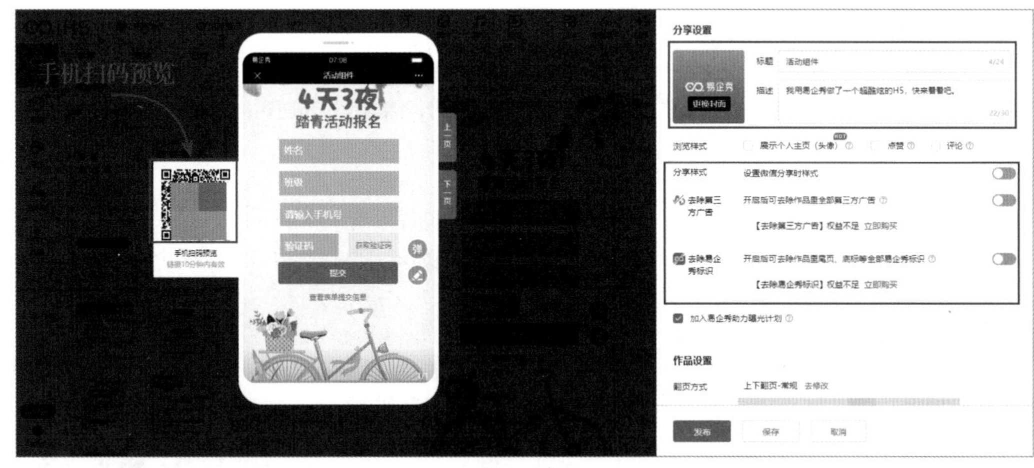

图6-105

保存作品后，当下次想对该作品进行修改时，可在易企秀平台中单击自己的账户头像，在列表中选择“我的作品”选项，如图6-106所示。进入“作品”界面，这里会显示出用户所有已发布和未发布的作品。选中要修改的作品，单击“编辑”按钮即可进入编辑界面进行修改操作，如图6-107所示。

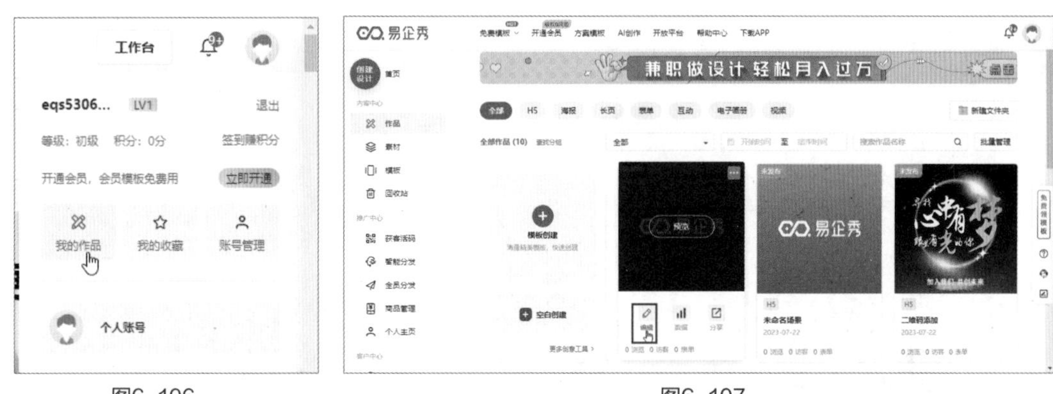

图6-106　　　　图6-107

在编辑界面右上角处，单击“更多”按钮，可以将当前作品导出为不同类型的文件，以便作品的传输和分享。图6-108所示为生成PDF文件的操作。

图6-108

课堂实战——制作培训机构招生页面

本案例将结合本章所学技能，通过易企秀平台来制作培训机构招生页面。

图6-109

1. 制作目标

利用易企秀平台中的页面设置、素材库、组件设置、背景音乐等功能来制作花艺培训班招生简章首页，案例效果如图6-109所示。

2. 制作思路

新建空白画布后，先利用页面设置中的背景功能添加背景图片，其次利用装饰素材点缀页面，再次输入相关文字内容并进行美化，最后利用手机预览制作效果。

步骤01 新建竖版空白画布。在画布左侧的“页面设置”面板中单击“+”按钮，在打开的“图片库”界面中载入背景图片，并对背景图片进行裁切，效果如图6-110所示。

步骤02 在“页面滤镜”列表中选择“暖色”滤镜，提亮图片。在画布左侧的“装饰”库中，将“插画元素”的光影素材添加到画布中，并调整好其大小，如图6-111所示。

步骤03 照此方法，将一些氛围元素添加至画布中，并调整好大小和位置，如图6-112所示。

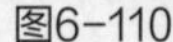
图6-110

图6-111

图6-112

步骤04 选择素材库中的“艺术字”选项，在画布中添加描边艺术字。输入主标题文本，并对其文本样式进行调整，如图6-113所示。

步骤05 选择画布上方的“文本”工具，在画布中输入副标题内容，并调整好其文本样式，如图6-114所示。

步骤06 选中主标题，在“组件设置”面板中为其添加“中心放大”动画，如图6-115所示。

步骤07 为所有副标题文本添加“缩小进入”动画，同时也为画布中的蝴蝶元素添加“缩小进入”动画，如图6-116所示。

步骤08 选择画布上方的“音乐”工具，在“音乐库”中加载背景音乐至页面中，如图6-117所示。

图6-113

图6-114

图6-115

图6-116

图6-117

步骤09　在画布右侧的“页面管理”面板中单击“ ”按钮，为当前页面设置“惯性”翻页动画效果，如图6-118所示。

步骤10　单击画布上方的“预览和设置”按钮，然后单击预览窗口左侧的“生成”按钮，生成预览二维码，用手机扫码后即可查看制作效果，如图6-119所示。

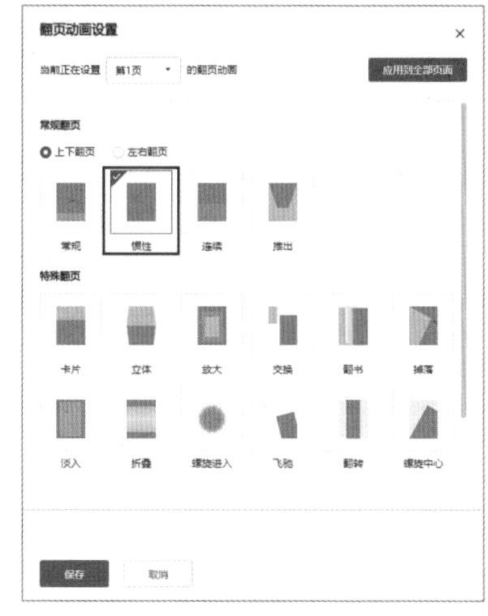

图6-118

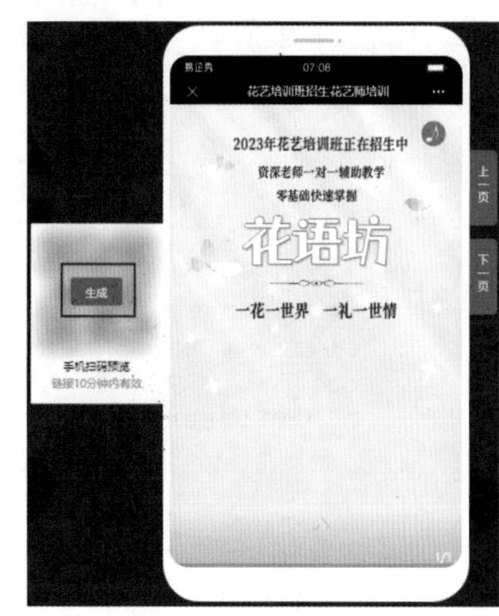

图6-119

知识拓展

Q1：用手机预览后，发现制作的屏幕尺寸有所偏差，怎么办？

A：易企秀平台有两种屏幕尺寸：一种是常规屏，另一种则是主流屏。默认是在常规屏中进行制作。如果需要切换为主流屏，可在右侧工具栏中单击“▯”按钮，将显示出主流屏的画布尺寸，在其中进行设计便可，如图6-120所示。

Q2：在页面中叠加了多个元素，如何调整这些元素的前后顺序？

A：易企秀平台具有图层功能。单击画布右侧的“图层管理”选项卡，此时会显示出当前页面中添加的所有元素。选中所需元素，按住鼠标左键不放，将其拖曳至合适位置松开鼠标左键即可，如图6-121所示。

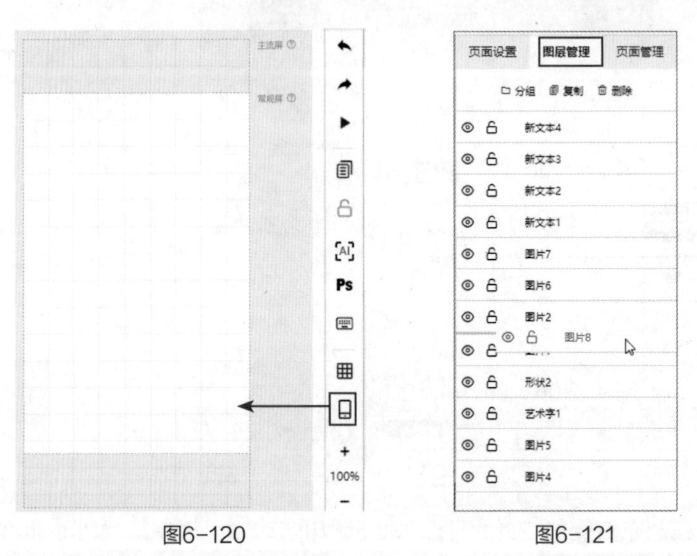

图6-120　　图6-121

Q3：用Photoshop做好的底图，能否导入易企秀平台使用呢？

A：可以。在右侧工具栏中单击“**Ps**”图标按钮，在打开的“PSD上传”界面中单击“上传原图PSD文件”按钮，如图6-122所示。从中选择所需PSD文件即可。

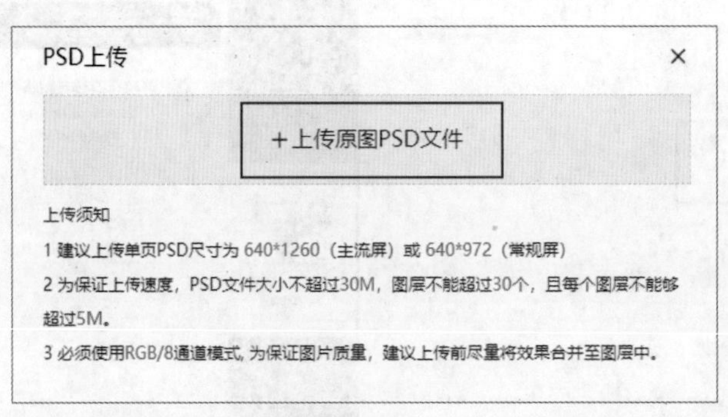

图6-122

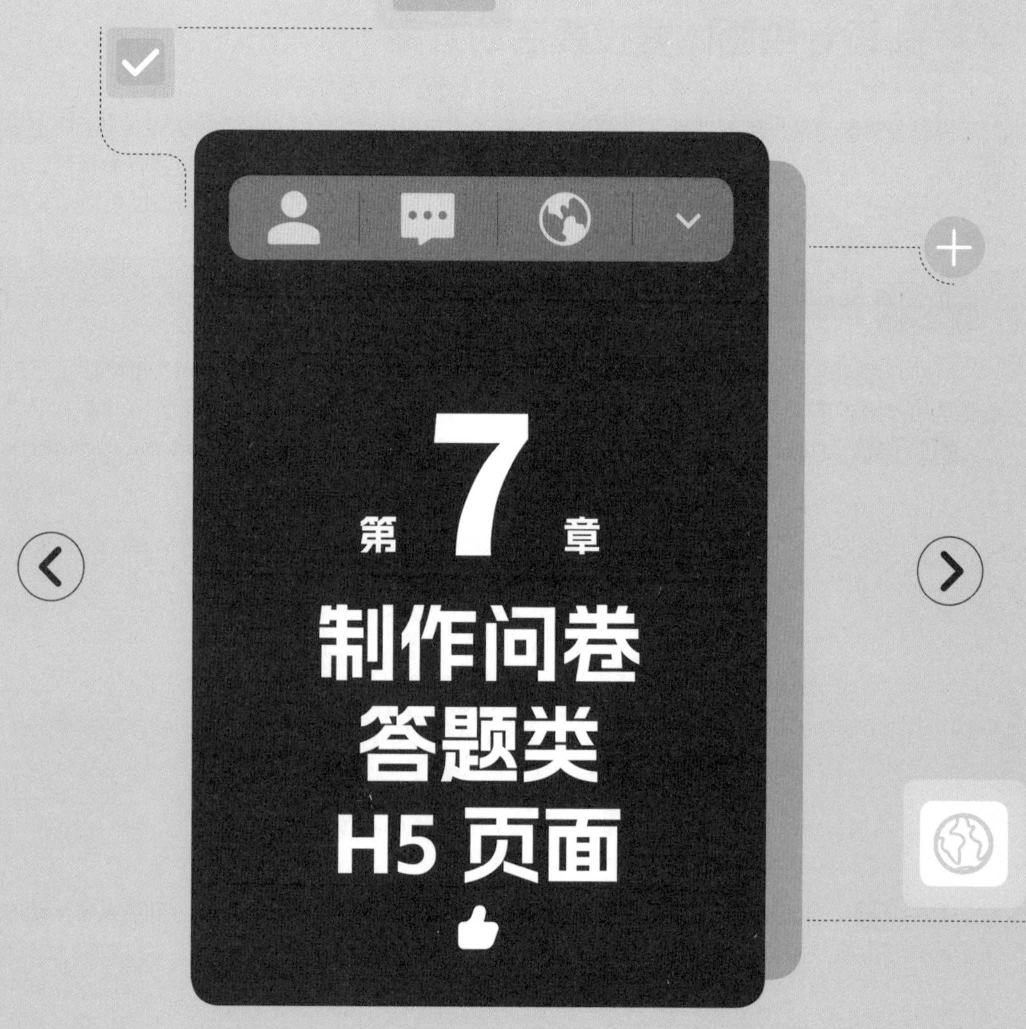

第7章 制作问卷答题类H5页面

数据应用类H5主要应用于数据统计、收集或展示，应用场景丰富，包括抽奖、测试、投票、表单等。该类页面创作空间巨大，通常与“线上征集型”活动相结合。本章将介绍并分析投票活动和调查问卷等具体案例的制作过程。

7.1 设计绘画比赛投票活动方案

投票营销活动是一种互动性非常强的营销方式，可以吸引到大量的用户参与，让用户更好地了解品牌。同时参赛者在为自己拉票的过程中，会将活动页面分享到群、朋友圈等各大平台，这其实也是对品牌活动的一种宣传。确定好主题后，用户可以选择合适的平台制作H5投票活动页面。本例将使用MAKA平台制作一份由某绘画培训机构举办的H5投票活动页面。

7.1.1 新建投票活动方案

MAKA提供了商品收款、投票、报名、文章以及表单等常见活动方案，下面将新建空白的投票类活动方案。具体步骤如下。

步骤01 打开MAKA官方网站，单击“免费设计”按钮，如图7-1所示。

图7-1

步骤02 启动MAKA网页版界面，在页面左侧选择“创建作品”选项，随后从“活动方案”组中选择“投票”选项，以此新建空白投票页面，如图7-2所示。

图7-2

步骤03 新建的空白画布中自动包含投票组件，选中该组件，通过鼠标拖曳可以调整其在画布中的位置，如图7-3所示。

步骤04 单击选中画布，将鼠标指针移动到画布底部的控制按钮上方，当鼠标指针变成双向箭头时，按住鼠标左键拖曳可以调整画布尺寸，如图7-4所示。

步骤05　此处先大致调整画布尺寸（后续再根据页面中的具体内容进行调整），并将投票组件适当向下移动，如图7-5所示。

图7-3

图7-4

图7-5

7.1.2 设置背景及标题

投票页面新建完成后，首先从页面背景开始制作，然后设置活动的标题。下面将为页面填充纯色背景，并设置卡通元素的标题。具体操作步骤如下。

步骤01　在网页页面左侧单击选择“我的”选项，将鼠标指针移动到“上传素材”区域，此时会显示出“图片/视频”和“手机上传”两个选项，此处单击“图片/视频”选项，即可从素材文件中上传“卡通背景元素”图片，如图7-6所示。

步骤02　该图片随即被自动添加至页面中，将图片调整至和画布相同宽度，并拖曳到画布顶部，如图7-7所示。

步骤03　在页面任意空白位置单击，显示出“页面”面板，在“自定义背景色”组中设置填充颜色为“#D4F4F1”，如图7-8所示。

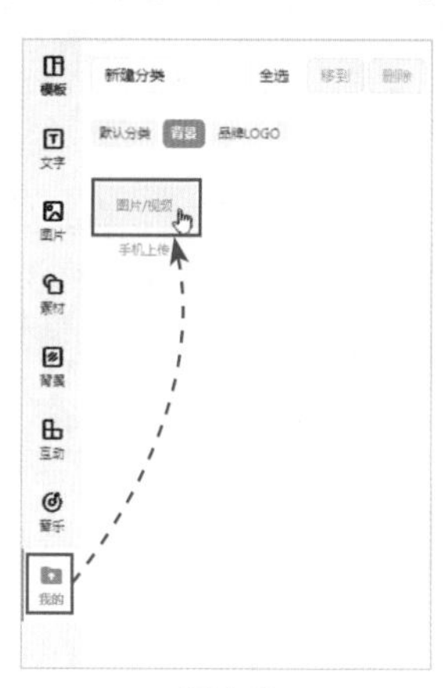

图7-6

图7-7

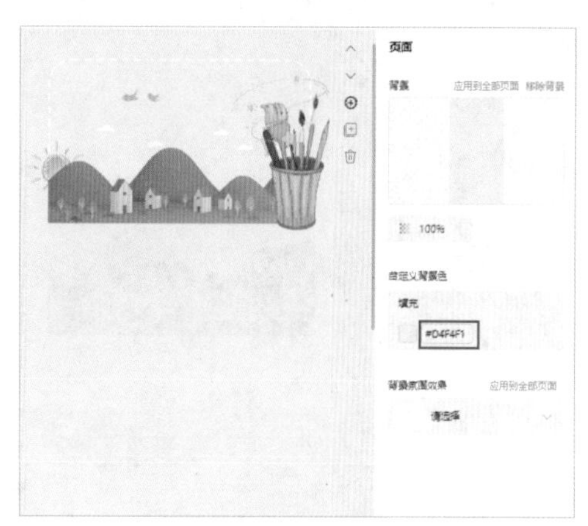

图7-8

步骤04 在页面左侧选择“文字”选项，在打开的菜单中选择“文字特效”分组中的“渐变”选项，向画布中添加文本框，如图7-9所示。

步骤05 在文本框中输入“花漾绘画大赛”，如图7-10所示。

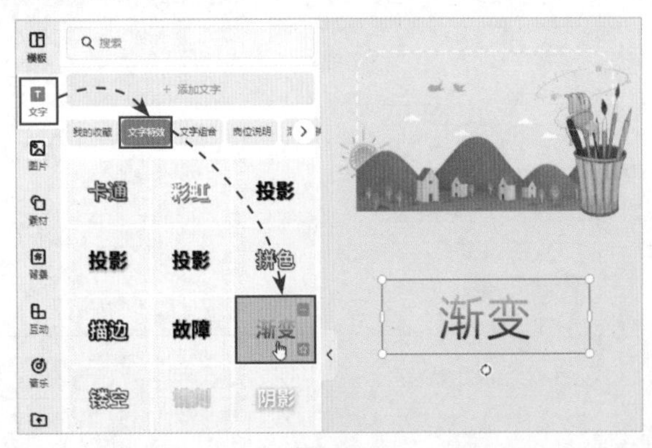

图7-9

图7-10

步骤06 单击文本框的边框，将文本框选中，在“文字”面板中设置字体为“有爱魔兽圆体-B”、字号为“20.3”、字间距为“1”，如图7-11所示。

图7-11

步骤07 在“文字”面板中单击“字色”下拉按钮，在下拉列表中的“颜色”选项卡中选择预设的渐变效果“■”，如图7-12所示。

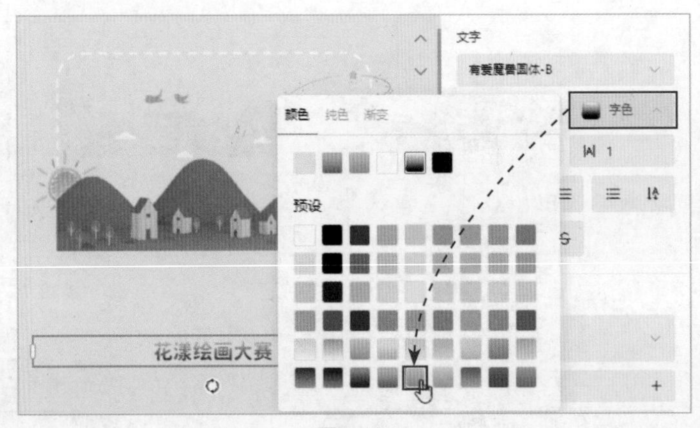

图7-12

步骤08 设置好文字渐变效果后，将文本框的位置移动至页面左上角，具体尺寸与坐标参数为W“162”、H“30”、X“50”、Y“54”。随后选中文本框，依次按【Ctrl+C】和【Ctrl+V】组合键，复制并粘贴文本框，如图7-13所示。

步骤09 修改复制的文本框中的内容为“投票开始啦”，随后在“文字”面板中设置其字体为“有爱魔兽圆体-B”、字号为“37.2”、字间距为“1”，如图7-14所示。

图7-13

图7-14

步骤10 在文字面板中单击“字色”下拉按钮，在“颜色”选项卡中选择预设的渐变颜色“■”，如图7-15所示。

步骤11 文字效果设置好后，在右侧“文字”面板中，将该文本框的尺寸与坐标设置为W“206”、H“55”、X“53”、Y“79”，效果如图7-16所示。

图7-15

图7-16

步骤12 在网页左侧选择“素材”选项，在“常用推荐”组中选择图7-17所示形状，将该形状添加到画布中。

步骤13 设置形状的填充色为白色“#FFFFFF”、透明度为“80%”，将其移动至“花漾绘画大赛”文本框上方，具体尺寸与坐标为W“153”、H“26”、X“56”、Y“56”，如图7-18所示。

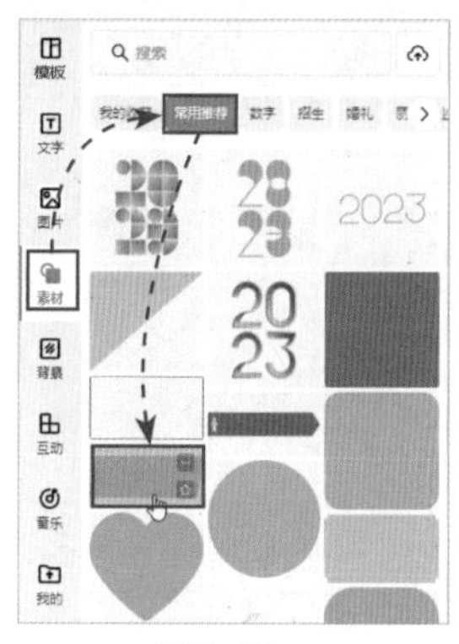

图7-17

图7-18

步骤14 单击页面右下角的“图层”按钮，显示出当前画布中的所有元素，如图7-19所示。

步骤15 选中显示在最顶部的“形状”，将其拖曳至“T 花漾绘画大赛”下方，如图7-20所示。形状的图层随即被移动到指定文本框下方，效果如图7-21所示。

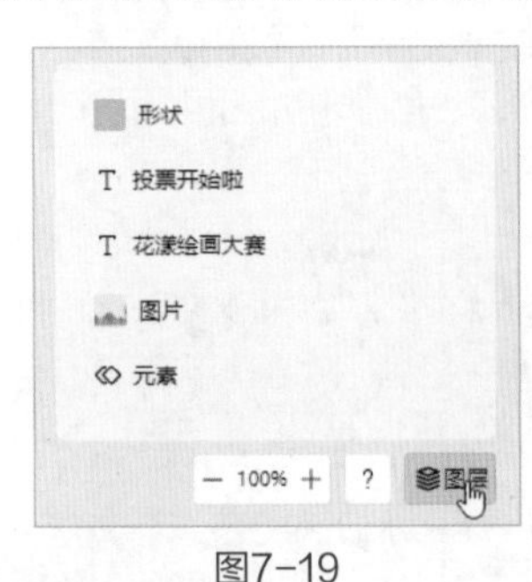

图7-19

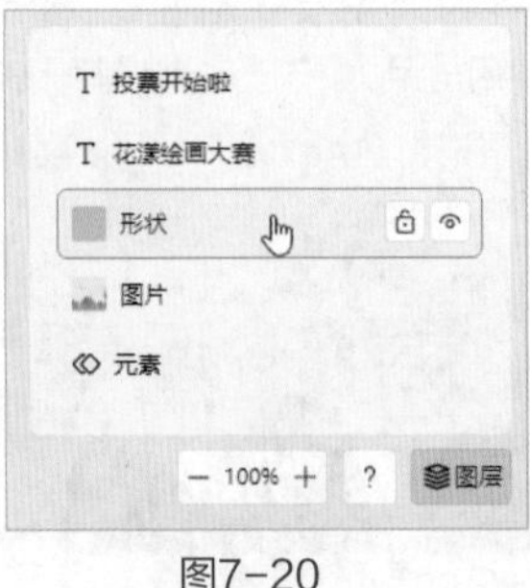

图7-20

图7-21

步骤16 在页面左侧选择“素材”选项，在“常用推荐”分组中选择矩形，向画布中添加一个矩形，如图7-22所示。

步骤17 设置矩形的颜色为白色“#FFFFFF”，调整其宽度和高度，使其作为画布中的留白区域，以便后续输入活动内容。随后右击矩形，在弹出的菜单中选择“移至底层”。至此，完成背景和标题的制作，效果如图7-23所示。

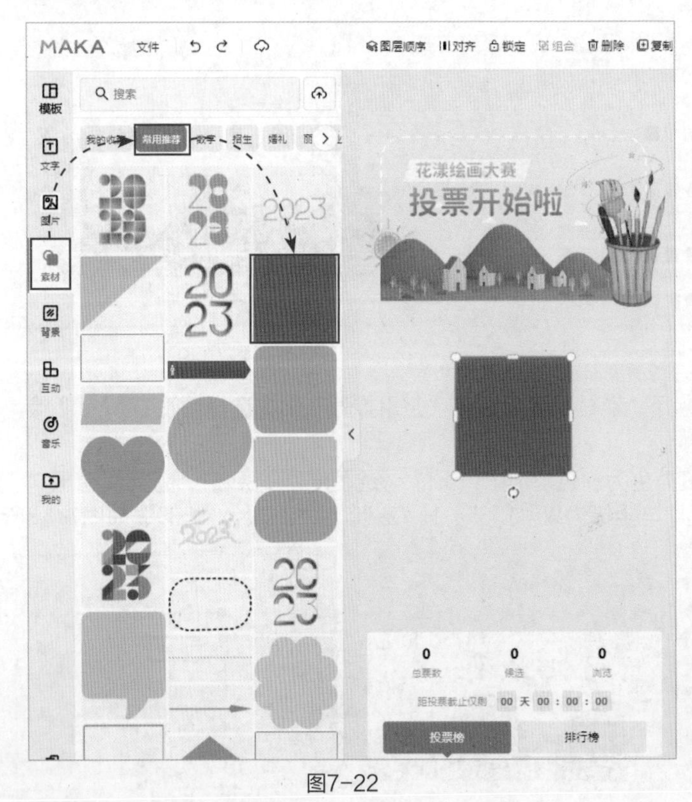

图7-22

图7-23

7.1.3 添加活动说明文字

投票页面整体框架制作好后，便可以向其中添加文字说明内容了。MAKA提供了多种文字编辑方式，用户可以根据需要选择新建空白文本框或使用系统提供的文字效果添加文字。向投票页面中添加说明文字的具体步骤如下。

步骤01 在页面左侧选择“文字”选项，在展开的菜单中单击“添加文字”按钮，向画布中添加文本框，如图7-24所示。

步骤02 在文本框中输入内容，随后选中文本框，在“文字”面板中设置字体为“阿里巴巴普惠体Regular”、字号为“15”、行间距为“1.75”、字间距为“1”、文本对齐方式为“两端对齐”，并设置尺寸与坐标为W“304”、H“182”、X“36”、Y“252”，如图7-25所示。

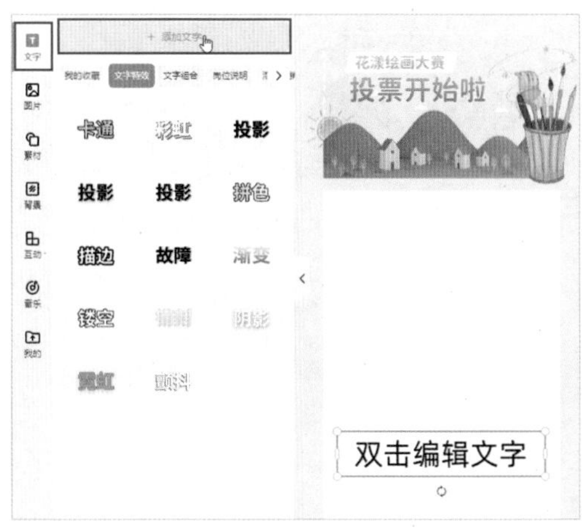

图7-24

图7-25

步骤03 参照步骤01，再次添加文本框，输入文本“投票规则”，在“文字”面板中设置字体为“阿里巴巴普惠体Regular”、字号为“20”，尺寸与坐标为W“284”、H“31”、X“46”、Y“457”，如图7-26所示。

步骤04 在页面右侧选择“素材”选项，在展开的菜单中选中红色的矩形，向画布中添加一个矩形。

步骤05 选中该矩形，在“图形”面板中设置填充色为“#D4F4F1”，尺寸与坐标为W“115”、H“27”、X“130”、Y“459”。

步骤06 参照7.1.2节设置背景及标题的步骤14和步骤15，将矩形的图层位置移动到“投票规则”文本框下方，效果如图7-27所示。

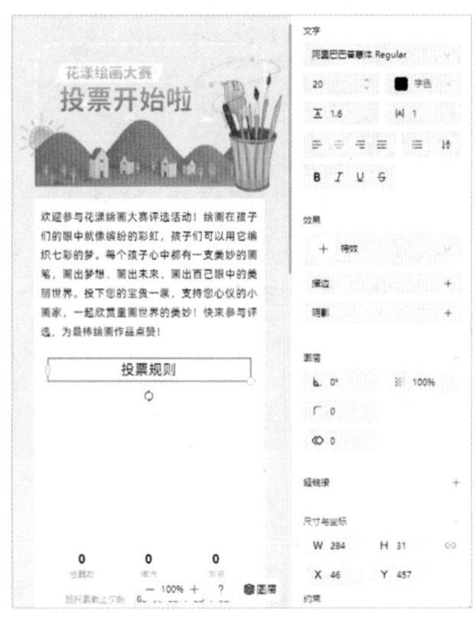

图7-26

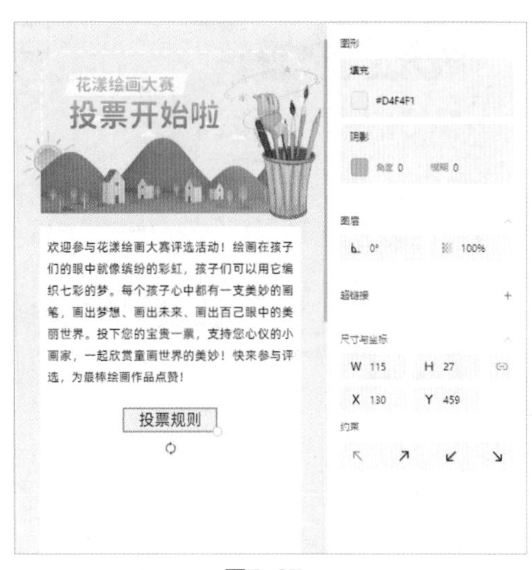

图7-27

步骤07 在页面左侧选择“素材”选项，在“动态元素”分组中选中图7-28所示动态图形元素，单击两次，向画布中添加两个相同的动态元素。

步骤08 参照图7-29调整好动态元素的大小和位置，将其作为文字周围的小装饰使用。这样页面看起来不会太空，同时也增了活泼性。

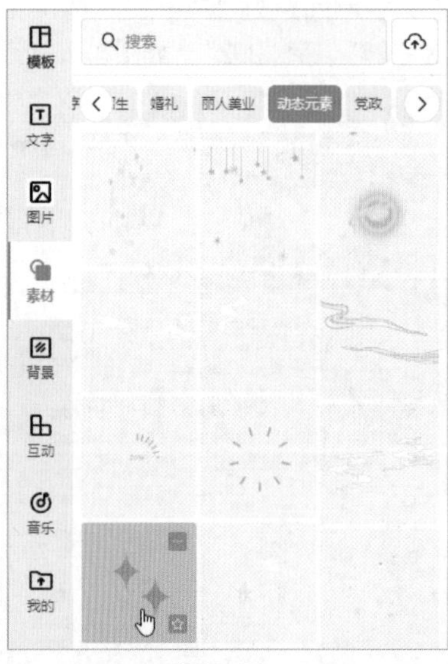

图7-28

图7-29

步骤09 继续添加文本框，输入内容，并在文字面板中设置好字体、字号、行间距，以及文本框的尺寸与坐标的各项参数。另外，在“文字”面板中单击“列表”按钮自动为文本框中的段落添加项目符号，如图7-30所示。

步骤10 参照上述步骤继续向页面中输入其他文字内容。至此，完成活动说明文字的添加，效果如图7-31所示。

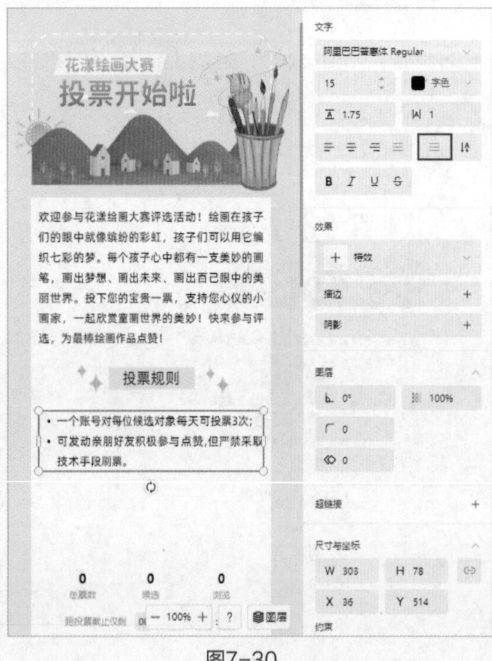

图7-30

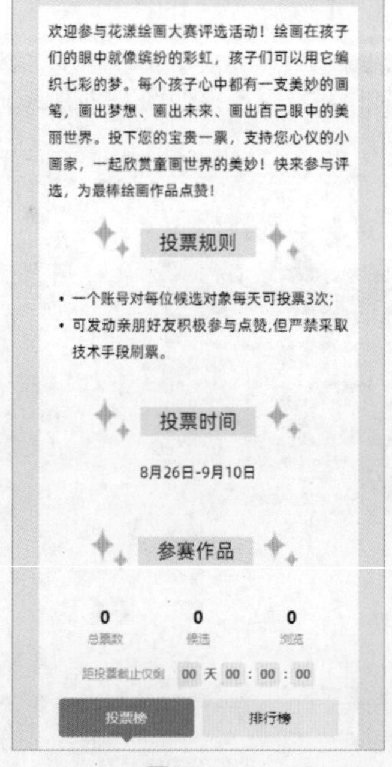

图7-31

7.1.4 编辑投票组件

下面对最关键的投票组件进行编辑，包括设置组件中选项的展示方式、设置主色、添加选手头像以及参赛作品信息等。具体操作步骤如下。

步骤01 选中投票组件，在右侧面板中单击“投票样式”下方的“主色”按钮，在弹出的颜色菜单中选择预设的颜色“■”，如图7-32所示。

步骤02 在“选项展示”组中单击“单列”按钮，将组件中的选项设置为单列显示，如图7-33所示。

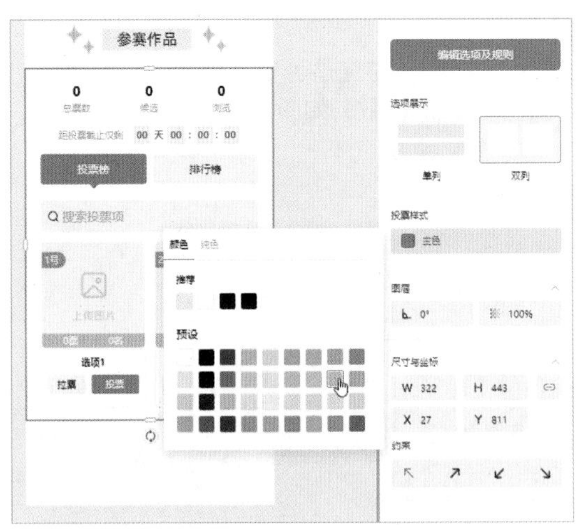

图7-32

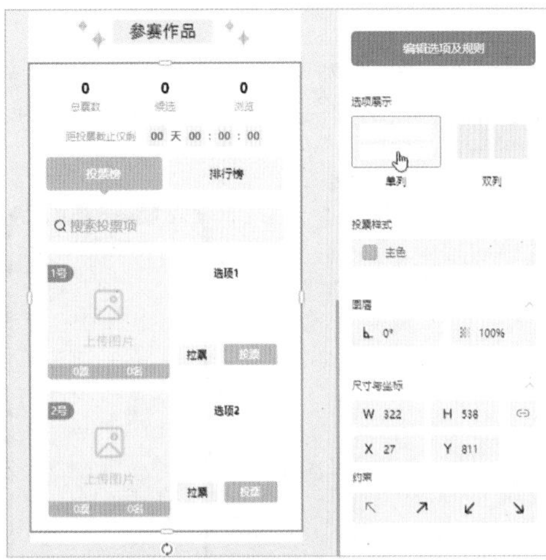

图7-33

步骤03 保持投票组件为选中状态，单击右侧面板顶部的“编辑选项及规则”按钮，在弹出的窗口中先单击“批量导入”按钮，从素材文件夹中导入需要使用的图片，随后单击选项1左侧的“上传图片”按钮，如图7-34所示。

步骤04 此时“替换图片”窗口中会显示刚才批量上传的所有图片，如图7-35所示。选中要使用的图片，该图片即可在目标选项位置显示。

图7-34

图7-35

步骤05 组件中默认只包含两个选项，单击“添加选项”按钮，可以在组件中添加选项，如图7-36所示。

步骤06 继续上传图片，待所有图片上传完成后在图片右侧输入名称以及说明文字，如图7-37所示。

图7-36

图7-37

步骤07 打开“规则配置”选项卡，设置好投票时间、勾选是否要显示某些投票功能、设置活动期间每天最多可投的次数以及同一选项每天最多可投的次数，如图7-38所示。

图7-38

步骤08 选中画布中的任意一个元素，按【Ctrl+A】组合键，所有元素随即被选中，单击“锁定”按钮，将所有元素锁定。锁定后将不能再对元素进行移动或更改，若要取消锁定可以再次单击“锁定”按钮，如图7-39所示。

步骤09 单击页面右上角的“预览/分享”按钮，如图7-40所示。

图7-39　　图7-40

步骤10 在预览界面右侧单击“更换封面”按钮，更换封面图片，随后设置微信分享该H5时所显示的文本内容，如图7-41所示。

图7-41

步骤11 设置完成后，在预览区域滚动鼠标滚轮可以预览长页H5投票活动的最终效果。若要发布作品，还需要绑定手机号，单击界面右侧的“去绑定”按钮，在弹出的对话框中输入手机号，随后手机会接收到验证码，输入验证码后，预览界面中便会显示二维码以及链接，如图7-42所示。

图7-42

步骤12 右击二维码，可以另存为或复制该二维码。用户可以通过分享二维码或链接将作品分享出去，如图7-43所示。

图7-43

7.2 制作旅游需求调查问卷

问卷类H5页面不仅制作简单，而且便于传播。一份优秀的调查问卷通常包含以下元素：清晰的标题和简要的说明、合适的问题类型、严谨的逻辑和分支设置、美观的外观设计、数据收集和分析。下面将根据上述要求制作一份旅游需求调查问卷。

7.2.1 设置调查问卷页面框架

不管什么类型的H5作品，通常都是从页面背景及整体框架开始制作的，调查问卷也不例外。下面将以MAKA为平台，制作一份以清新的蓝色为主色调的页面背景。

步骤01 进入MAKA网页版，在页面左侧选择“创建”选项，将鼠标指针移动到“常用”分组中的“长页H5”上方，此时可看到“创建”按钮，单击该按钮，如图7-44所示。

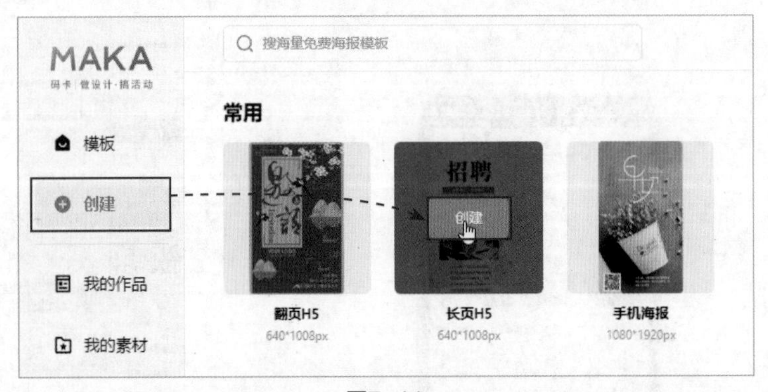

图7-44

步骤02 打开新网页，并自动新建一份空白的H5，选中画布后拖曳画布最底部的按钮，可以自由调整画布的尺寸，如图7-45所示。

步骤03 在右侧“页面”面板中设置填充色为浅蓝色，具体参数为“#84C5FD”，如图7-46所示。

步骤04 在页面右侧选择“我的”，将鼠标指针移动到“上传素材”按钮上方，随后单击“图片/视频”按钮，从素材文件中上传“旅游调查问卷背景元素1”图片，将该图片添加到画布中，随后调整该图片的大小和位置，具体尺寸与坐标参数为W“375”、H“211”、X“0”、Y“0”，效果如图7-47所示。

步骤05 参照步骤04，继续从素材文件夹中上传“旅游调查问卷背景元素2”图片，设置尺寸与坐标参数为W“376”、H“305”、X“0”、Y“95”，效果如图7-48所示。

图7-45

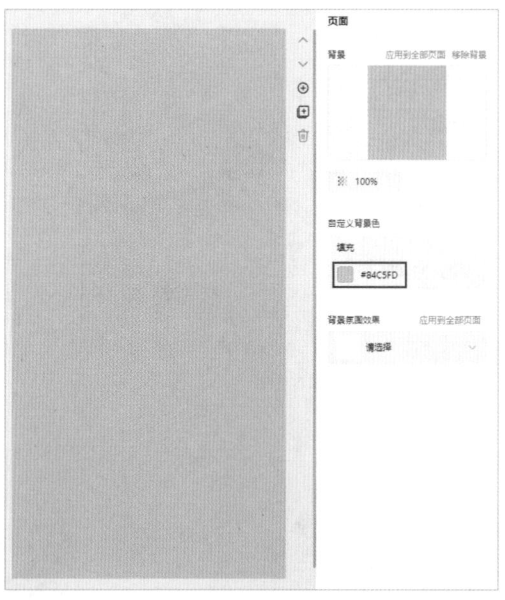

图7-46

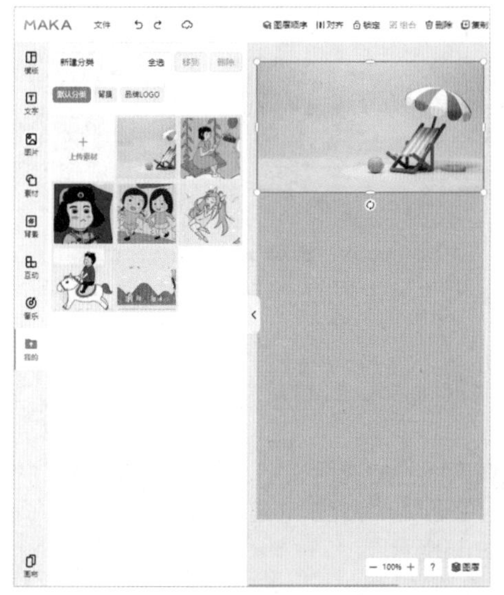

图7-47

图7-48

步骤06　在页面左侧选择“文字”选项，在展开的菜单中单击“添加文字”按钮，向画布中添加一个文本框。随后在文本框中输入“旅游需求”，如图7-49所示。

步骤07　选中文本框，在“文字”面板中设置字体为“新愚公和谐宋-B”、字号为“35.2”，随后单击“字色”按钮，在展开的颜色菜单中打开“纯色”选项卡，设置字体颜色为深蓝色，具体参数为“#1F4FA9”，如图7-50所示。

步骤08　继续在“文字”面板中设置字间距为“10”，随后在“效果”组中单击“描边”选项右侧的“+”按钮，展开该选项，单击“外部”右侧的颜色按钮，在展开的菜单中选择白色，如图7-51所示。

步骤09　设置描边宽度为“2”，随后将该文本框移动至画布左上角，具体尺寸与坐标参数为W“222”、H“52”、X“19”、Y“28”，如图7-52所示。

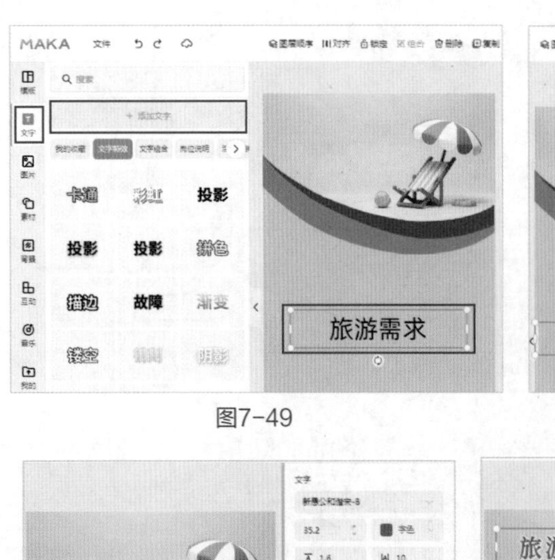

图7-49

图7-50

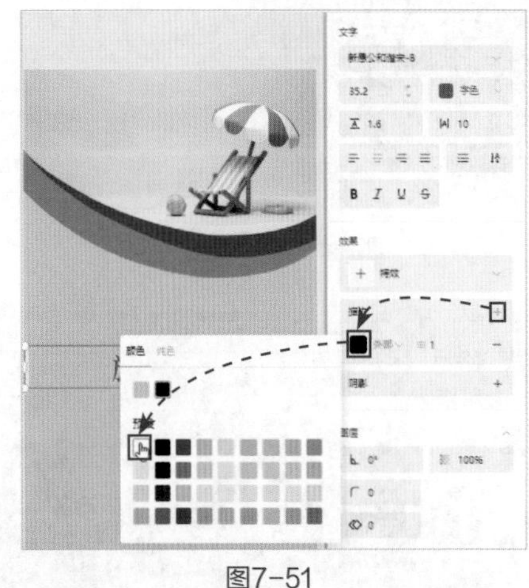

图7-51

图7-52

步骤10 保持文本框为选中状态，在页面顶部单击“复制”按钮，复制一个文本框，如图7-53所示。

步骤11 修改复制的文本框中的内容为“调查问卷”，设置尺寸与坐标参数为W“222”、H“52”、X“57”、Y“80”，效果如图7-54所示。

步骤12 继续向画布中添加文本框。输入调查问卷的说明文字，在“文字”面板中设置字体为“阿里巴巴普惠体Regular”、字号为“16”、字色为“白色”，随后设置尺寸与坐标参数为W“331”、H“150”、X“23”、Y“259”，如图7-55所示。

图7-53

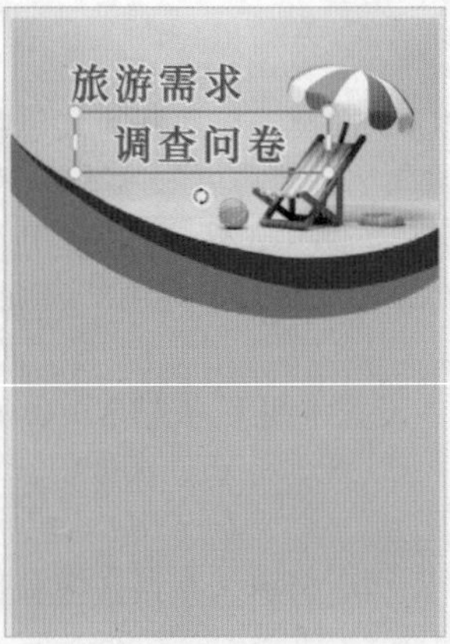

图7-54

图7-55

步骤13　在页面左侧选择“素材”选项，在“常用推荐”组中选中红色的矩形，将该形状添加到画布中，如图7-56所示。

步骤14　选中该矩形，在右侧“图形”面板中设置矩形的填充色为白色“#FFFFFF”，设置尺寸与坐标参数为W“332”、X“22”、Y“421”（H值需要根据后续添加的表单长度灵活调整），如图7-57所示。

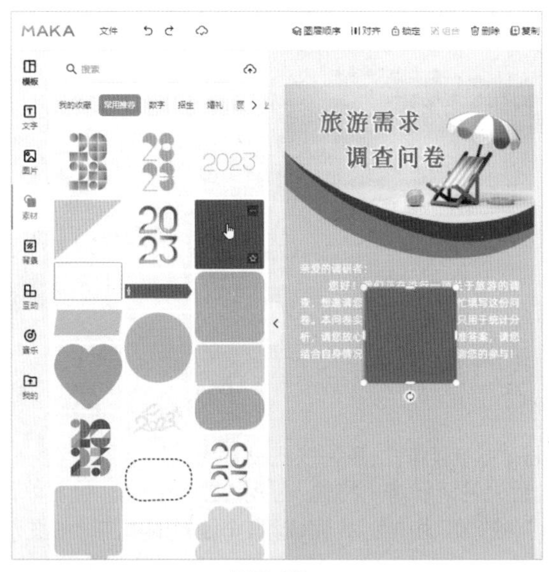

图7-56

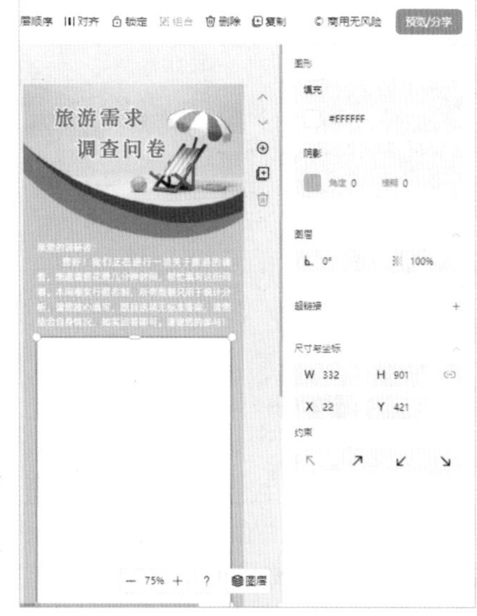

图7-57

7.2.2 表单的添加和编辑

MAKA包含了“商品收款”和“基础表单”两种类型的表单。本例可以添加基础表单，然后根据需要设置表单内容。具体步骤如下。

步骤01　在页面左侧选择“互动”选项，在展开的菜单中打开“表单”选项卡，随后选择“基础表单”选项，向画布中添加基础表单，如图7-58所示。

步骤02　双击表单（或在右侧面板中单击“表单编辑”按钮），打开表单设置窗框。基础表单中默认包含的题目在本例中是用不到的，可以依次选中这些题目，单击其右下角的“删除”按钮，将其依次删除，如图7-59所示。

图7-58

图7-59

步骤03 在窗口左侧的“基础表单”组中单击“单选”按钮，向表单中添加相应题目，如图7-60所示。

图7-60

步骤04 在窗口右侧的“标题”组中将“是否必填”开关按钮设置为开启状态（表示该题目为必填），随后将“输入提示”开关按钮设置为关闭状态（将输入提示文字隐藏）。接着修改该单选项目的题目为“性别”，设置选项1为“男”、选项2为“女”，完成第1个题目的添加，如图7-61所示。

图7-61

步骤05 参照步骤03和步骤04，继续向表单中添加“单选”题目，设置好前两个选项，单击“添加选项”按钮，如图7-62所示。

步骤06 该题目中随即被添加一个新的选项，如图7-63所示。

步骤07 继续单击“添加选项”按钮，添加多个新选项，并在每个选项中输入内容，完成该题目的制作，如图7-64所示。

步骤08 通过窗口右侧提供的选项，还可以向表单中添加“单行填空”“段落填空”“多选”“下拉选择”“图片上传”等类型的题目，待所有题目添加完成后单击“确定”按钮，退出表单的编辑状态，如图7-65所示。

图7-62　　图7-63　　图7-64

图7-65

步骤09　保持表单为选中状态，在右侧面板中勾选“每位用户只能填写1次”，以及“收集微信信息”复选框，如图7-66所示。

步骤10　至此，完成旅游需求调查问卷的制作，效果如图7-67所示（由于表单较长，图中仅显示部分题目）。

图7-66　　图7-67

7.2.3 问卷调查表单的传播和数据收集

表单的作用是通过一系列问题收集用户信息，因此在表单制作完成后还需要对其进行分享，并了解如何查看收集到的数据。下面将介绍如何传播及收集表单数据。

步骤01 在页面右上角单击“预览/分享”按钮，如图7-68所示。

步骤02 进入预览/分享页面，在页面右侧输入分享该表单时所显示的作品名称和简介，随后单击“更换封面”文字链接，从素材文件夹中上传“旅游调查问卷封面”图片，并调整好图片的保留区域，单击“确定”按钮，完成封面的更换，如图7-69所示。

步骤03 通过分享二维码或网址可以将该表单分享给他人，如图7-70所示。

图7-68

图7-69

图7-70

步骤04 在手机端打开调查问卷，便可对表单中的题目进行作答，如图7-71所示。最后点击“提交”按钮即可提交结果，如图7-72所示。

步骤05 在手机端打开调查问卷后，点击右上角的“…”按钮，可以选择合适的方式分享当前表单，如图7-73所示。

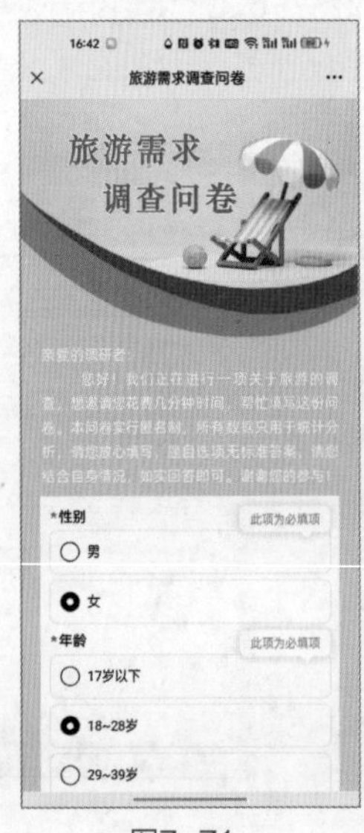

图7-71

图7-72

图7-73

步骤06　在任意作品的编辑页面单击页面左上角的MAKA图标，返回作品列表，如图7-74所示。

图7-74

步骤07　在“我的作品”页面可以查看到所有作品的浏览次数、表单完成数量、转发数据，如图7-75所示。

图7-75

步骤08　若要查看某个表单的具体数据，可以将鼠标指针移动到该表单上方，随即会显示“编辑”“预览”“数据”“分享”“更多”等按钮，单击“数据”按钮，如图7-76所示。

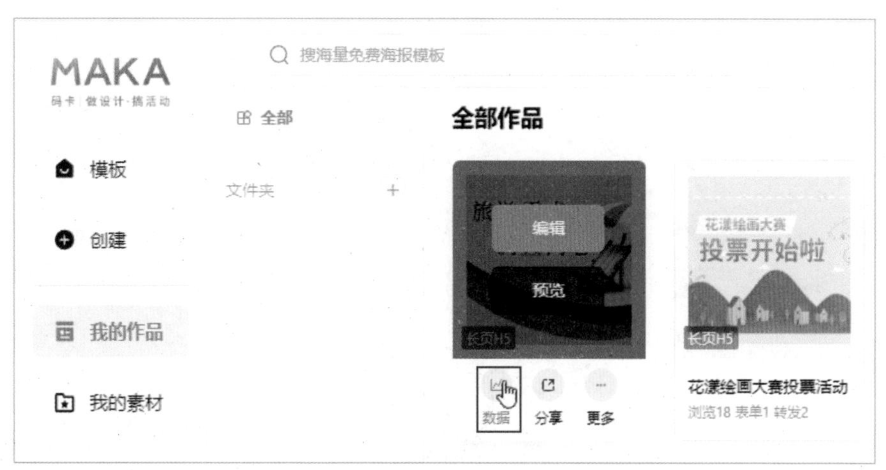

图7-76

步骤09　在随后打开的页面中即可查看到当前表单的传播数据，如图7-77所示。

步骤10　切换到“表单收集”选项卡，还可以查看收集到的每份表单的详细信息，单击“导出数据”按钮，可将这些数据导出，如图7-78所示。

步骤11　用户也可在作品列表页面中打开“数据”选项卡，通过该选项卡中提供的选项查看每个作品的数据，如图7-79所示。

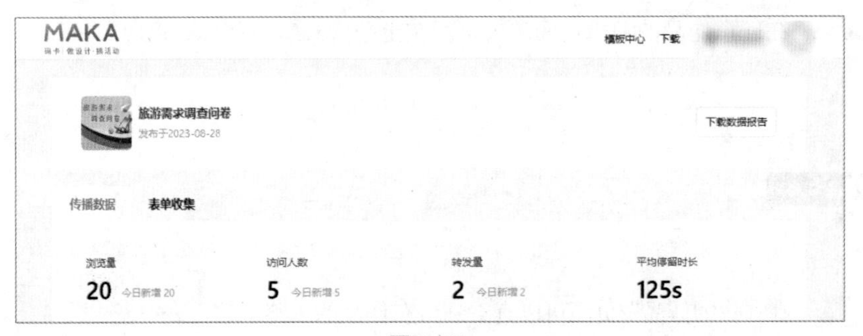

图7-77

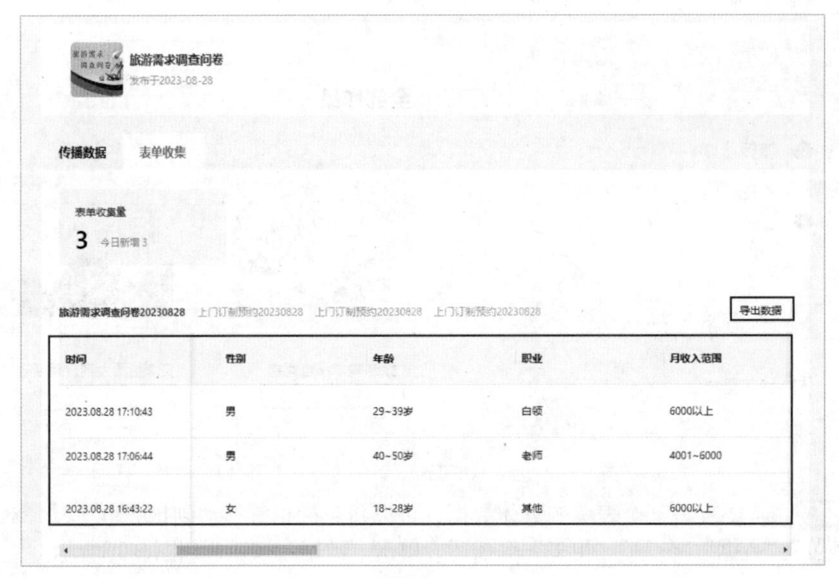

时间	性别	年龄	职业	月收入范围
2023.08.28 17:10:43	男	29~39岁	白领	6000以上
2023.08.28 17:06:44	男	40~50岁	老师	4001~6000
2023.08.28 16:43:22	女	18~28岁	其他	6000以上

图7-78

图7-79

课堂实战——制作知识竞赛答题页面

H5答题活动具有互动性强、玩法多、传播快等优势。从答题活动常见的主办方和应用场景来分析，可以将答题活动分为营销型、学习结果测评型、寓教于乐型、趣味测试型等。用户可以手动上传题目，设置题目的类型、分数并添加答案。

1. 制作目标

制作一份“二十四节气习俗知识有奖问答”页面，其中包含首页和答题规则说明页，通过点击“点击开始”及“开始答题”按钮，可以自动实现页面跳转，效果如图7-80所示。完成所有题目后自动弹出总分统计页面，效果如图7-81所示。

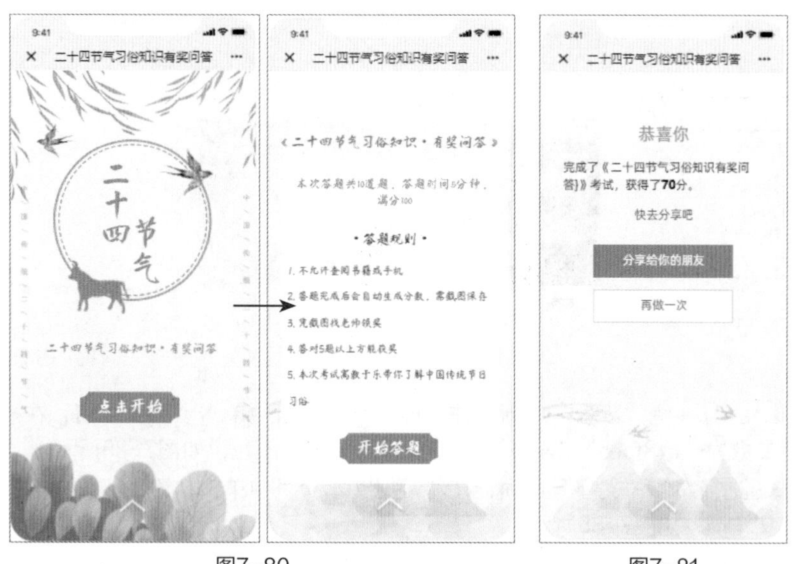

图7-80　　　　图7-81

答题页面包含10个单选题，总分值为100分，每题10分。每题包含A、B、C、D四个选项，答对或答错时选项后自动显示对号或错号图标，并自动弹出相应的页面及答案解析，效果如图7-82所示。

图7-82

2. 制作思路

利用MAKA平台，新建空白翻页H5页面，使用文字和图形等元素制作出首页和活动说明页，随后分别添加“答题页”和“分数页”答题表单，并编辑题目、选项、答案解析以及总分值等。

（1）制作首页和答题规则页

步骤01 进入MAKA网页版制作平台，在页面左侧选择“创建作品”选项，将鼠标指针移动到“翻页H5”选项上方，单击“空白创建”按钮，如图7-83所示。

步骤02 此时新页面中将自动创建一个空白H5页面，如图7-84所示。

图7-83

图7-84

步骤03 选择左侧“背景”选项，在“推荐颜色”组中单击“■”按钮，在展开的颜色菜单中设置颜色参数为“#f3faea”，H5页面随即被设置为相应颜色，如图7-85所示。

步骤04 选择左侧“文字”选项，在“常规文本”组中单击“添加正文内容”按钮，向页面中添加一个文本框，如图7-86所示。

图7-85

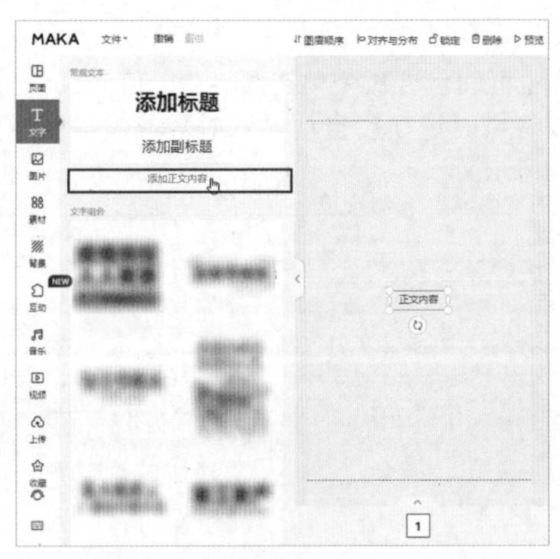

图7-86

步骤05 在文本框中输入“二”，随后在右侧面板的“文本”选项卡中设置字体为“庞门正道真贵楷体”、字体颜色参数为“#409a98”、字号为“83px”，如图7-87所示。

步骤06 继续向页面中添加文本框，分别输入“十”“四”“节”“气”文字内容。参照步骤05，设置好字体格式。拖曳文本框，组合好文字的排列方式，效果如图7-88所示。最后通过鼠标框选的方式选中所有文本框，整体移动所有文字。

步骤07 在左侧选择“素材”选项，在“素材库”选项卡中单击“更多”文字按钮，如图7-89所示。

步骤08 此时选项卡中会显示所有形状，选中图7-90所示形状，将其添加到页面中。

步骤09 选中形状，在右侧面板中设置位置为X“110”、Y“78”，尺寸为宽“414”、高“412”，随后单击顶部的“图层顺序”按钮，选择“置底”选项，将该形状置于页面最底层，如图7-91所示。

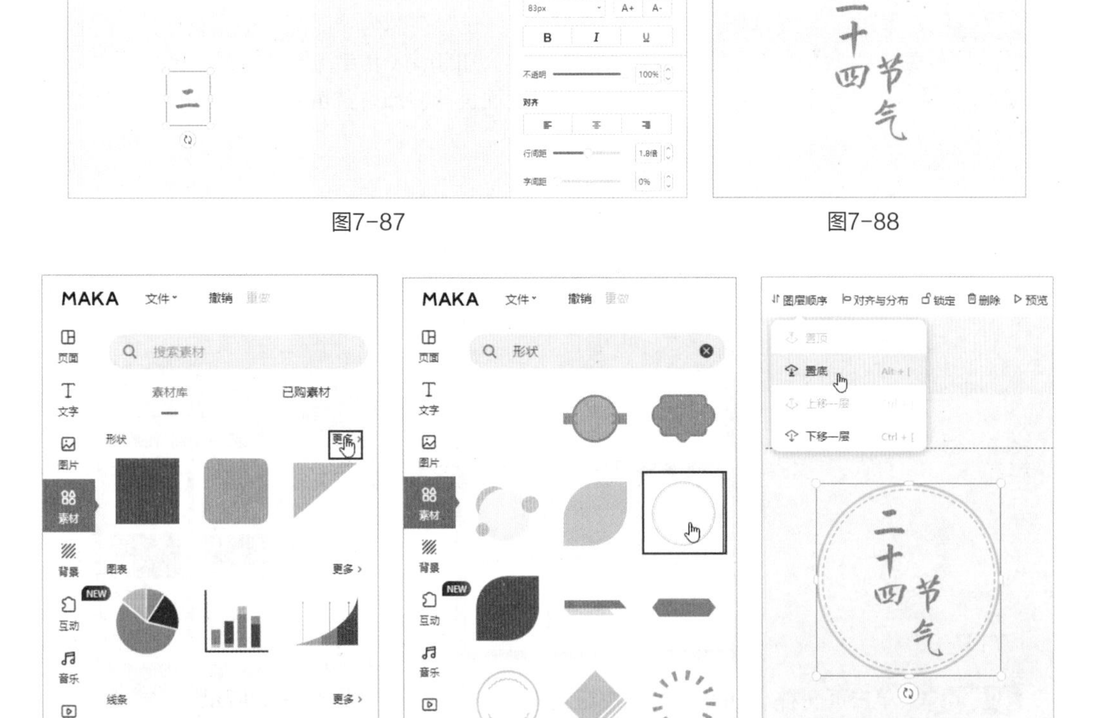

图7-87　图7-88

图7-89　图7-90　图7-91

步骤10 保存形状为选中状态，在右侧面板的“矢量图”选项卡中设置颜色参数为“#409a98”，如图7-92所示。

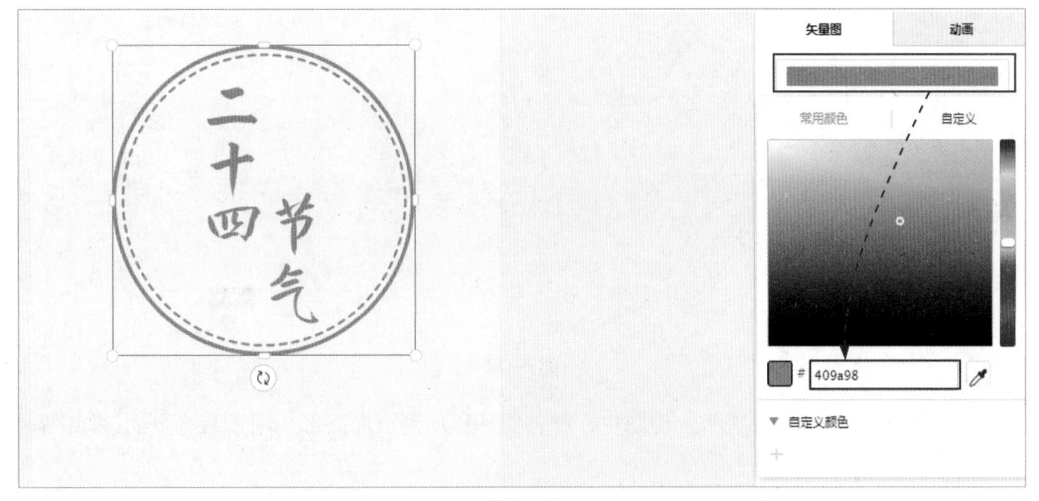

图7-92

步骤11 在页面中添加文本框，输入文本“二十四节气习俗知识·有奖问答”，设置字体为“庞门正道真贵楷体”、字色参数为“#409a98”、字号为“32px”，位置为X“74”、Y“584”，效果如图7-93所示。

步骤12 从左侧素材库中添加图7-94所示形状，设置形状的填充色参数为“#409a98”，位置为X“182”、Y“721”，尺寸为宽“258”、高“79”。

步骤13 再次添加文本框，输入“点击开始”，设置字体为“庞门正道真贵楷体”、字色为“白色”、字号为“43px”，将该文字拖曳到步骤12所添加的形状上方，效果如图7-95所示。

步骤14 从素材文件夹中上传图形元素，对页面进行装饰，首页最终效果如图7-96所示。

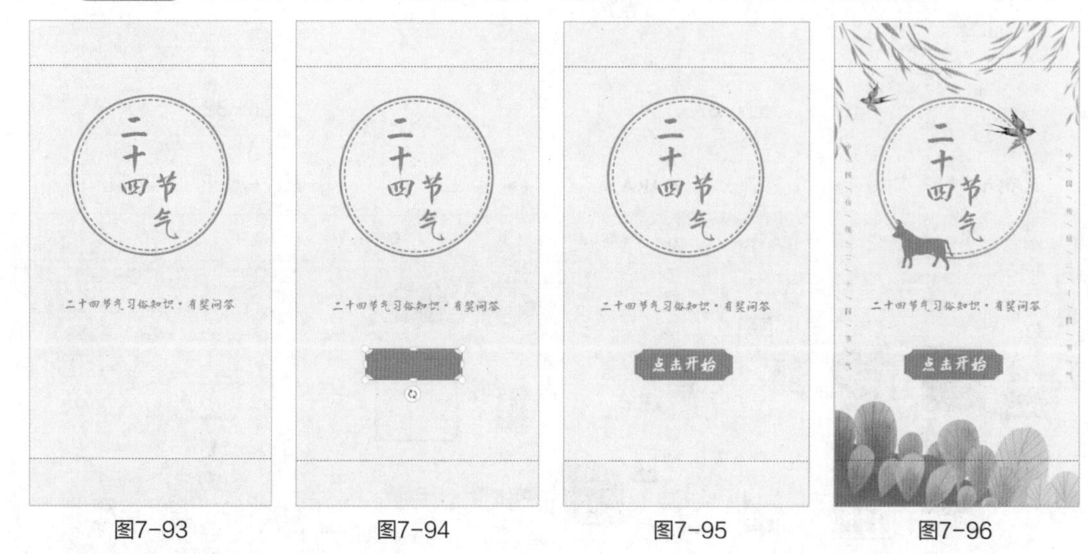

图7-93　图7-94　图7-95　图7-96

步骤15 单击页面右下角的“+”按钮，添加一个新页面，如图7-97所示。

图7-97

步骤16 从素材文件夹中上传图片，并将图片移动到页面底部，用于装饰页面，如图7-98所示。

步骤17 在右侧面板中将图片不透明度设置为“40%”，随后从右侧“素材”库中选中矩形，设置矩形填充色为“白色”、不透明度为“80%”，并参照图7-99调整好矩形的大小和位置。

步骤18 在右侧文字库中添加文本框，输入文本框内容，并调整好文本格式以及文本框的位置（文本框的设置方法上文已多次介绍，由于篇幅问题，此处不再对具体步骤做展开介绍），答题规则页最终效果如图7-100所示。

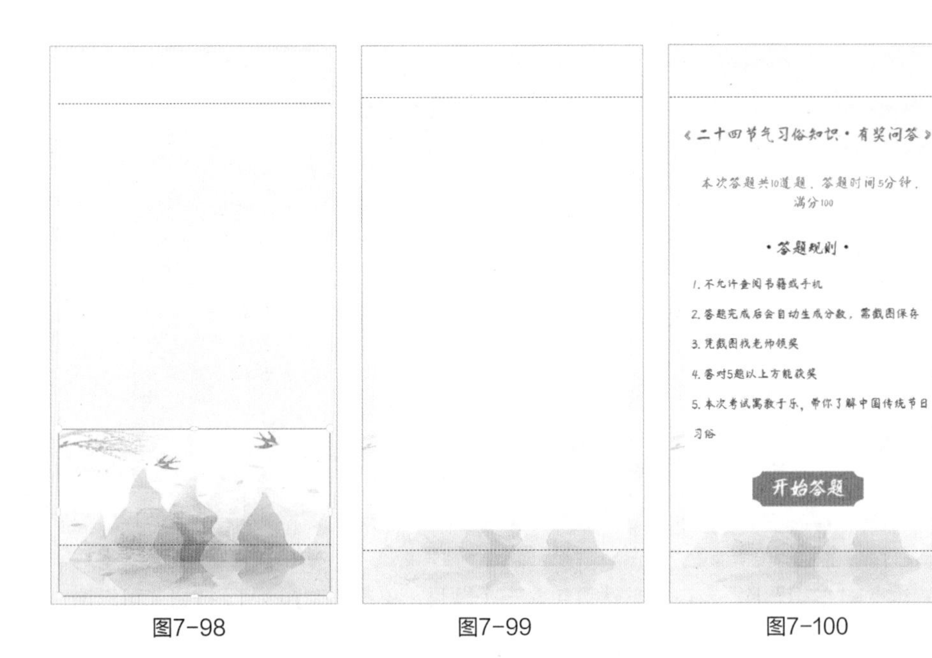

图7-98　　图7-99　　图7-100

（2）设置答题页

步骤01　单击页面右下角的“+”按钮，再次添加新页面。随后在左侧选择“互动”选项，在“答题组件”组中选择“答题页”选项，如图7-101所示。

步骤02　第3页中随即被添加答题页互动组件，如图7-102所示。

步骤03　保持答题页组件为选中状态，在右侧“答题页设置”面板的标题文本框中输入“二十四节气习俗知识”，在副标题文本框中输入“有奖问答”，随后单击“编辑题库”按钮，如图7-103所示。

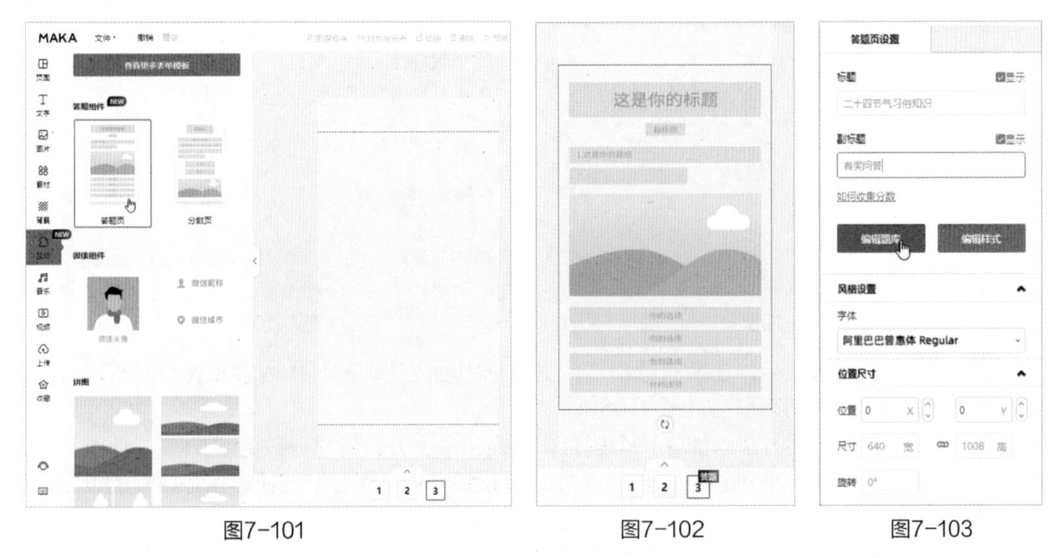

图7-101　　图7-102　　图7-103

步骤04　打开“编辑题库”窗口，设置第1题的类型为“单选项”，随后在题目文本框中输入题目，分别在选项1至选项4文本框中输入A至D的选项，并选中正确答案右侧的单选按钮，在解析文本框中输入答案解析内容，如图7-104所示。

步骤05　单击各选项右侧图片上的“⊗”按钮，将所有选项的图片删除（若需要为每个选项配置图片，则可以单击图片右侧的“替换图片”按钮，上传所需图片），如图7-105所示。

图7-104

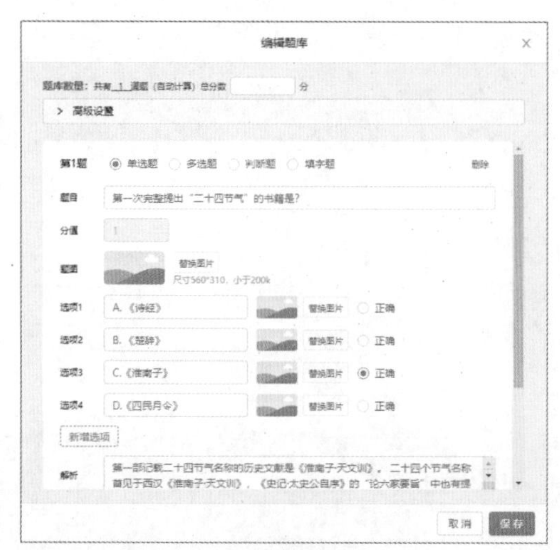

图7-105

步骤06 “编辑题库”窗口中默认只包含一个题目，单击“新增题目”按钮，可以增加题目，如图7-106所示。

步骤07 继续设置第2题的题目和选项，新增的题目默认只包含一个选项，单击“新增选项”按钮，可以增加选项，如图7-107所示。

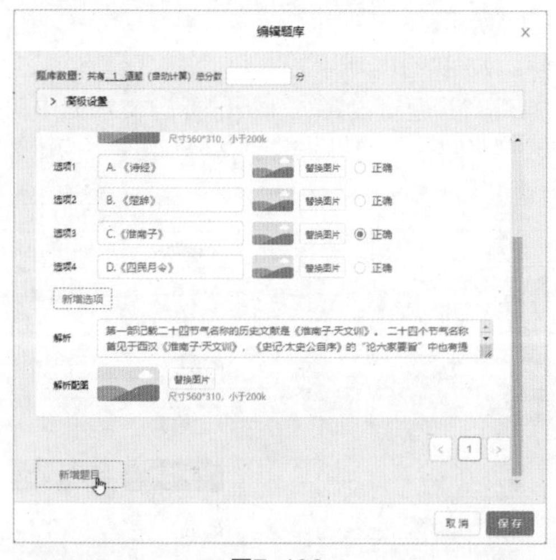

图7-106

图7-107

步骤08 新增选项后，在所有选项右侧文本框中输入选项的具体内容和答案解析内容，并选中正确答案右侧的单选按钮，如图7-108所示。

步骤09 参照上述方法添加完10个题目，在窗口最上方设置总分数为“100”，此时每个题目会自动平均计算分值，每个题目的分值为“10”，最后单击“保存”按钮，保存题目的设置，如图7-109所示。

步骤10 在“答题页设置”面板中单击“字体”下拉按钮，选择一种合适的字体，答题页面中的正文内容即可应用该字体，如图7-110所示。

步骤11 在“答题页设置”面板中单击“编辑样式”按钮，在弹出的窗口中可以设置“题目页”的文字样式以及选项框样式等，如图7-111所示。

步骤12 切换到“对错页”选项卡，还可以对提示文字的内容、文本颜色、图标等进行设置，如图7-112所示。

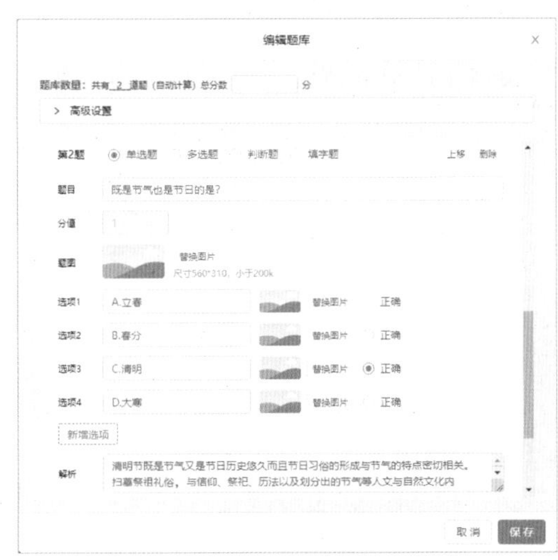

图7-108

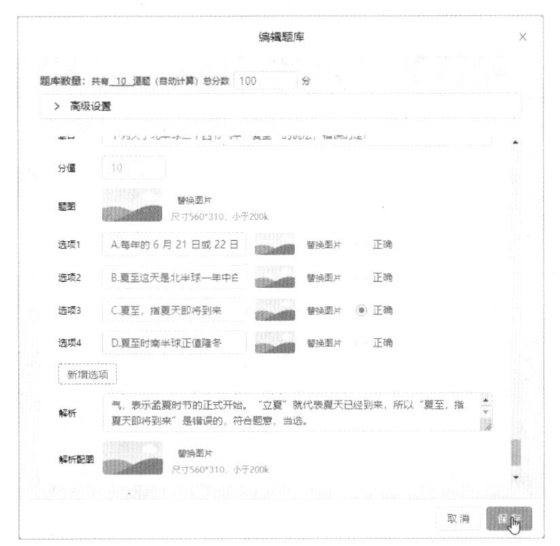

图7-109

图7-110

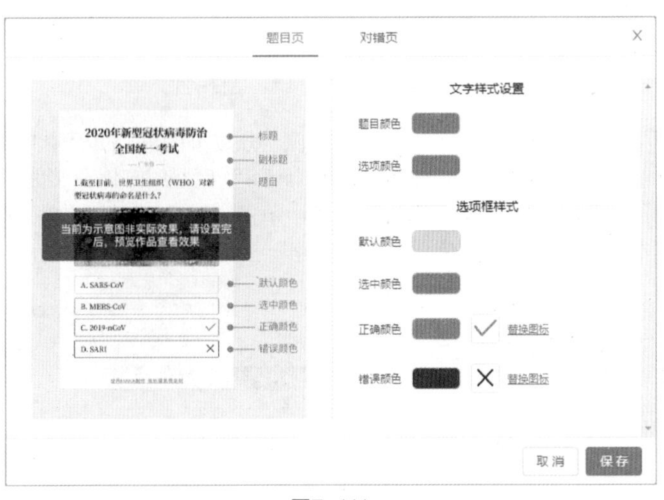

图7-111

图7-112

（3）设置分数页

步骤01 在页面右上角单击“+”按钮，增加新页面，在左侧选择“互动”选项，在“答题组件”组中选择“分数页”选项，向页面中添加“分数页”组件，如图7-113所示。

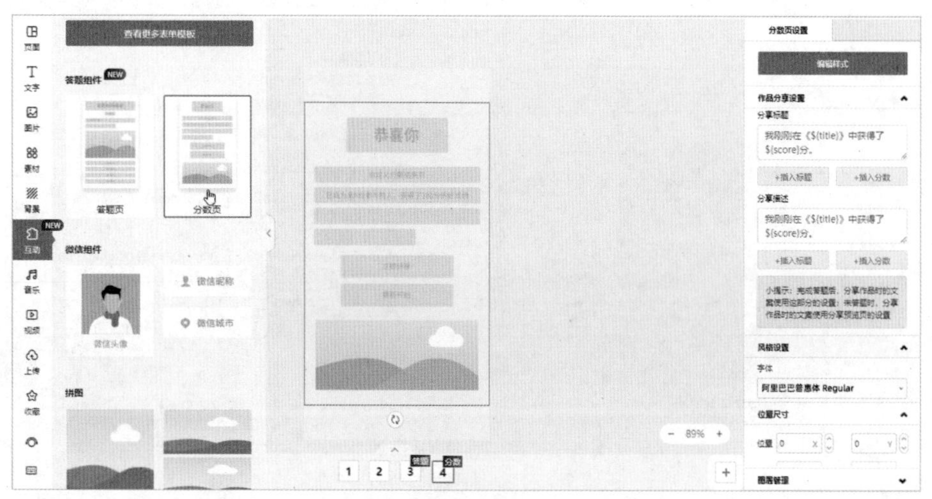

图7-113

步骤02 选中分数页组件，在右侧“分数页设置”面板中修改“分享标题”以及“分享描述”文本框中的内容，将“title”修改为“二十四节气习俗知识有奖问答”，如图7-114所示。

步骤03 在“分数页设置”面板中单击“编辑样式”按钮，打开“分数结果页设置”窗口，设置文本框内容及标题颜色，单击“保存”按钮，如图7-115所示。

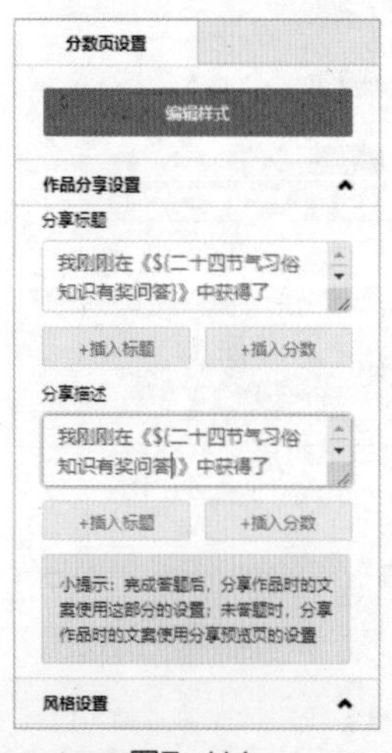

图7-114

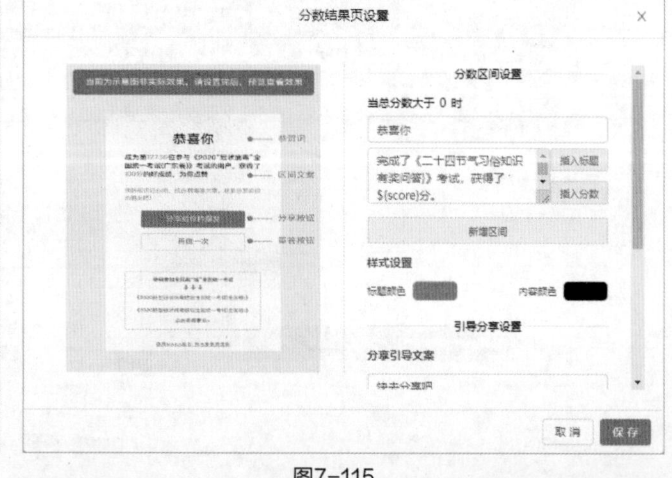

图7-115

步骤04 答题页及分数页设置完成后，为这两页的页面添加装饰图片，并将图片置于底层，效果如图7-116所示。

（4）添加页面链接

步骤01 打开页面1，选中“点击开始”文本框，在右侧面板的“文本”选项卡中勾选“启用跳转链接”复选框，随后单击“网页链接”下拉按钮，在下拉列表中选择“页面跳转”选项，如图7-117所示。

步骤02 单击右侧下拉按钮，在下拉列表中选择“第2页”选项，如图7-118所示。

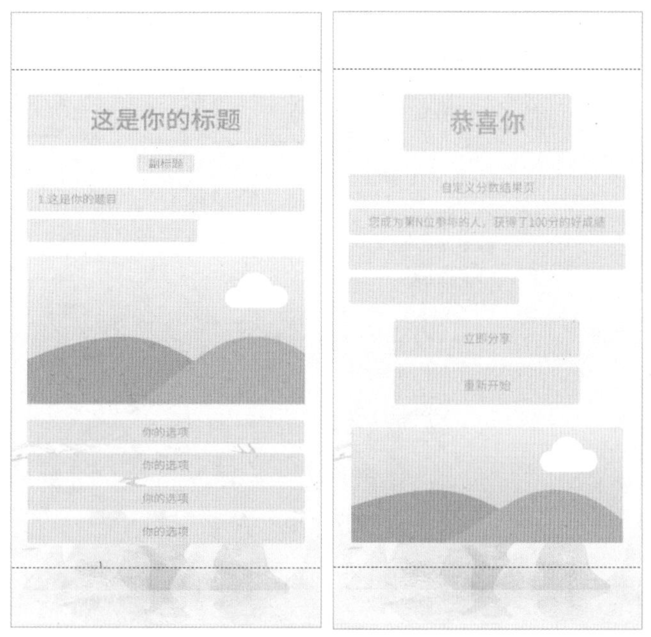

图7-116

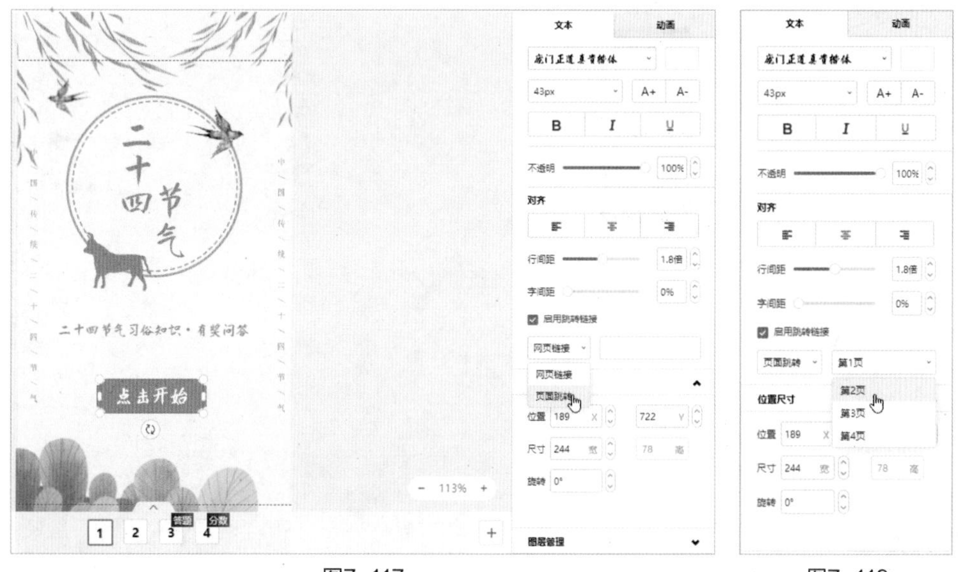

图7-117 图7-118

步骤03 打开页面2，选中“开始答题”文本框，在右侧面板的“文本”选项卡中勾选“启用跳转链接”复选框，设置跳转方式为“页面跳转”，跳转到的页面为“第3页”，如图7-119所示。

（5）预览作品效果

步骤01 单击页面右上角的“预览/分享”按钮，进入预览界面，在右侧“分享设置”组中输入作品标题以及分享文字，更换作品封面。在页面左侧预览区域可预览作品效果，如图7-120所示。

步骤02 打开MAKA首页，在左侧选择“我的作品”选项，单击答题表单右下角的“更多”按钮，在下拉列表中选择“数据统计”选项，可以查看当前表单的数据浏览量、访问量、分享量等数据，如图7-121所示。

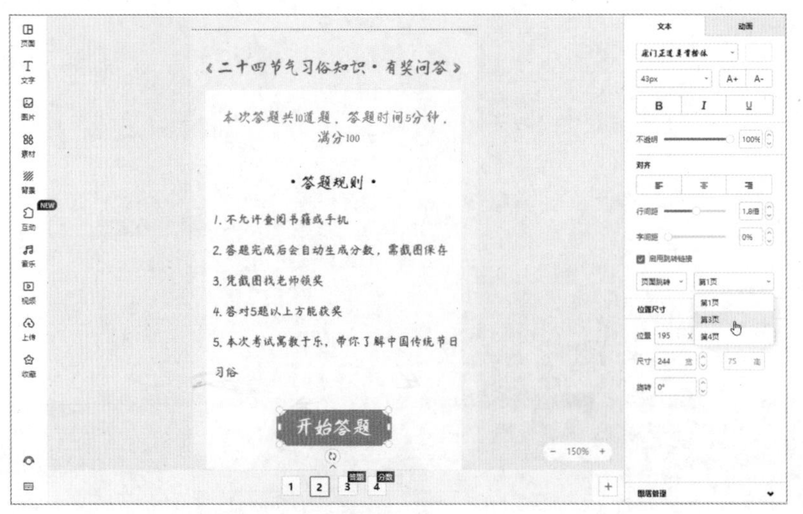

图7-119

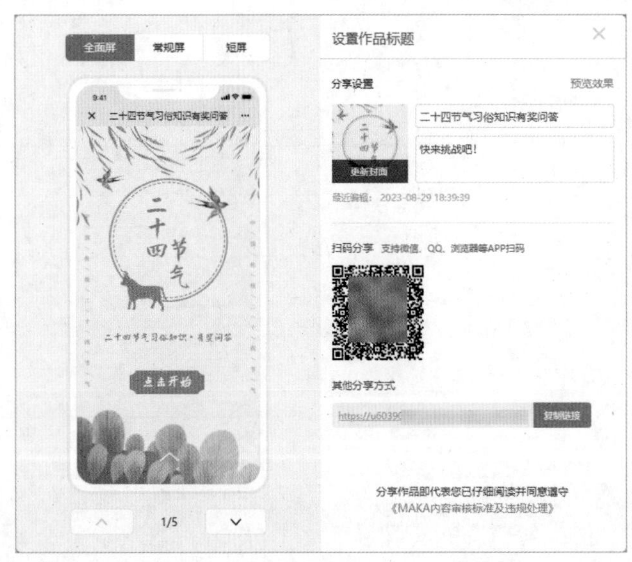

图7-120

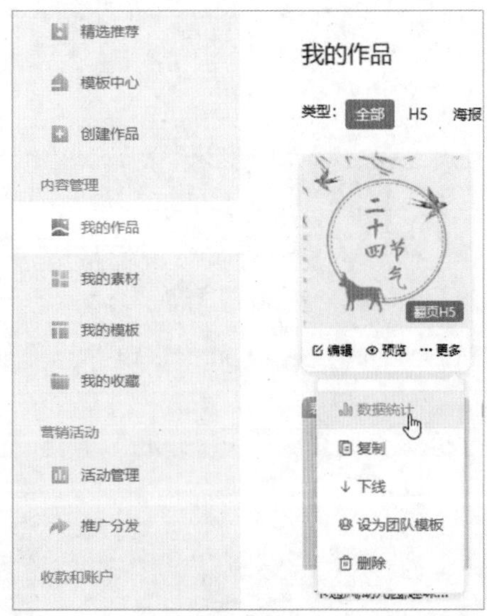

图7-121

知识拓展

Q1：如何在新建的页面中添加投票组件?

A：在页面左侧选择“互动”选项，在展开的菜单中打开“营销活动”选项卡，单击“投票”选项，如图7-122所示。此时可向页面中添加投票组件，效果如图7-123所示。

Q2：如何为知识竞赛答题表单添加背景音乐?

A：在页面左侧选择“音乐”选项，如图7-124所示。在弹出的“音乐素材”窗口中可以根据类型选择需要使用的背景音乐，也可以在窗口左侧选择“我的上传”选项，上传本地音乐文件，如图7-125所示。

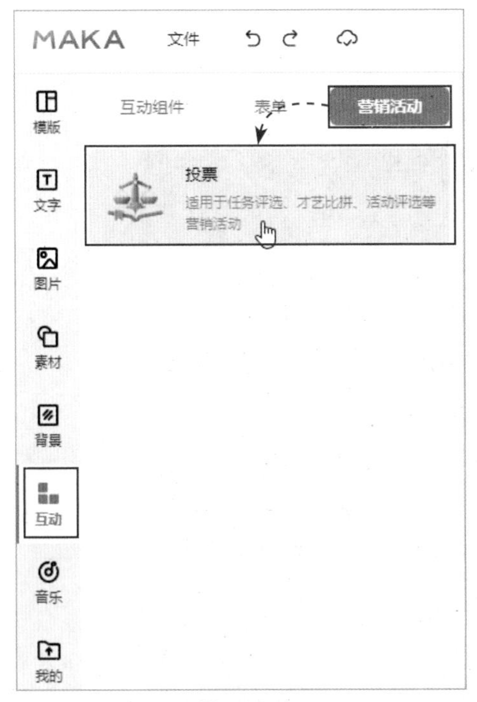

图7-122

图7-123

图7-124

图7-125

前面的章节已经对制作H5的常用工具以及这些工具的使用方法进行了详细介绍。本章将综合前面学习过的知识完成活动邀请类H5页面的制作。

8.1 商务会议邀请函H5页面设计

H5凭借其丰富的页面效果、多样化的视觉冲击力、良好的互动效果、低成本和高传播率等优势，常被用于各类邀请函的制作。下面将详细介绍如何制作一份商务会议邀请函。

8.1.1 制作邀请函首页

在确定了要使用的H5工具、邀请函的具体风格、制作邀请函所需素材后，便可着手邀请函H5页面的制作了。下面将在易企秀中完成商务邀请函的制作，首先介绍如何制作邀请函首页。

1. 新建H5页面

制作邀请函的第一步是新建H5页面。在易企秀中新建H5页面的方法非常简单，具体操作步骤如下。

步骤01　登录易企秀官方网站，进入易企秀首页页面，在左侧列表中选择“创建设计”选项，如图8-1所示。

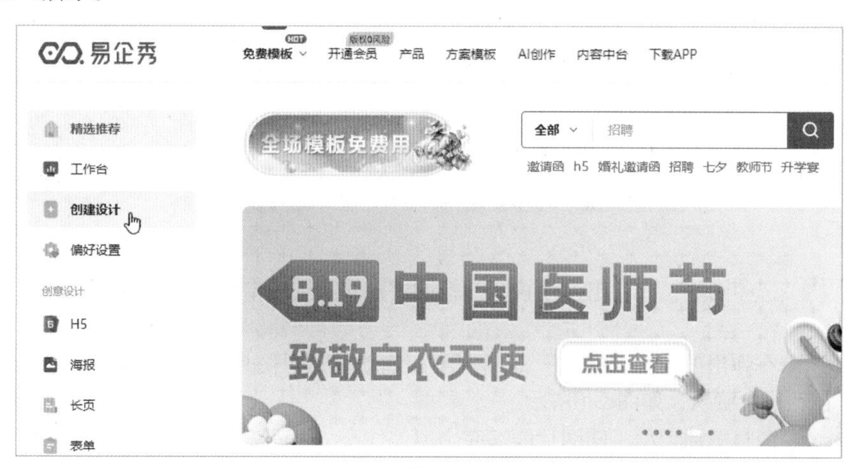

图8-1

步骤02　当前页面中随即弹出“创建作品”窗口，将鼠标指针移动到“H5”选项上方并单击。

步骤03　此时浏览器中开启新页面，该页面中自动包含一个空白页，如图8-2所示。

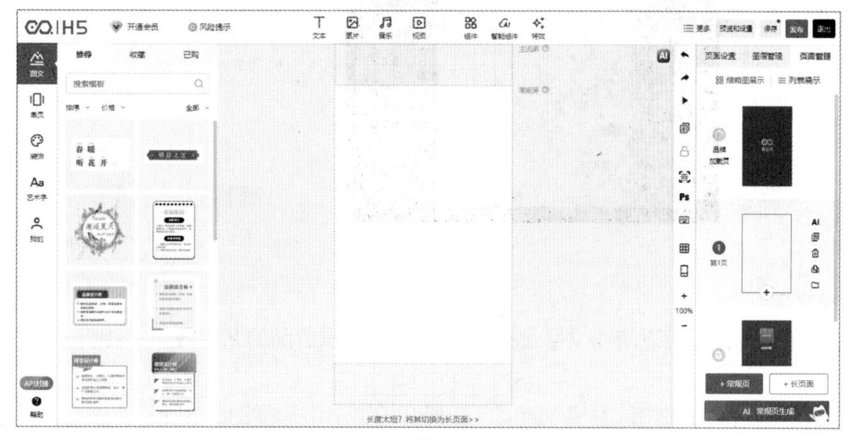

图8-2

2. 制作邀请函首页背景

页面的背景对H5的整体风格有着至关重要的影响。下面将在新建的H5页面中设计背景，具体操作步骤如下。

步骤01 在当前窗口的右侧打开“页面设置”选项卡，单击“■”按钮，参照图8-3设置颜色参数。

步骤02 选择窗口左侧素材库中的“我的”选项，在展开的菜单中打开“我上传的素材”选项卡，随后单击“本地上传”按钮，将需要使用的图片上传至当前菜单中，单击上传的图片，将图片添加到页面中，如图8-4所示。

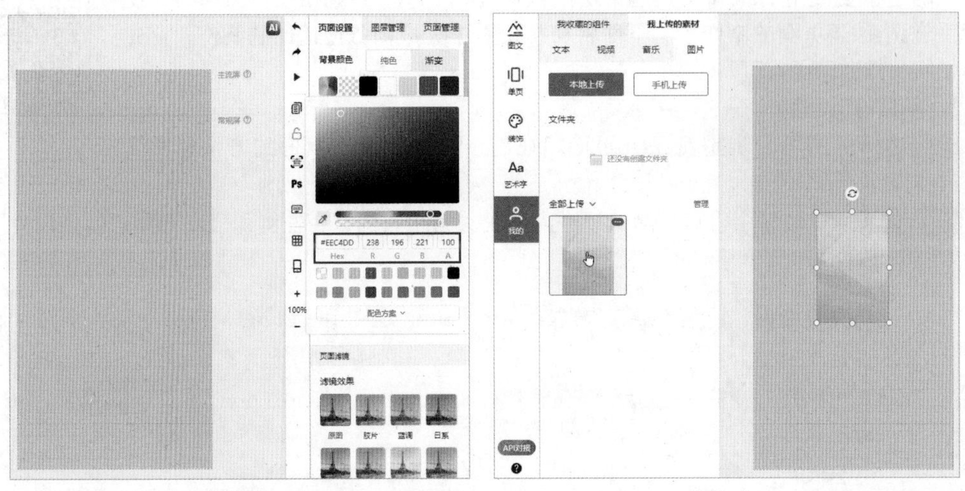

图8-3　　图8-4

步骤03 选中图片，在“组件设置”面板的“样式”选项卡中单击“裁切”按钮，如图8-5所示。

步骤04 在弹出的“图片裁切”对话框中，拖动鼠标对图片进行适当裁剪，裁剪完成后单击“确定”按钮进行确认，如图8-6所示。

步骤05 调整图片大小，使图片能够完全覆盖住整个页面，效果如图8-7所示。

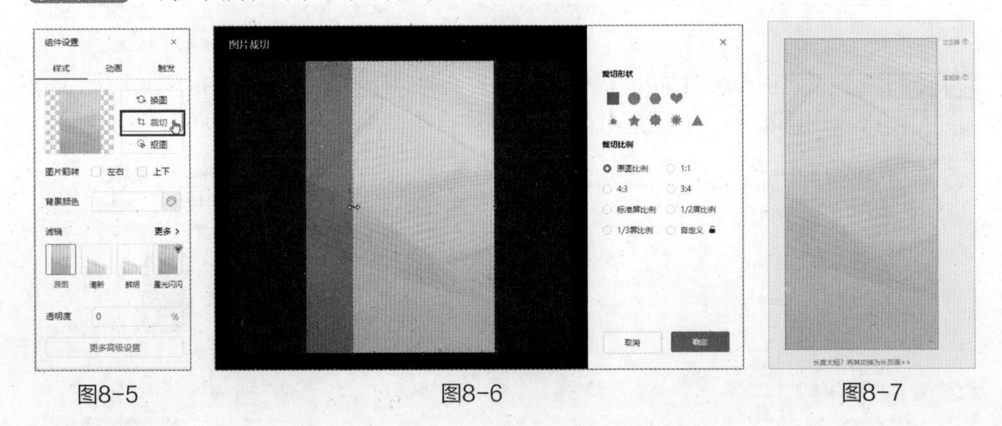

图8-5　　图8-6　　图8-7

3. 添加文字

背景设置完成后，便可以制作文字部分了。为了增强邀请函的艺术效果，提升整体质感，可以使用艺术字。

步骤01 素材库中的“艺术字”选项，在展开的菜单中选择图8-8所示“贴图”艺术字效果，页面中随即被添加相应的艺术字文本框。

步骤02 在艺术字文本框中输入“邀请函”，并通过浮动菜单栏设置字体为“思源宋体加粗”、字号为“60”，如图8-9所示。

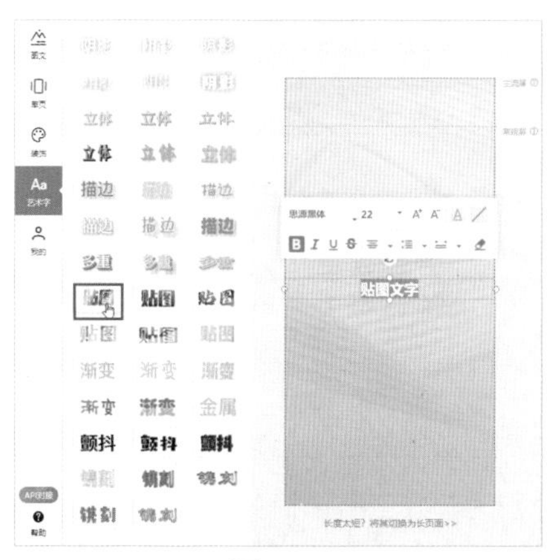

图8-8

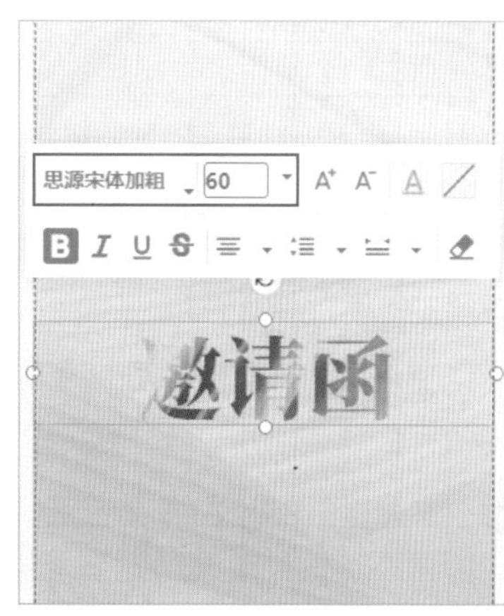

图8-9

步骤03 选中“邀请函”艺术字文本框，页面中会自动出现“组件设置”面板，在该面板的“样式”选项卡中单击“贴图背景”右侧的“更多”文字链接，如图8-10所示。

步骤04 面板中随即展开所有贴图背景，选择第一个背景效果，如图8-11所示。随后单击“返回”文字链接，可以收起所有贴图背景。

步骤05 单击“滤镜”右侧的“更多”文字链接，如图8-12所示。

步骤06 拖曳“色调”滑块，调整值为“-21”，如图8-13所示。

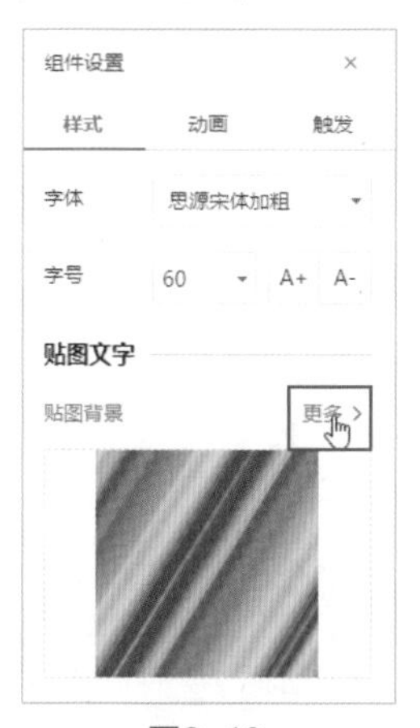

图8-10

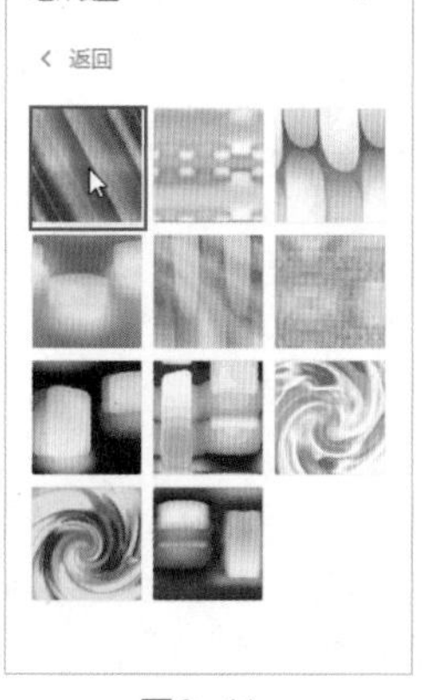

图8-11

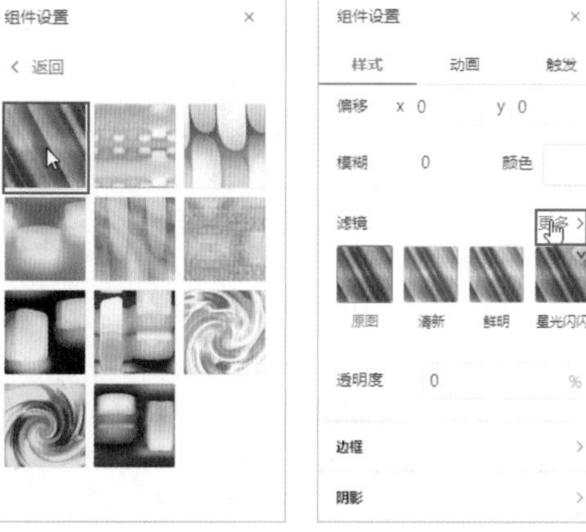

图8-12

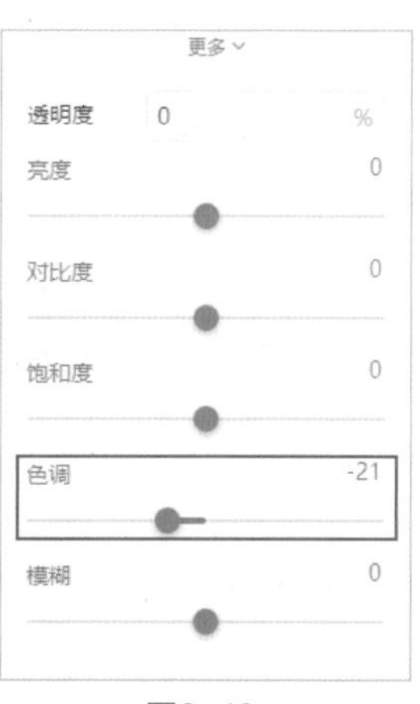

图8-13

步骤07 此时艺术字的贴图背景以及色调发生相应更改。拖曳艺术字文本框，参照图8-14所示位置参数放置文本框。

步骤08 继续从素材库中打开“艺术字”菜单，选中图8-15所示“渐变”艺术字。随后向新添加的艺术字文本框中输入“DSSF”。

步骤09 在“组件设置”面板的“样式”选项卡中设置字体为“Teko-Bold”、字号为“28”。分别设置渐变色的左右两个色块的rgba值为“rgba(255,121,142,0.98)”和“rgba(255,190,208,0.13)”，调整渐变角度为“323”，如图8-16所示。

步骤10 拖曳“DSSF”艺术字文本框，参照图8-17所示参数位置进行放置。

步骤11 在页面顶部工具栏中单击“文本”按钮，向当前页添加普通文本框，如图8-18所示。

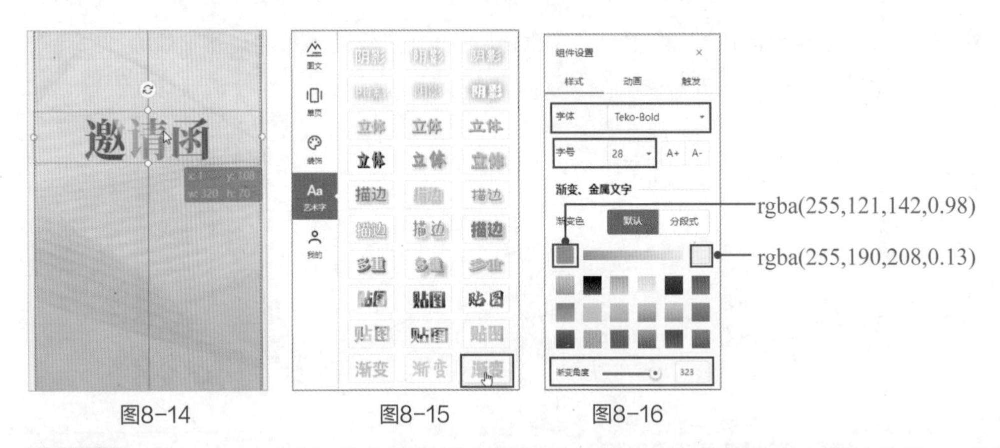

图8-14　　图8-15　　图8-16

步骤12 参照图8-19添加多个普通文本框并输入文字，大致调整文本框的位置。页面最下方文本框中的文本字体、字号及颜色参数分别为“方正书宋简体”“12px”“RGBA(255,225,226,100)”；其余文本框中的文本字体、字号及颜色参数分别为“方正书宋简体”“14px”“RGBA(220,130,157,100)”。

图8-17

图8-18

图8-19

4. 美化页面

输入文字后整体页面看起来比较单调，下面还需要使用一些图片、形状等素材来装饰、美化页面。

步骤01 在页面顶部的工具栏中单击“图片”按钮，打开“图片库”，选择“正版图片”选项，打开“正版形状”选项卡，找到矩形并单击，将其添加到页面中，如图8-20所示。

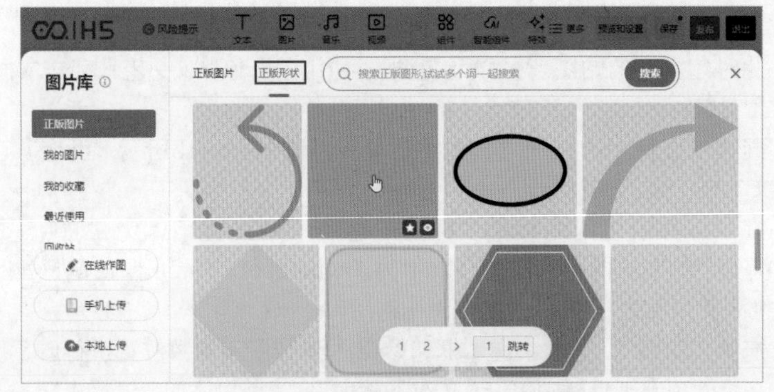

图8-20

步骤02　调整矩形的尺寸为宽“273”、高“422”，位置为X“23”、Y“17”，如图8-21所示。

步骤03　保持矩形为选中状态，在“组件设置”面板的“样式”选项卡中设置形状颜色1为“白色rgba(255,255,255,1)”、透明度为“60%”。随后展开“边框”组，设置边框颜色为“rgba(228,32,91,1)”、边框尺寸为“1”、“圆角”的4个方向的值均为“10”，如图8-22所示。

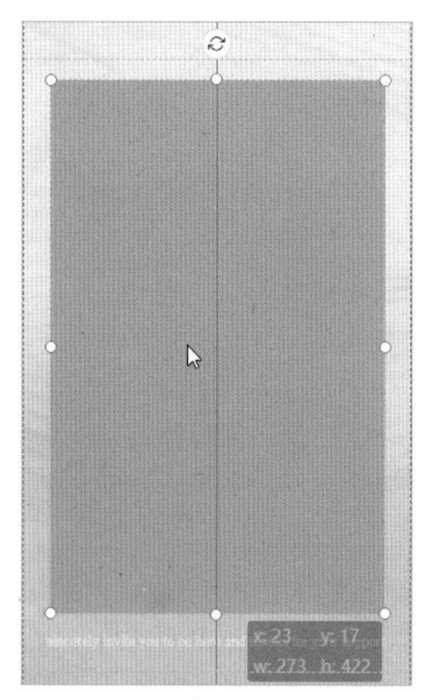

图8-21

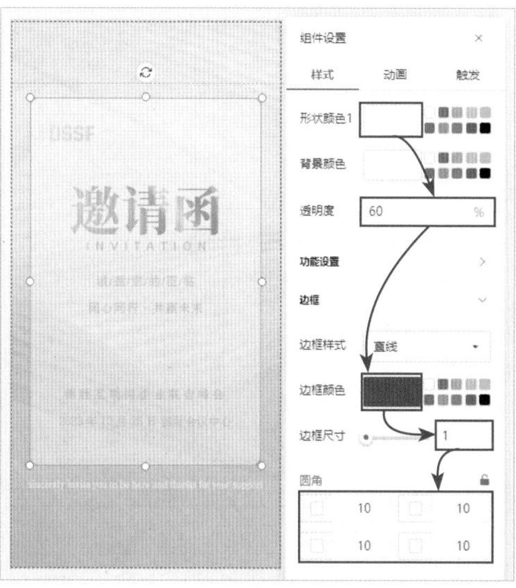

图8-22

步骤04　在“组件设置”面板中展开“阴影”组，设置外阴影为“rgba(0,0,0,0.69)”、横向与纵向值均为“2”、模糊值为“10”，为所选矩形添加阴影效果，如图8-23所示。

步骤05　当前矩形的图层位置在最顶层，下面还需要将其移动到所有文本内容的下方显示。右击矩形，在弹出的菜单中单击“下移”按钮，如图8-24所示。每单击一次，矩形的图层位置便会向下移动一层，多次单击“下移”按钮，直至将矩形移动到所有文本内容的下方，效果如图8-25所示。

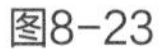

图8-23

图8-24

图8-25

步骤06　从素材文件夹中上传“墨迹云”图片，并将其插入页面中，调整其尺寸为宽“395”、高“244”，位置为X“-23.5”、Y“196”，效果如图8-26所示。

步骤07　设置云形图片的透明度为“55%”，随后将其图层位置移动至半透明矩形的下方，效果如图8-27所示。

步骤08 从素材文件夹中上传“玉兰花1”“玉兰花2”“玉兰花3”图片，参照图8-28调整好它们的大小和位置。

图8-26

图8-27

图8-28

步骤09 在左侧素材库中选择“装饰”选项，在展开的菜单中单击“全部”按钮，选择“花边边框/花边”，如图8-29所示。随后，选中图8-30所示花边装饰，将其添加到页面中。

步骤10 设置花边装饰的颜色为“rgba(224,145,169,1)”，设置位置为X“98”、Y“408”。至此，完成邀请函首页的制作，效果如图8-31所示。

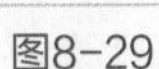
图8-29

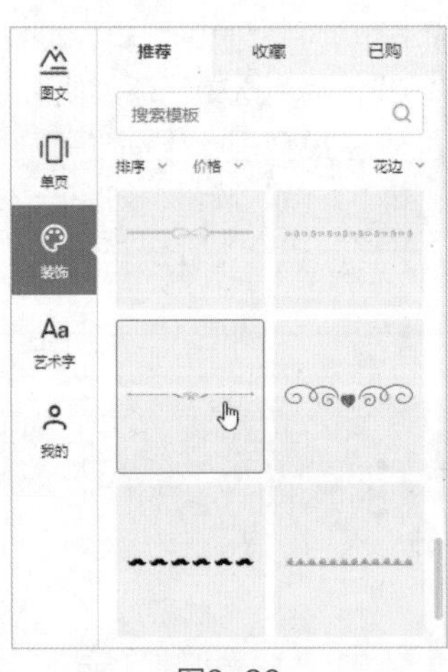

图8-30

图8-31

8.1.2 制作邀请函详情页

商务会议邀请函的详情页中通常会包含会议主题、主要嘉宾、会议流程、往期内容、会议时间与地址、回执信息等内容。为了保证整体效果，可以为每页使用相同的版式，如图8-32所示。下面将对邀请函详情页中的主要步骤进行介绍。

1. 制作详情页模板

详情页模板可以在首页背景的基础上进行适当的修改，具体操作步骤如下。

步骤01 在页面右侧打开“页面管理”选项卡，将鼠标指针移动到“第1页”缩略图上方，该缩略图右侧随即出现一列按钮，单击“复制当前页面”按钮，复制当前页面，如图8-33所示。

图8-32

步骤02　在复制得到的页面中删掉除最底部文本框之外的所有文本框，如图8-34所示。

步骤03　调整装饰图片的大小和位置。随后在页面中添加矩形，设置尺寸为宽“320”、高“31”，位置为X“0”、Y“29”。在矩形上方添加文本框，输入文本内容，设置字体为“思源黑体”、字号为“14px”、文本颜色为“rgba(255,255,255,100)”，如图8-35所示。

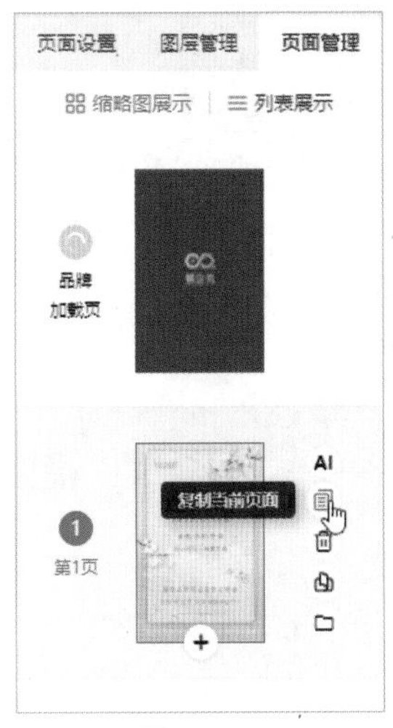

图8-33

图8-34

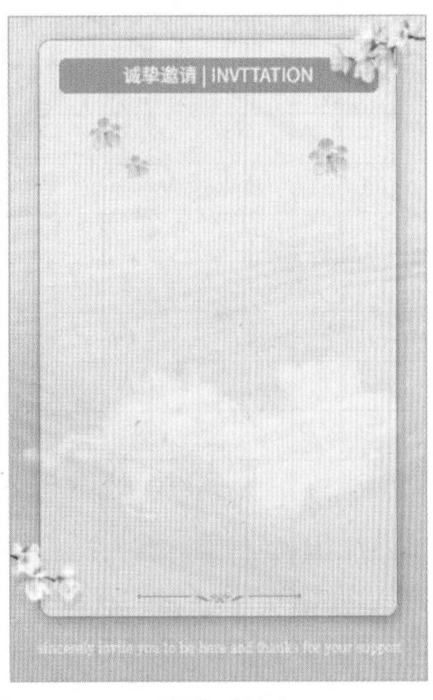

图8-35

2. 设置文本效果

文字是传达信息的主要途径之一。在H5页面中输入文本内容时，可以通过设置对齐方式、字间距、行间距等让文本内容看起来更美观，更便于阅读。

步骤01 在页面中插入文本框，随后在文本框中输入内容，默认情况下文本居中显示，用户可以在“组件设置”面板的“样式”选项卡中设置字体、字号、文本颜色、对齐方式等，如图8-36所示。

步骤02 在“组件设置”面板的“样式”选项卡中单击“行距”按钮，调出“行间距”操作项，拖曳滑块可调整文本框中内容的行间距，如图8-37所示。

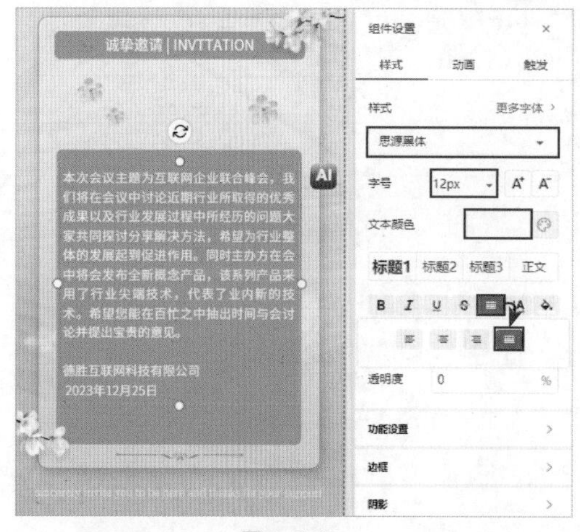

图8-36

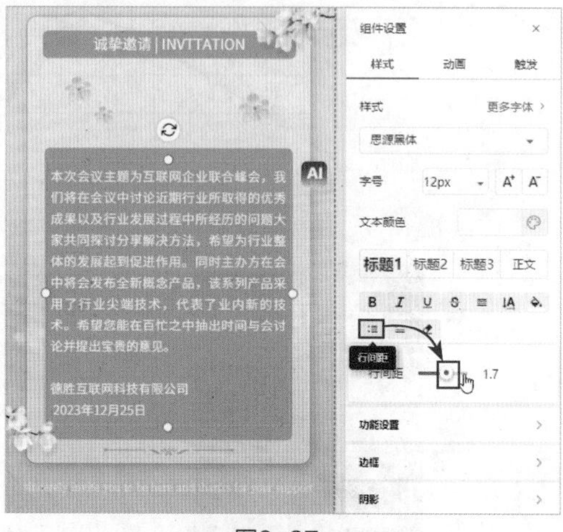

图8-37

步骤03 单击“字间距”按钮，调出“字间距”操作项，拖曳滑块可调整字间距，如图8-38所示。

步骤04 使用空格来调整段落的缩进，如图8-39所示。

图8-38

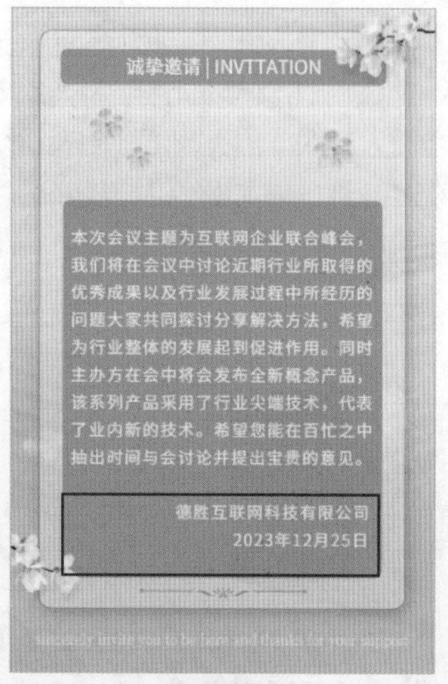

图8-39

3. 添加组件

邀请函详情页中通常包含很多组件，如微信头像、拼图、地图、输入框、提交按钮等。通过工具栏中提供的“组件”命令可以向指定页面中添加需要的组件，如图8-40所示。下面以添加地图组件为例进行介绍。

图8-40

步骤01　在工具栏中单击“组件”按钮，在展开的菜单中选择“地图”选项，即可向当前页面中添加地图组件，如图8-41所示。

步骤02　保持地图为选中状态，在“组件设置”面板的“样式”选项卡中输入要定位的地址，地图中随即自动定位该地址，如图8-42所示。另外，在该面板中还可将地图的样式由目前的“图形”更改为“按钮”，以及将地图的形状由矩形更改为圆形等。

图8-41

图8-42

8.1.3 添加页面动效

为H5页面添加动画效果可以在很大程度上提升作品的感染力。下面将为邀请函的首页添加动画效果。

1. 为页面对象设置动画

用户可以为H5页面中的指定对象设置动画效果，如为文本框、图片、形状、组件等设置动画。下面将介绍具体操作步骤。

步骤01　选中首页中的“邀请函”文本框，在“组件设置”面板中打开“动画”选项卡，单击动画1右侧的“淡入”按钮（默认动画效果为“淡入”），如图8-43所示。

步骤02　“进入”选项卡中选择需要使用的动画效果，此处选择“中心放大”选项，如图8-44所示。

步骤03 所选文本框随即被添加“中心放大”动画效果，此时可以继续为该文本框叠加其他动画效果，以增强页面效果。保持文本框为选中状态，在“组件设置”面板中单击“添加动画”按钮，如图8-45所示。

步骤04 打开“强调”选项卡，选择“翻转”选项，如图8-46所示。

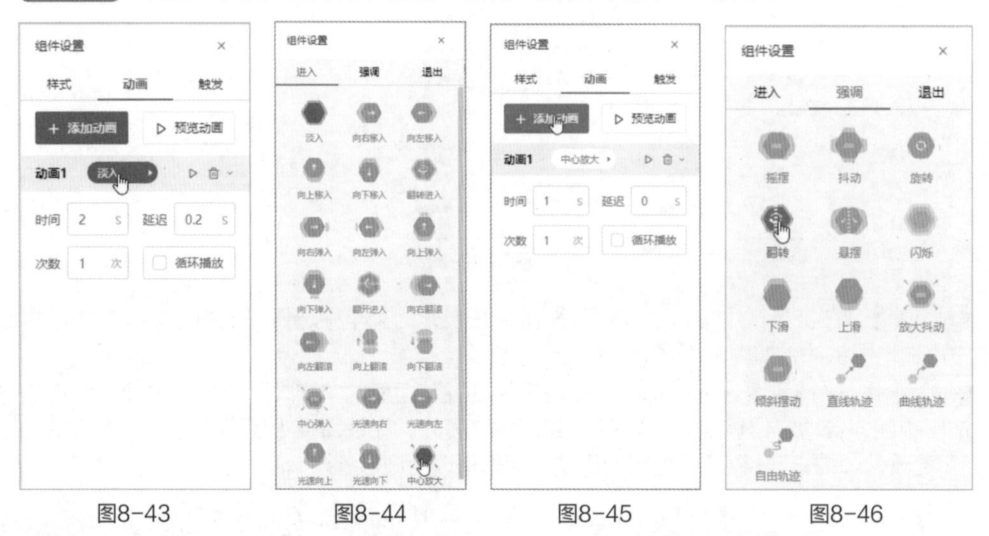

图8-43　　图8-44　　图8-45　　图8-46

步骤05 此时“组件设置”面板中会显示当前对象被添加的所有动画效果，此处设置动画1的延迟播放时间为“0.2s”，设置动画2的延迟播放时间为“0.5s”，单击“预览动画”按钮，可以预览当前对象的动画效果，如图8-47所示。

步骤06 用户也可同时为多个对象设置动画效果。此处选择图8-48所示两张图片，在“多选操作”面板中打开“进入”选项卡，选择“粒子进入”选项，即可对所选的多张图片同时应用该动画效果。

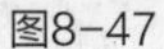

图8-47

图8-48

2. 设置翻页动画

翻页动画类似于PPT中的页面切换效果。为H5作品中的页面设置翻页动画可以实现页面的动态切换。设置翻页动画的具体操作步骤如下。

步骤01 在页面右侧打开“页面管理”选项卡，在“缩略图展示”页面中单击任意页面右侧的“◙”按钮，如图8-49所示。

步骤02　在打开的“翻页动画设置”面板中选择“淡入”选项，随后单击“应用到全部页面”按钮，如图8-50所示。

步骤03　单击预览页面左侧的“上一页”或“下一页”标签可以对切换动画进行预览，如图8-51所示。最后单击“翻页动画设置”面板左下角的“保存”按钮，保存并退出翻页动画的设置。

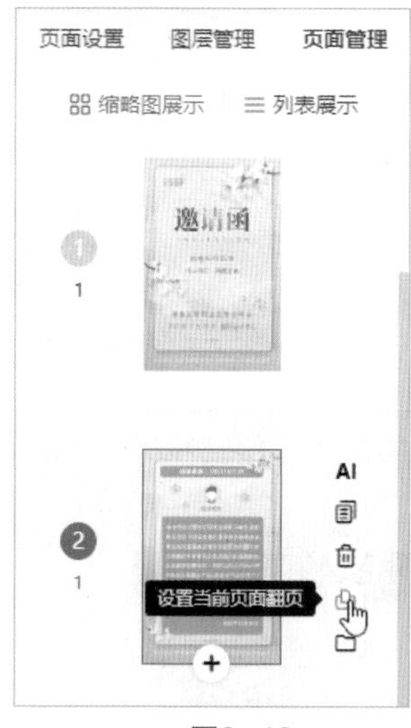

图8-49

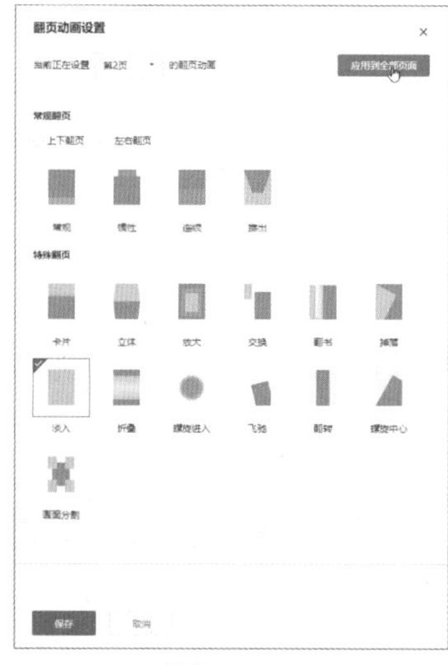

图8-50

图8-51

8.1.4 添加页面音效

H5邀请函页面效果制作完成后，还可以添加背景音乐。添加音乐的方法很简单，具体操作步骤如下。

步骤01　在页面顶部工具栏中单击“音乐”按钮，如图8-52所示。

图8-52

步骤02　打开“音乐库”，选择需要使用的音乐，单击“立即使用”按钮，即可应用该音乐，如图8-53所示。

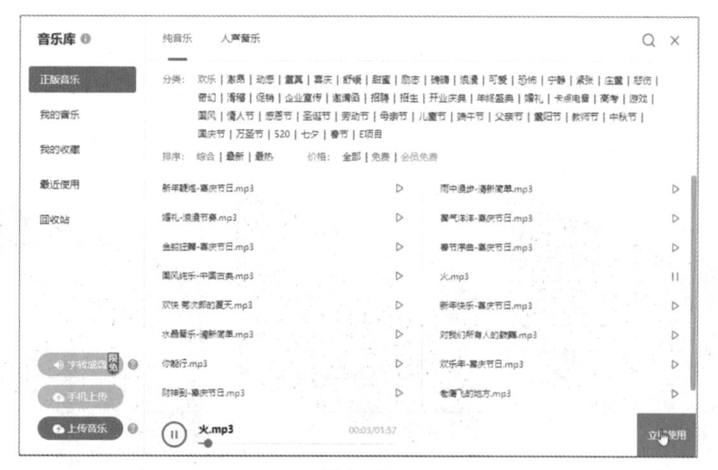

图8-53

8.2 设计招生宣传H5页面

在培训招生的过程中，经常需要进行各种宣传活动。一份优秀的H5招生宣传页面设计能够让人产生深刻的印象，从而达到宣传的目的。

8.2.1 制作宣传文字部分

招生宣传页面的文字部分是页面的主体，文字醒目有利于信息的读取。下面将介绍设计招生宣传页面文字的方法。具体操作步骤如下。

步骤01 从“素材”文件夹中导入“蓝色背景”图片，然后调整其大小，使其能够覆盖住页面，如图8-54所示。

步骤02 单击顶部工具栏中的“图片”按钮，在展开的图片库中选择“正版图片”选项，随后切换到“正版形状”选项卡，在需要使用的形状上方单击，将其添加到页面中，如图8-55所示。

图8-54

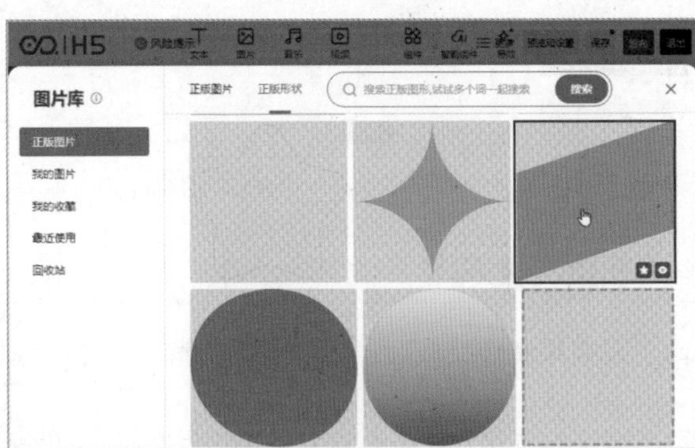

图8-55

步骤03 调整形状的尺寸为宽“319”、高“354”，设置位置为X“-0.3”、Y“118.5”，设置颜色为“rgba(216,27,34,1)”，如图8-56所示。

步骤04 添加文本框，输入内容“乒乓球”，设置字体为“阿里巴巴普惠体2.0大粗115”、字号为“70px”、字体效果为“斜体”、文本颜色为“rgba(255,255,255,100)”；随后调整文本框位置为X“65.8”、Y“178.5”、旋转“340”度，效果如图8-57所示。

步骤05 再次添加文本框，输入文字“暑假招生啦”，参照步骤04设置字体、字体倾斜效果、文本颜色等，设置字号为“56px”。随后将该文本框移动至图8-58所示位置。

图8-56

图8-57

图8-58

步骤06 单击顶部工具栏中的“图片”按钮，打开图片库，选择“正版图片”，打开“正版形状”选项卡，在“实心形状”分组中找到图8-59所示形状并单击，将其添加到页面中。

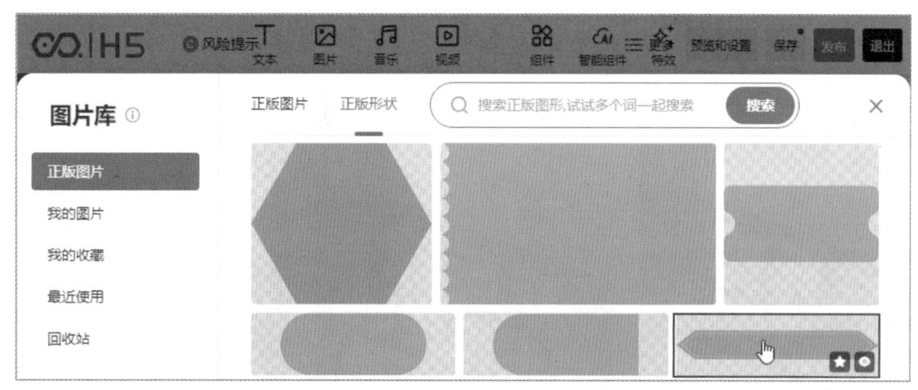

图8-59

步骤07 设置形状尺寸为宽“281”、高“37”，位置为X“20.5”、Y“334”、旋转“340”度，设置形状颜色1和形状颜色3为“rgba(216,27,34,1)”、形状颜色2为“rgba(255,255,255,1)”，如图8-60所示。

步骤08 添加文本框，输入文本“乒乓球培训中心宣传”，设置字体为“阿里巴巴普惠体2.0加粗105”、字号为“22px”、文本颜色为“rgba(216,27,34,100)”，位置为X“-53”、Y“333”、旋转“340”度，如图8-61所示。

步骤09 添加文本框，输入电话号码，设置字体为“阿里巴巴普惠体2.0细体45”、字号为“14px”、字体效果为“斜体”，位置为X“-50”、Y“374”、旋转“340”度。

步骤10 添加一个矩形，设置为白色，尺寸为宽“371”、高“1”，制作出阴影效果，放置在红色菱形上方，如图8-62所示。

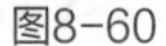

图8-60

图8-61

图8-62

8.2.2 添加乒乓球元素丰富页面效果

文字部分制作好以后，此时页面还比较空，可以添加一些与乒乓球有关的图形元素来填充美化页面。

步骤01 从素材文件夹中上传“乒乓球人物剪影”图片，调整好大小，将其图层位置调整至红色菱形下方，如图8-63所示。

步骤02 导入“球网”图片，将其透明度设置为“40%”，将图层位置调整至人物剪影下方，如图8-64所示。

步骤03 依次导入其他装饰图片，参照图8-65调整好装饰图片的大小和位置。

图8-63

图8-64

图8-65

8.2.3 制作抽奖幸运大转盘

为了加强互动，可以在H5招生宣传页面的最后增加抽奖幸运大转盘页面。具体操作步骤如下。

步骤01 在页面右侧打开“页面管理”选项卡，单击最后一个页面下方的“+”按钮，新建一个空白页面，如图8-66所示。

步骤02 选中新建的空白页，在顶部工具栏中单击“智能组件”按钮，在展开的菜单中选择“抽奖”选项，如图8-67所示。

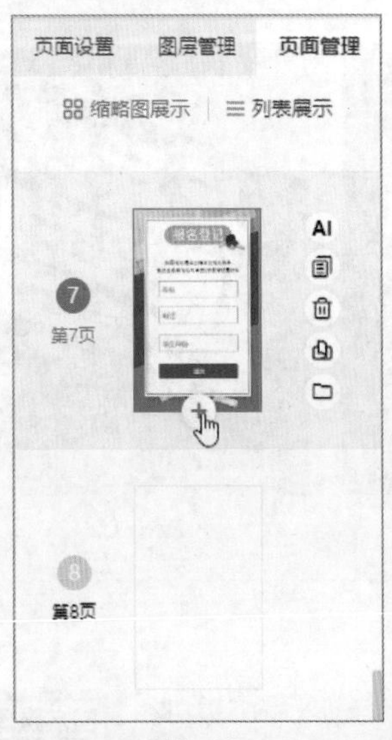

图8-66

图8-67

步骤03 在“选择模板”窗口选择需要使用的模板，随后单击“确定”按钮，如图8-68所示。

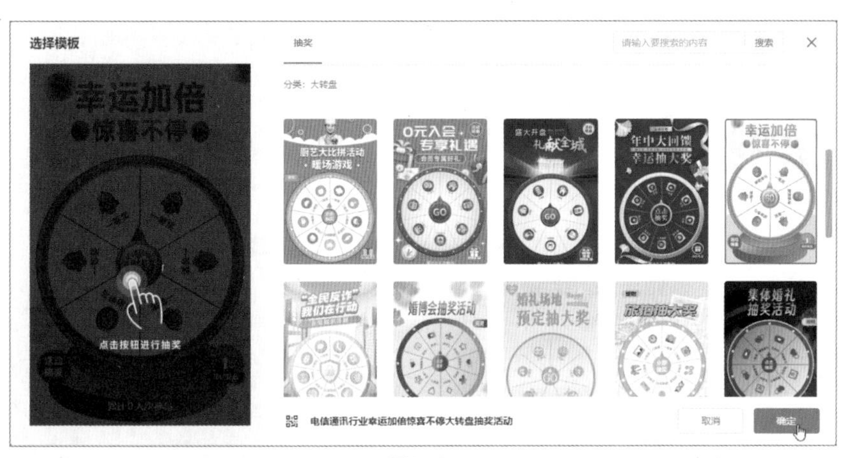

图8-68

步骤04 进入“编辑抽奖”窗口，首先在“活动首页”页面中进行“基础内容设置”，输入活动名称为“抽奖赢学费”，随后设置活动的开始时间和结束时间，并在下方设置活动参与人数、是否显示累积参与人数等信息，如图8-69所示。

图8-69

步骤05 单击“奖品内容设置”按钮，设置“奖项一”的奖品类型为“优惠券”、奖品名称为“1000元优惠券”、奖品总数量为“3”，如图8-70所示。

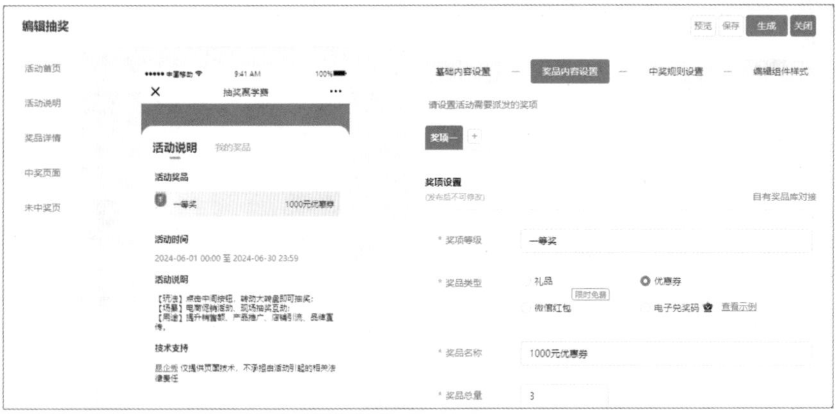

图8-70

步骤06 单击“奖项一”标签右侧的“+”按钮添加“奖项二”，设置奖项等级为“二等奖”，选择奖品类别为“优惠券”，输入奖品名称为“500元优惠券”、奖品总量为“3”；再次单击“+”按钮添加“奖项三”，设置奖项等级为“三等奖”，选择奖品类别为“优惠券”，输入奖品名称为“200元优惠券”、奖品总量为“3”，如图8-71所示。

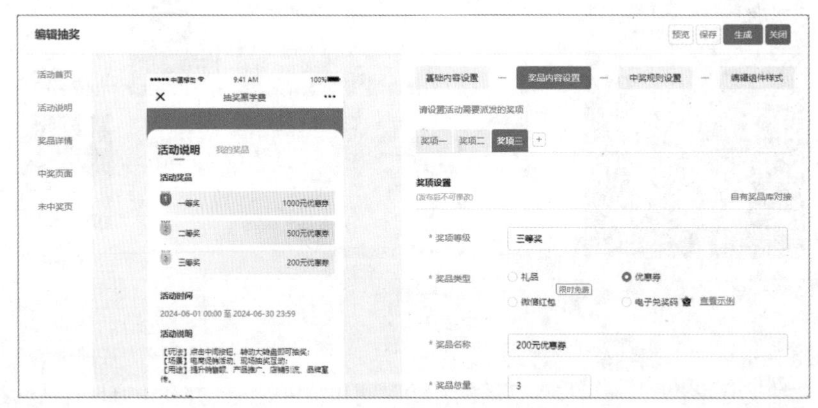

图8-71

步骤07 单击“中奖规则设置”按钮，设置总抽奖次数为每人有“2”次、每日有“2”次抽奖次数、每人最多可中奖1次、总中奖率为“10”%，如图8-72所示。

图8-72

步骤08 单击“编辑组件样式”按钮，然后单击需要替换的元素，如图8-73所示。从“图片库”中选择“正版图片”，使用“氛围元素”组中的内置图片替换所选元素。

图8-73

步骤09 本案例依次替换奖项一、奖项二、奖项三图片，并分别设置文本为“一等奖”“二等奖”“三等奖”，设置完成后单击“生成”按钮，即可自动生成抽奖大转盘，如图8-74所示。

图8-74

8.2.4 信息发布

制作好的H5需要发布后才能使用，用户可以通过不同程序如微信、QQ、微博等，将H5链接分享给他人。下面将介绍具体操作步骤。

步骤01 在页面右侧单击“发布”按钮，当前H5作品随即被自动发布，如图8-75所示。

步骤02 发布完成后，用户可以更改封面，也可以单击“复制链接”按钮，复制作品链接，并将该链接分享给他人，如图8-76所示。

图8-75

图8-76

步骤03 发布成功后，才能对幸运转盘进行预览。在页面右侧单击“预览和设置”按钮，进入预览模式，预览至幸运转盘页面时单击“GO”按钮，转盘开始旋转，如图8-77所示。

步骤04 抽奖结束后会弹出抽奖结果页面，如图8-78所示。

图8-77

图8-78

课堂实战——美食刮奖活动页面

本章介绍了如何使用易企秀制作抽奖幸运大转盘。除了大转盘，易企秀还包含了很多互动小工具，如砸金蛋、开宝箱、摇一摇、老虎机、刮刮乐等。

1. 制作目标

利用易企秀平台提供的“刮刮乐”模板，制作一份以美食活动为主题的刮奖活动，如图8-79所示。要求活动奖品分为一至三等奖，奖品分别为“1折吃遍全场”“全场美食5折”“全场美食8折”，如图8-80所示。

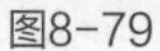

图8-79

图8-80

2. 制作思路

选择模板后，使用“素材文件夹”或系统内置的图片素材替换模板中的素材、替换背景音乐，随后根据需要对活动的基础内容、奖项、中奖规则、分享等进行设置，最后预览制作效果。

（1）制作刮奖活动页面效果

步骤01 在易企秀主页左侧选择“创建设置”选项，打开“创建作品”窗口，在“互动”选项上方单击，如图8-81所示。

图8-81

步骤02 在打开的新页面中可以输入互动的类型以精确搜索模板类型，也可以通过单击页面中提供的文字搜索相关模板，此处单击“刮刮乐”文字，如图8-82所示。新页面中随即显示搜索到的模板，用户可以根据需要选择一个模板。

图8-82

步骤03 选择好模板后，开始制作。在页面左侧单击要替换的元素，此处单击“背景图片”，如图8-83所示。

步骤04 在展开的图片库窗口中单击“本地上传”按钮，如图8-84所示。从素材文件夹中选中“渐变背景”图片，该图片随即被上传到图片库“我的图片”中。

步骤05 在“我的图片”中单击上传的“渐变背景”图片，出现“图片裁切”窗口，选择好要保留的图片区域，单击“确定”按钮，即可替换当前活动页面的背景，如图8-85所示。随后参照此方法继续替换页面中的其他元素。

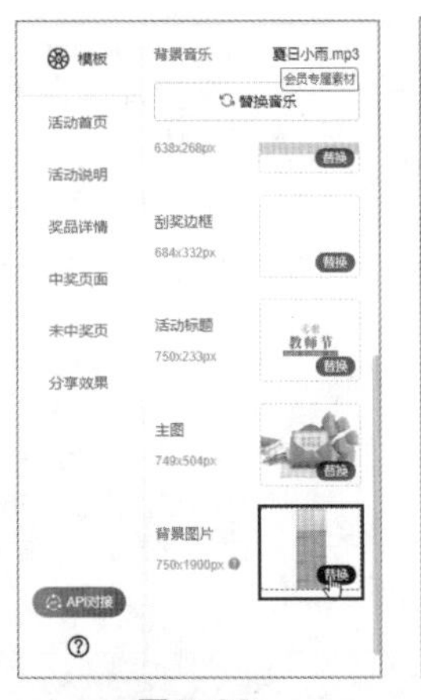

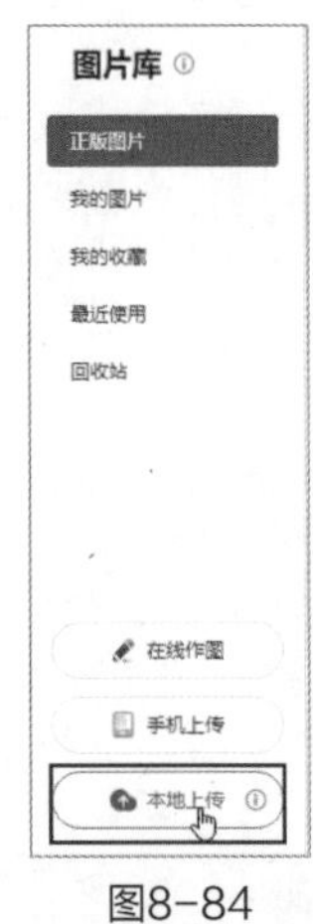

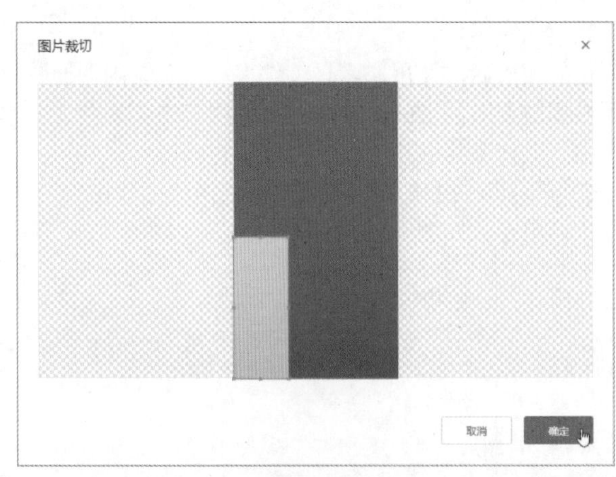

图8-83　　图8-84　　图8-85

步骤06　在页面中双击“刮开有惊喜”图案，页面右侧随即打开一个菜单，单击“刮奖区样式”右侧的“替换”按钮，如图8-86所示。

步骤07　将素材文件夹中的“刮奖”图片上传到图片库中，从“我的图片”中使用该图片时，注意要调整好图片的保留区域，如图8-87所示。

图8-86　　图8-87

步骤08　选中页面右下角“我的奖品”图片，该图片上方随即出现3个按钮，单击“替换”按钮，如图8-88所示。

步骤09　在图片库中选择“正版图片”，随后单击“鲜花礼品”文字分类，选中一个满意的礼品盒图片，如图8-89所示。该图片随即替换页面中所选的素材。

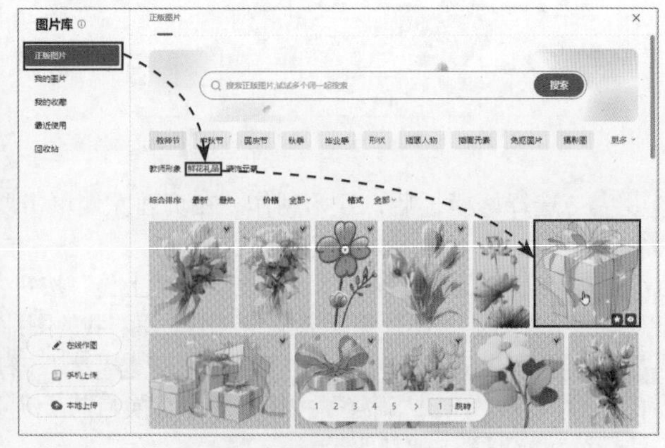

图8-88　　图8-89

（2）设置活动规则

步骤01 在页面右侧的“活动信息设置”组中输入活动名称为“美食节刮卡赢折扣活动”，设置好活动的开始时间和结束时间以及活动的说明，随后根据需要在“参与条件设置”组中设置活动的参与人数、是否显示累计参与次数、虚拟参与人次等，如图8-90所示。

步骤02 当设置好活动名称以及虚拟参与人次后，页面顶部会显示活动名称，页面底部会显示虚拟的累计参与人次，效果如图8-91所示。

图8-90

图8-91

步骤03 在页面右侧单击“奖品内容设置”按钮，此时页面中只包含“奖项一”选项卡，在“奖项设置”组中设置奖项等级为“一等奖”、奖品类型为“礼品”、奖品名称为“1折吃遍全场”、奖品总量为“3”，在“兑奖设置”组中设置兑奖方式为“线下兑奖”，在兑奖地址文本框中输入具体的兑奖地址，如图8-92所示。

步骤04 单击“奖项一”选项卡右侧的“+”按钮，添加“奖项二”选项卡。随后设置奖项等级为“二等奖”、奖品名称为“全场美食5折”、奖品总量为“10”，其他参数保持默认，如图8-93所示。

步骤05 参照步骤04添加“奖项三”选项卡，设置奖项等级为“三等奖”、奖品名称为“全场美食8折”、奖品总量为“50”，其他参数保持默认，如图8-94所示。

步骤06 奖品内容设置完成后，在页面左侧选择“奖品详情页”可以查看3个奖项的兑奖页面效果，如图8-95所示。

步骤07 单击“中奖规则设置”按钮，在“抽奖限制”组中设置总抽奖次数为“不限”、每人每日有“3”次抽奖次数，在“中奖率”组中设置每人最多可 中奖“1”次，随后单击总中奖率右侧的“智能计算”文字链接，如图8-96所示。

步骤08 弹出“建议中奖率”窗口，活动持续天数和每人每日抽奖机会是根据前面设置好的参数自动录入的，此处只需输入预计参与人数，即可自动显示将中奖率设置为多少，可使奖品均匀发放，此处设置预计参与“500”人，中奖率自动计算结果为“0.6%”，如图8-97所示。

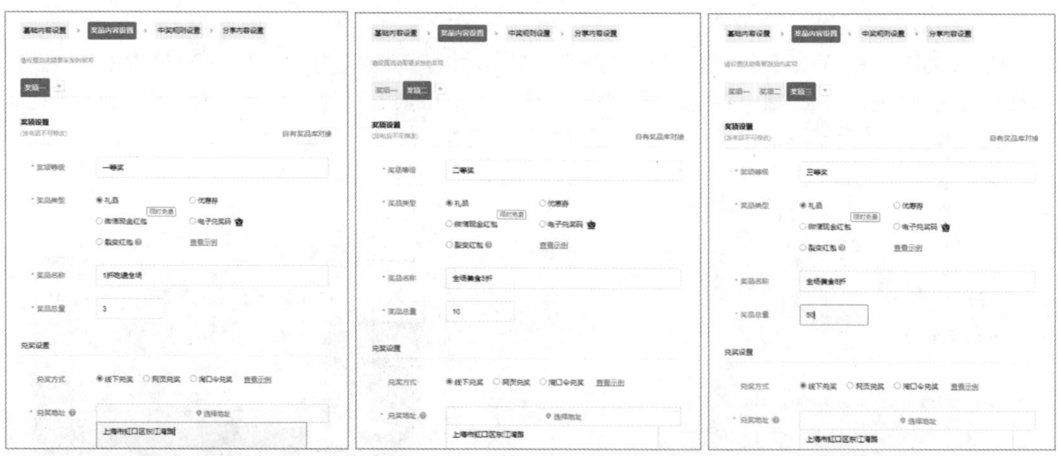

图8-92　　图8-93　　图8-94

图8-95

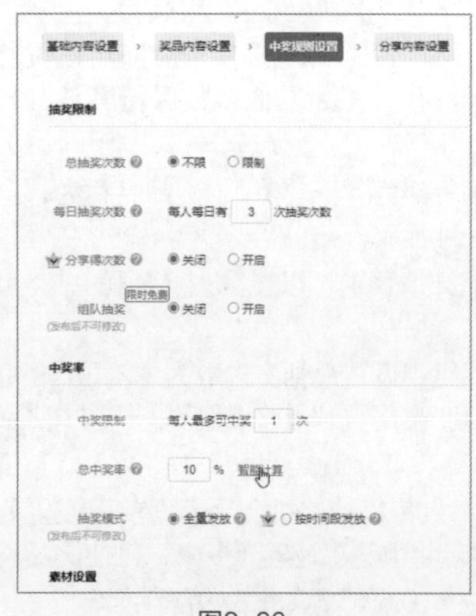

图8-96

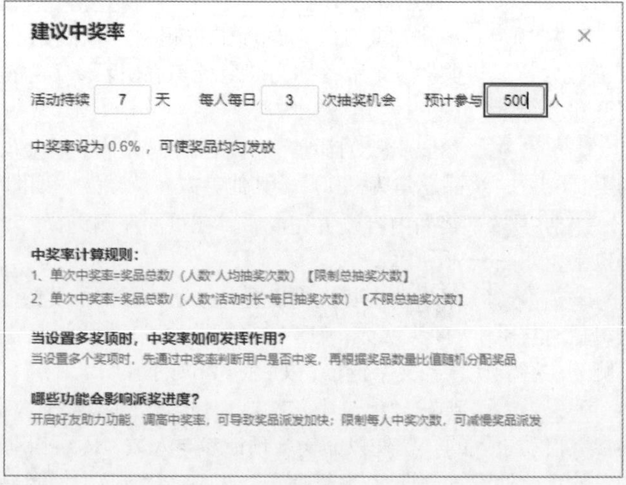

图8-97

步骤09 关闭“建议中奖率”窗口后，在“总中奖率”文本框中输入“0.6”%，如图8-98所示。

步骤10 在页面左侧选择“中奖页面”和“未中奖页面”可以查看中奖和未中奖的效果，如图8-99所示。

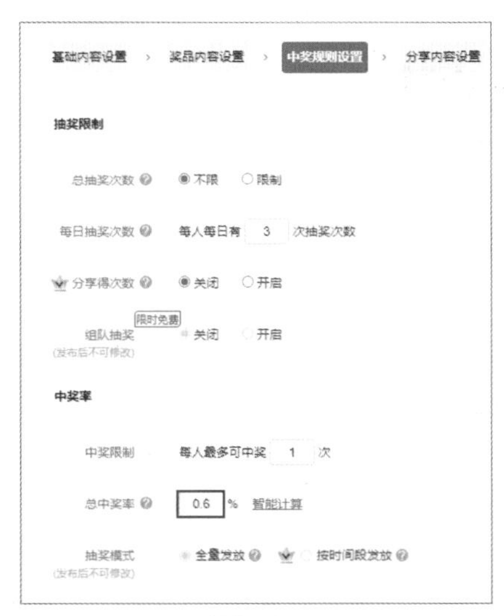

图8-98

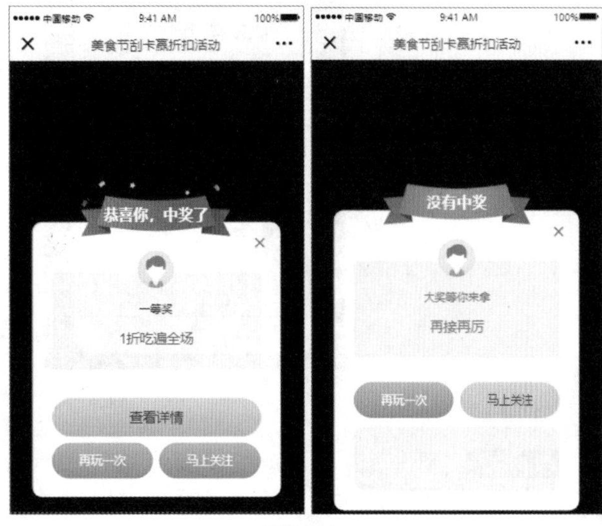

图8-99

步骤11 单击“分享内容设置”按钮切换到相关页面，然后单击“更换封面”按钮，如图8-100所示。

步骤12 从素材文件夹中上传“美食抽奖页面”图片，并用该图片替换默认的封面。随后在“分享描述”文本框中输入分享该活动时所显示的描述文字，如图8-101所示。

步骤13 在页面左侧选择“分享效果”可以查看活动被分享的效果，如图8-102所示。

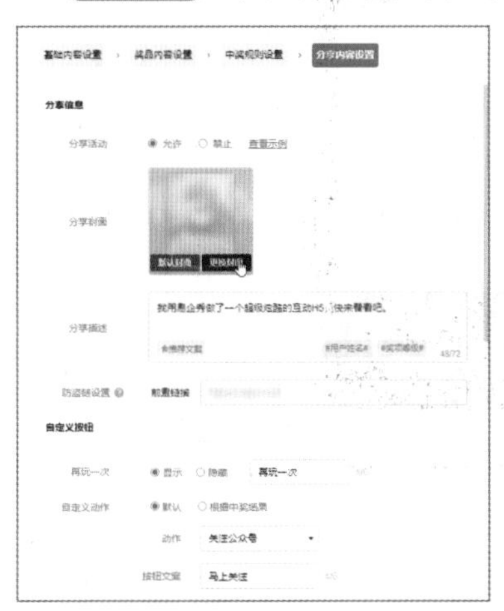

图8-100

图8-101

图8-102

（3）预览及发布

步骤01 刮奖活动页面效果及奖项规则设置完成后，可以单击页面右上角的“预览”按钮进行预览，通过预览页面左侧的“常规屏”“短屏”“长屏”按钮可以切换页面的尺寸，用手机扫描页面右侧二维码则可以在手机端进行预览，如图8-103所示。

图8-103

步骤02 单击页面左上角的“活动攻略”或页面右下角的礼品盒则会弹出“活动说明”以及“我的奖品”页面，在刮奖券拖曳鼠标可以进行刮奖，如图8-104所示。

步骤03 刮奖后随即弹出中奖信息，效果如图8-105所示。

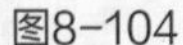
图8-104

图8-105

步骤04 预览结束后可以发布活动。在预览界面单击“直接发布”按钮，或在编辑页面单击页面右上角的“发布”按钮即可发布作品，发布成功后在“分享设置”页面可以复制作品链接，如图8-106所示。

步骤05 在作品分发页面可以设置分发作品的方式，用户可以选择智能分发或全员分发，如图8-107所示。

步骤06 单击“作品协作”按钮切换到相应页面，可以生成协作分享链接与他人协作编辑，如图8-108所示。

图8-106

图8-107

图8-108

知识拓展

Q1：制作刮奖活动页面时，中奖或未中奖的弹框页面效果是否可以自定义？

A：可以自定义。在页面右侧单击“中奖规则设置”按钮，在“素材设置”组中即可对中奖弹框和未中奖弹框的标题背景、标题文案、鼓励文案等进行设置，如图8-109所示。

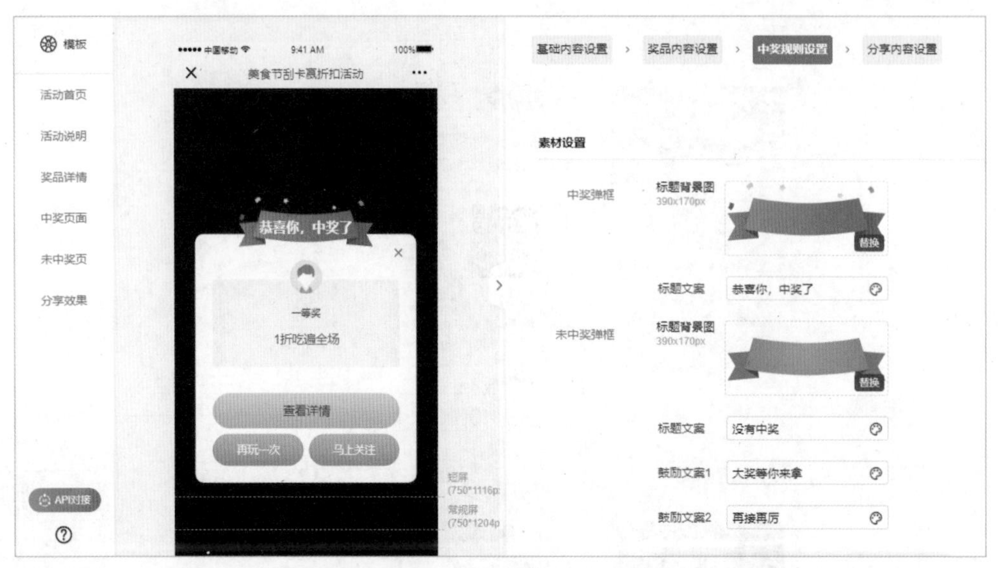

图8-109

Q2：在H5页面中添加视频元素后，如何为视频设置触发播放？

A：选中视频素材，在“组件设置”面板的“样式”选项卡中单击“播放形式”下拉按钮，在下拉列表中选择“触发源播放”选项，随后将“循环播放”开关打开，如图8-110所示。在浏览该H5页面时，只需点击视频位置即可自动播放，如图8-111所示。

图8-110

图8-111